建设工程预算与工程量清单编制实例

建筑工程预算与工程量清单编制实例

主编　杜贵成

参编　白雅君　侯燕妮　李　瑾

机械工业出版社

本书以《建设工程工程量清单计价规范》（GB 50500—2013）、《房屋建筑与装饰工程工程量计算规范》（GB 50854—2013）、《建筑工程建筑面积计算规范》（GB 50353—2013）、《房屋建筑与装饰工程消耗量》（TY 01—31—2021）等现行规范、标准为依据编写。内容包括：建筑工程施工图预算，建筑工程工程量清单计价，建筑面积计算，建筑工程定额计价，土石方工程，地基处理与边坡支护工程，桩基工程，砌筑工程，混凝土及钢筋混凝土工程，金属结构工程，木结构工程，门窗工程，屋面及防水工程，保温、隔热、防腐工程，建筑工程工程量清单计价编制实例。

本书可作为建筑工程造价人员在编制招标投标文件、工程量清单及报价时的参考，也可作为造价专业人员的入门教材。

图书在版编目（CIP）数据

建筑工程预算与工程量清单编制实例/杜贵成主编. —北京：机械工业出版社，2023.5

（建设工程预算与工程量清单编制实例）

ISBN 978-7-111-73517-5

Ⅰ.①建…　Ⅱ.①杜…　Ⅲ.①建筑预算定额②建筑工程-工程造价　Ⅳ.①TU723.3

中国国家版本馆 CIP 数据核字（2023）第 129155 号

机械工业出版社（北京市百万庄大街22号　邮政编码100037）
策划编辑：闫云霞　　　　　　　　　　责任编辑：闫云霞　刘　晨
责任校对：薄萌钰　刘雅娜　陈立辉　　封面设计：张　静
责任印制：单爱军
北京虎彩文化传播有限公司印刷
2024 年 1 月第 1 版第 1 次印刷
184mm×260mm·18.5 印张·452 千字
标准书号：ISBN 978-7-111-73517-5
定价：79.00 元

电话服务　　　　　　　　　网络服务
客服电话：010-88361066　　机 工 官 网：www.cmpbook.com
　　　　　010-88379833　　机 工 官 博：weibo.com/cmp1952
　　　　　010-68326294　　金 书 网：www.golden-book.com
封底无防伪标均为盗版　机工教育服务网：www.cmpedu.com

前　言

随着我国国民经济的飞速发展，建筑行业已成为一个支柱性行业。俗话说"无规矩不成方圆"，如果没有合理、完善的行业制度对经济主体的行为与发展方向加以行之有效的规范和约束，市场经济不可能持续、稳定、健康地发展。而建筑工程造价，则是规范建筑市场秩序、提高投资效益和逐渐与国际造价接轨的重要环节，具有很强的技术性、经济性和政策性。希望通过本书能够帮助读者更好地掌握建筑工程预算和清单编制的相关知识。

本书主要内容包括：建筑工程施工图预算，建筑工程工程量清单计价，建筑面积计算，建筑工程定额计价，土石方工程，地基处理与边坡支护工程，桩基工程，砌筑工程，混凝土及钢筋混凝土工程，金属结构工程，木结构工程，门窗工程，屋面及防水工程，保温、隔热、防腐工程，建筑工程工程量清单计价编制实例。本书内容由浅入深，从理论到实例，主要涉及建筑工程的造价部分，在内容安排上既有工程量清单的基本知识和工程定额基本知识，又结合了工程实践，配有大量实例，达到理论知识与实际技能相结合，更方便读者对知识的掌握和应用。

本书可作为建筑工程造价人员在编制招标投标文件、工程量清单及报价时的参考，也可作为造价专业人员的入门教材。

由于编者的经验和学识有限，尽管尽心尽力，疏漏或不妥之处在所难免，恳请有关专家和读者提出宝贵意见。

编　者

2022.11

目　录

前言

第1章　建筑工程施工图预算 ………… 1

1.1　建筑工程施工图预算概述 ………… 1

1.2　施工图预算的编制方法和步骤 … 3

1.3　施工图预算工料分析 ………… 7

1.4　单位工程施工图预算的审查 … 8

第2章　建筑工程工程量清单计价 … 13

2.1　建筑工程工程量清单计价概述 … 13

2.2　建筑工程工程量清单的编制 … 15

2.3　建筑工程工程量清单计价的编制 … 19

第3章　建筑面积计算 ………… 44

3.1　建筑面积概述 ………… 44

3.2　建筑面积计算规则 ………… 46

第4章　建筑工程定额计价 ………… 53

4.1　建筑工程定额概述 ………… 53

4.2　建筑工程预算定额组成与应用 … 55

4.3　建筑工程定额的编制 ………… 56

4.4　企业定额 ………… 61

第5章　土石方工程 ………… 63

5.1　土石方工程清单工程量计算规则 … 63

5.2　土石方工程定额工程量计算规则 … 66

5.3　土石方工程工程量清单编制实例 … 70

实例1　某建筑物人工平整场地的工程量
计算 ………… 70

实例2　某建筑场地平整的工程量计算 … 71

实例3　某中学环形跑道平整场地的
工程量计算 ………… 72

实例4　某工程挖地坑二、三类土的
工程量计算 ………… 72

实例5　某矩形池塘挖土方的工程量
计算 ………… 73

实例6　某工程挖沟槽土方的工程量
计算 ………… 73

实例7　某地槽开挖的工程量计算 … 74

实例8　某构筑物满堂基础挖基坑土方的
工程量计算 ………… 76

实例9　圆形地坑挖土方的工程量计算 … 76

实例10　某方形地坑挖土方的工程量
计算 ………… 77

实例11　某建筑物沟槽开挖的工程量
计算 ………… 78

实例12　某基槽基础土方回填的工程量
计算 ………… 78

实例13　某基础工程平整场地、挖地槽、
地坑、弃土外运、土方回填等
项目的工程量计算 ………… 79

第6章　地基处理与边坡支护工程 ……… 83

6.1　地基处理与边坡支护工程清单工程量
计算规则 ………… 83

6.2　地基处理与边坡支护工程定额工程量
计算规则 ………… 88

6.3　地基处理与边坡支护工程工程量清单
编制实例 ………… 91

实例1　某工程强夯处理地基的工程量
计算 ………… 91

实例2　某工程灌注砂石桩的工程量
计算 ………… 92

实例3　某工程粉喷桩的工程量计算 …… 92

实例4　某工程灰土挤密桩的工程量
计算 ………… 93

实例5　某工程预制钢筋混凝土板桩的
工程量计算 ………… 94

实例 6　某工程地下连续墙的工程量
　　　　计算 ·················· 94

第 7 章　桩基工程 ·················· 95

7.1　桩基工程清单工程量计算规则 ··· 95
7.2　桩基工程定额工程量计算规则 ··· 97
7.3　桩基工程工程量清单编制实例 ··· 100
实例 1　某工程长螺旋钻孔灌注桩的
　　　　工程量计算 ·············· 100
实例 2　某工程预制钢筋混凝土方桩的
　　　　工程量计算 ·············· 101
实例 3　某预制钢筋混凝土方桩的工程量
　　　　计算 ·················· 101
实例 4　某工程预制钢筋混凝土管桩的
　　　　工程量计算 ·············· 102
实例 5　某工程采用人工挖孔桩基础的
　　　　工程量计算 ·············· 103
实例 6　某工程现场人工挖孔扩底桩的
　　　　工程量计算 ·············· 104

第 8 章　砌筑工程 ·················· 106

8.1　砌筑工程清单工程量计算规则 ··· 106
8.2　砌筑工程定额工程量计算规则 ··· 112
8.3　砌筑工程工程量清单编制实例 ··· 118
实例 1　某砖基础的工程量计算 ······ 118
实例 2　某围墙砖墙的工程量计算 ····· 119
实例 3　某教学楼工程空心砖墙的工程量
　　　　计算 ·················· 119
实例 4　某一砖无眠空斗墙的工程量
　　　　计算 ·················· 120
实例 5　某公园空花墙的工程量计算 ··· 121
实例 6　某正六边形实心砖柱的工程量
　　　　计算 ·················· 121
实例 7　某酒店雨篷下独立砖柱的工程量
　　　　计算 ·················· 122
实例 8　某地砖台阶的工程量计算 ····· 122
实例 9　某砖地沟的工程量计算 ······ 123
实例 10　某砌块柱的工程量计算 ····· 123
实例 11　某建筑石基础的工程量计算 ·· 123
实例 12　某工程石墙的工程量计算 ···· 124
实例 13　某毛石挡土墙的工程量计算 ·· 124
实例 14　某毛石石柱的工程量计算 ···· 125
实例 15　某工程毛石护坡的工程量
　　　　　计算 ················· 125
实例 16　某剁斧石花岗岩坡道的工程量

　　　　　计算 ················· 126

第 9 章　混凝土及钢筋混凝土工程 ···· 127

9.1　混凝土及钢筋混凝土工程清单工程量
　　　计算规则 ················ 127
9.2　混凝土及钢筋混凝土工程定额工程量
　　　计算规则 ················ 135
9.3　混凝土及钢筋混凝土工程工程量清单
　　　编制实例 ················ 146
实例 1　某现浇钢筋混凝土独立基础的
　　　　工程量计算 ·············· 146
实例 2　某教学楼工程现浇混凝土满堂
　　　　基础的工程量计算 ········· 147
实例 3　某独立承台的工程量计算 ····· 147
实例 4　某现浇混凝土构造柱的工程量
　　　　计算 ·················· 148
实例 5　某异型构造柱的工程量计算 ··· 149
实例 6　某工程现浇混凝土花篮梁的工程量
　　　　计算 ·················· 150
实例 7　某工程挡土墙的工程量计算 ··· 150
实例 8　某工程现浇钢筋混凝土无梁板的
　　　　工程量计算 ·············· 151
实例 9　某工程阳台板的工程量计算 ··· 151
实例 10　某预制混凝土矩形梁的工程量
　　　　　计算 ················· 152
实例 11　某工程预制混凝土组合屋架的
　　　　　工程量计算 ············ 153
实例 12　某工程预制槽形板的工程量
　　　　　计算 ················· 153
实例 13　某预制折线板的工程量计算 ·· 154
实例 14　某工程钢筋混凝土框架柱、
　　　　　梁的工程量计算 ········· 154

第 10 章　金属结构工程 ············· 156

10.1　金属结构工程清单工程量计算
　　　 规则 ·················· 156
10.2　金属结构工程定额工程量计算
　　　 规则 ·················· 160
10.3　金属结构工程工程量清单编制
　　　 实例 ·················· 163
实例 1　某钢网架结构的工程量计算 ··· 163
实例 2　某厂房钢屋架的工程量计算 ··· 164
实例 3　某工程钢托架的工程量计算 ··· 165
实例 4　某 H 形实腹钢柱的工程量
　　　　计算 ·················· 166

实例 5　某工程空腹钢柱的工程量
　　　　计算 ················ 166
实例 6　某钢管柱的工程量计算 ··· 167
实例 7　某工程槽形钢梁的工程量
　　　　计算 ················ 168
实例 8　某工程工字梁的工程量计算 169
实例 9　某工程钢支撑的工程量计算 ··· 169
实例 10　某装饰大棚型钢檩条的工程量
　　　　　计算 ·············· 170
实例 11　某工程钢直梯的工程量计算 ··· 170
实例 12　某窗钢栏杆的工程量计算 171
实例 13　某不规则五边形钢板的工程量
　　　　　计算 ·············· 172

第 11 章　木结构工程 ············· 173
11.1　木结构工程清单工程量计算规则 ····· 173
11.2　木结构工程定额工程量计算规则 174
11.3　木结构工程工程量清单编制实例 ··· 176
实例 1　某厂房方木屋架的工程量
　　　　计算 ················ 176
实例 2　某钢木屋架的工程量计算 177
实例 3　某工程方木柱的工程量计算 177
实例 4　某仿古凉亭采用圆（方）木梁的
　　　　工程量计算 ·········· 178
实例 5　某坡屋面建筑方木檩条的工程量
　　　　计算 ················ 178
实例 6　某住宅楼木楼梯的工程量
　　　　计算 ················ 179
实例 7　某建筑物屋面封檐板、博风板的
　　　　工程量计算 ·········· 179
实例 8　某屋面木基层的工程量计算 ··· 180

第 12 章　门窗工程 ··············· 181
12.1　门窗工程清单工程量计算规则 181
12.2　门窗工程定额工程量计算规则 187
12.3　门窗工程工程量清单编制实例 189
实例 1　某冷藏门的工程量计算 ····· 189
实例 2　某工程某户居室门窗的工程量
　　　　计算 ················ 190
实例 3　某工程木制窗帘盒的工程量
　　　　计算 ················ 191

第 13 章　屋面及防水工程 ········· 193
13.1　屋面及防水工程清单工程量计算
　　　规则 ··················· 193

13.2　屋面及防水工程定额工程量计算
　　　规则 ··················· 196
13.3　屋面及防水工程工程量清单编制
　　　实例 ··················· 198
实例 1　某沥青玻璃布卷材楼面防水的
　　　　工程量计算 ·········· 198
实例 2　某屋面卷材防水的工程量
　　　　计算 ················ 199
实例 3　某屋面刚性防水的工程量
　　　　计算 ················ 199
实例 4　某屋面排水管的工程量计算 ··· 200
实例 5　某薄钢板（铁皮）排水的工程量
　　　　计算 ················ 200
实例 6　某屋面天沟的工程量计算 ··· 201
实例 7　某墙基防潮层的工程量计算 ··· 201
实例 8　某楼（地）面卷材防水的工程量
　　　　计算 ················ 202
实例 9　某楼（地）面砂浆防水层的工程量
　　　　计算 ················ 203

第 14 章　保温、隔热、防腐工程 ······· 204
14.1　保温、隔热、防腐工程清单工程量
　　　计算规则 ··············· 204
14.2　保温、隔热、防腐工程定额工程量
　　　计算规则 ··············· 207
14.3　保温、隔热、防腐工程工程量清单
　　　编制实例 ··············· 208
实例 1　某保温隔热屋面的工程量
　　　　计算 ················ 208
实例 2　某屋面天棚保温隔热面层的
　　　　工程量计算 ·········· 209
实例 3　某保温隔热天棚的工程量
　　　　计算 ················ 210
实例 4　某工程外墙外保温的工程量
　　　　计算 ················ 210
实例 5　某保温方柱的工程量计算 ····· 212
实例 6　某冷库工程保温隔热天棚、墙面、
　　　　柱面、地面的工程量计算 ······· 212
实例 7　某工程防腐混凝土面层的工程量
　　　　计算 ················ 213
实例 8　某工程重晶石砂浆面层的工程量
　　　　计算 ················ 214
实例 9　某库房工程防腐面层及踢脚线的
　　　　工程量计算 ·········· 215

实例 10　某工程玻璃钢防腐面层的
　　　　工程量计算 ………………… 215
实例 11　某工程聚氯乙烯板面层的
　　　　工程量计算 ………………… 216
实例 12　某工程块料防腐面层的工程量
　　　　计算 …………………………… 217
实例 13　某工程隔离层的工程量计算 … 218
实例 14　某工程防腐涂料的工程量

　　　　计算 …………………………… 219

第 15 章　建筑工程工程量清单计价
　　　　编制实例 …………………… 221
　15.1　工程量清单编制实例 ………… 221
　15.2　招标控制价编制实例 ………… 232
　15.3　投标报价编制实例 …………… 246
　15.4　工程竣工结算编制实例 ……… 261

参考文献 …………………………………… 285

第1章 建筑工程施工图预算

1.1 建筑工程施工图预算概述

1.1.1 施工图预算的概念及编制内容

建筑工程施工图预算，即单位工程施工图预算书，是在施工图设计完成后，根据已批准的施工图纸、地区预算定额（单位估价表）或计价定额，并结合施工组织设计或施工方案，以及地区或行业统一规定的各行业专业工程的工程量计算规则、地区费用标准、材料预算价格等进行编制的预算造价，是确定单位建筑工程预算造价的技术经济文件。施工图预算也称为设计预算。

施工图预算包括单位工程预算、单项工程综合预算和建设项目总预算3个级次。首先要编制单位工程施工图预算；然后汇总各单位工程施工图预算，成为单项工程施工图预算；最后再汇总各单项工程施工图预算，便是一个建设项目总施工图预算。

单位工程施工图预算包括建筑工程预算和设备及安装工程预算两大部分。建筑工程预算又分为一般土建工程预算、给水排水工程预算、暖通工程预算、电气照明工程预算、构筑物工程预算、工业管道工程预算等；设备及安装工程预算又再分为机械设备及安装工程预算和电气设备及安装工程预算。

单位工程施工图预算的编制内容必须反映该单位工程的各分部分项工程（项目）名称、定额（项目）编号、工程数量、综合单价、合价（分项工程费）以及工料分析；反映单位工程的分部分项工程费、措施项目费、其他项目费、规费以及税金。此外，还应有"综合单价分析"。

编制施工图预算必须深入现场，进行充分的调查研究，使预算造价的内容既能反映实际，又能适应施工管理工作的需要。同时，必须严格遵守国家工程建设的各项方针、政策和法令，做到实事求是，不弄虚作假，并注意不断研究和改进编制方法，提高效率，准确、及时地编制出高质量的预算，以满足工程建设的需要。

1.1.2 施工图预算的编制依据

（1）施工图纸及其说明。施工图纸及其说明是编制预算的主要工作对象和依据。施工图纸必须要经过建设、设计和施工单位共同会审确定后才能着手进行预算编制，使预算编制工作既能顺利地开展，又可避免不必要的返工计算。

（2）现行预算定额或地区计价表（定额）。现行建筑与装饰工程计价表（定额）是编制预算的基础资料。编制工程预算，从划分分部分项工程到计算分项工程量，都必须以建筑与装饰工程计价表为标准和依据。

地区计价表是根据现行预算定额、地区工人工资标准、施工机械台班使用单价和材料预算价格表、利润和管理费等进行编制的，地区计价表是预算定额在该地区的具体表现形式，也是该地区编制工程预算直接的基础资料。根据地区计价表，可以直接查出工程项目所需的人工费、材料费、机械台班使用费、利润、管理费及分部分项工程的综合单价。

（3）施工组织设计或施工方案。施工组织设计或施工方案是建筑工程施工中的重要文件，它对工程施工方法、施工机械选择、材料构件的加工和堆放地点都有明确的规定。这些资料直接影响计算工程量和选套预算单价。

（4）费用计算规则及取费标准。各省、市、自治区都有本地区的建筑工程费用计算规则和各项取费标准，它是计算工程造价的重要依据。

（5）预算工作手册和建材五金手册。各种预算工作手册和五金手册上载有各种构件工程量及钢材重量等，是工具性资料，可供计算工程量和进行工料分析参考。

（6）批准的初步设计及设计概算。设计概算是拟建工程确定投资的最高限额，一般预算价值不得超过概算价值，否则要调整初步设计。

（7）地区人工工资、材料及机械台班预算价格。计价表（定额）中的工资标准仅限计价表（定额）编制时的工资水平，在实际编制预算时应结合当时当地的相应工资单价调整。同样，在一段时期内，材料价格和机械费都可能变动很大，必须按照当地规定调整价差。

（8）造价管理部门发布的工程造价信息或市场价格信息。

（9）招标文件、施工承包合同。招标文件中有关承包范围、结算方式、包干系数的确定和价差调整等。

（10）施工场地的勘察测量、自然条件和施工条件资料。

1.1.3　施工图预算的作用

（1）控制设计概算的依据。在工程设计阶段用施工图预算控制工程造价，使设计概算造价不超过施工图预算造价，从而调整初步设计和设计概算。

（2）编制标底和报价的依据。施工图预算可作为建设单位（业主、发包人）招标时编制标底的依据，也可作为施工单位（承包商）投标时编制报价的依据。

（3）实行工程承包和签订施工合同的依据。通过建设单位与施工单位协商，可在施工图预算基础上，考虑设计或施工变更后，可能会发生的费用增加一定系数，来作为工程承包价和签订施工承包合同的依据。

（4）施工单位与建设单位进行结算的依据。通过工程竣工验收后，可以工程变更后的施工图预算为基础，进行施工单位与建设单位的工程结算。

（5）施工单位安排劳力计划和组织材料供应的依据。施工单位的施工和材料的职能部门，可根据施工图预算编制的劳力计划和材料供应计划进行劳力调配和材料运输，做好施工前的准备工作。

（6）施工单位进行经济核算和成本管理的依据。利用施工图预算以确定工程造价，有利于施工单位加强经济核算和发挥价值规律的作用。

1.2 施工图预算的编制方法和步骤

施工图预算分为单价法和实物法两种编制方法。单价法又分为工料单价法和综合单价法，而综合单价法又再分为计价表计价法和工程量清单计价法。由于施工图预算是以单位工程为单位（单元）来编制的，按各单项工程预算汇总而成建设工程总预算，所以施工图预算编制的关键，是以学会编制单位工程施工图预算为主。

1.2.1 施工图预算的编制方法

1. 单价法

单位工程施工图预算单价法，目前有定额工料单价法和综合单价计价法两种编制方法。

（1）定额工料单价法。定额工料单价法是首先根据单位工程施工图计算出各分部分项工程的工程量；然后从预算定额中查出各分项工程相应的定额单价，并将各分项工程量与其相应的定额单价相乘，其乘积就是各分项工程的定额直接费；再累计各分项工程的定额直接费，即得出该单位工程的定额直接费；根据地区费用定额和各项取费标准（取费率），计算出间接费、利润、税金和其他费用等；最后汇总各项费用即得到单位工程施工图预算造价。

这种编制方法既简化编制工作，又便于进行技术经济分析。但在市场价格波动较大的情况下，用该法计算的造价可能会偏离实际水平，造成误差，因此需要对价差进行调整。

该法由于定额水平和项目列项，大部分与企业的现状脱节，但施工企业为了能接到工程，总是人为地压低工程造价，导致底价不能真实地反映工程的价格，使承包商的利益遭到损害。

（2）综合单价计价法。综合单价计价法是首先根据单位工程施工图计算出各个分部分项工程的工程量；然后从计价表中查出各相应分项工程所需的人工费、材料费、机械费、利润和管理费的综合单价，再分别将各分项工程的工程量与其相应的综合单价相乘，其乘积就是各分项工程所需的全部费用；累计其乘积并加以汇总，就得出该单位工程全部的各分部分项工程费；再在各分部分项工程费的总费用基础上，计算出措施项目费、其他项目费和规费；根据地区规定取费标准，计算出税金和其他费用；最后汇总以上各项费用即得出该单位工程施工图预算造价。

这种编制方法适合于工、料因时因地发生价格变动情况下的市场经济需要。

（3）综合单价计价法与定额工料单价法的区别。综合单价计价法与定额工料单价法的区别主要表现在招标单位编制标底和投标单位编制报价具体使用时有所不同，其区别如下：

1）计算工程量的编制单位不同。定额工料单价法是将建设工程的工程量分别由招标单位和投标单位各自按施工图计算；综合单价计价法则是工程量由招标单位按照"工程量清单计价规范"统一计算，各投标单位根据招标人提供的"工程量清单"并考虑自身的技术装备、施工经验、企业成本、企业定额和管理水平等因素后，自主填写报单价。

2）编制工程量的时间不同。定额工料单价法是在发出招标文件之后编制；综合单价计价法必须要在发出招标文件之前编制。

3）计价形式表现不同。定额工料单价法一般采用计价总价的形式；综合单价计价法则采用综合单价形式，综合单价包括人工费、材料费、机械费、管理费和利润，并考虑风险因素。因而采用综合单价报价具有直观、相对固定的特点，如果工程量发生变化时，综合单价一般不做调整。

4）编制的依据不同。定额工料单价法的工程量计算依据是施工图；人工、材料、机械台班消耗需要的依据是建设行政部门颁发的预算定额；人工、材料、机械台班单价的依据是工程造价管理部门发布的价格。综合单价计价法的工程量计算依据是"工程量清单计价规范"的统一计算规则；标底的编制依据是招标文件中的工程清单和有关规定要求、施工现场情况、合理的施工方法，以及按工程造价主管部门制定的有关工程造价计价办法编制；报价的编制则是根据企业定额和市场价格信息确定。

5）造价费用的组成不同。定额工料单价法的工程造价由直接工程费、现场经费、间接费、利润、税金等组成；综合单价计价法的工程造价由分部分项工程费、措施项目费、其他项目费、规费、税金等组成，且包括完成每项工程所包含的全部工程内容的费用。

2. 实物法

实物法首先是根据单位工程施工图，计算出各分项工程的工程量；然后从预算定额或计价表中查出各相应分项工程所需的人工、材料、机械台班的定额消耗量；再分别将各分项工程的工程量与其相应的定额工、料、机消耗量相乘，其乘积就是各分项工程的人工、材料、机械台班的实物消耗量；再根据预算编制期的人工、材料、机械台班的市场（或信息）价格，分别计算出由人工费、材料费、机械台班费组成的定额直接费；其余取费方法与单价法相同。

1.2.2 施工图预算的编制程序（综合单价计价法）

施工图预算编制程序如下：

（1）做好编制准备工作。

（2）进行分部分项工程项目划分。

（3）计算分部分项工程数量。

（4）确定综合（定额）单价。

（5）计算分部分项工程费。

（6）进行工料分析。

（7）进行价差调整。

（8）计取各项费用和税金。

（9）计算单位工程造价。

（10）计算单位工程总造价。

（11）编写预算编写说明。

1.2.3 施工图预算的编制步骤（综合单价计价法）

施工图预算应由有编制资格的单位和人员进行编制。应用"计价法"编制施工图预算的步骤如下。

1. 熟悉施工图纸

施工图纸是编制预算的基本依据。只有熟悉图纸，才能了解设计意图，正确地选用分部分项工程项目，从而准确地计算出分项工程量。对建筑物的建筑造型、平面布置、结构类型、应用材料以及图注尺寸、文字说明及其构配件的选用等方面的熟悉程度，将直接影响能否准、全、快地编制预算。

土建工程施工图分为建筑图和结构图。建筑图一般包括平面图、立面图、剖面图及构件大样图等，是关于建筑物的形式、大小、构造、应用材料等方面的图样；结构图一般包括基础平面图、楼板和屋面结构布置图、梁柱和楼梯大样图等，是关于承重结构部分设计尺寸和用料等方面的图样。

收到施工图之后，应进行图纸的清点、整理和核对，经审核无短缺即装订成册。在阅读过程中如遇有文字说明不清、构造做法不详、尺寸或标高不一致以及用料和强度等级有差错等情况时应做好记录，这些问题在编制预算之前必须予以解决。

此外，预算人员还要参加图纸会审及技术交底工作，以便进一步分析施工的可能性，发现问题后可向设计部门提出建议，使设计更加经济和合理。

2. 了解现场情况和施工组织设计资料

应全面了解现场施工条件、施工方法、技术组织措施、施工设备、器材供应情况，并通过踏勘施工现场补充有关资料。例如，预算人员了解施工现场的地质条件、周围环境、土壤类别情况等，就能确定建筑物的标高，土方挖、填、运的状况和施工方法，以便能正确地确定工程项目的单价，达到预算正确，真正起到控制工程造价的作用。同时，预算人员应和施工人员相配合，按照施工需要，分层分段计算工程量，为编制材料供应计划，制定月、季度施工形象进度计划和安排全年施工任务提供方便，避免重复劳动。

3. 熟悉计价表（定额）

计价表（定额）是编制工程预算的基础资料和主要依据。在每一单位建筑工程中，其分部分项工程的综合单价和人工、材料、机械台班使用消耗量都是依据计价表来确定的，必须熟悉计价表的内容、形式和使用方法，才能在编制预算过程中正确应用；只有对计价表的内容、形式和使用方法有了较明确的了解，才能结合施工图纸，迅速而准确地确定其相应一致的工程项目和计算工程量。

4. 列出工程项目

在熟悉图纸和计价表（定额）的基础上，根据计价表（定额）的工程项目划分，列出所需计算的分部分项工程项目名称。如果计价表上没有列出图纸上表示的项目，则需补充该项目。一般应首先按照计价表分部工程项目的顺序进行排列，初学者更应这样，否则容易出现漏项或重项。

5. 计算工程量

工程量是编制预算的原始数据，计算工程量是一项既繁重而又细致的工作，不仅要求认真、细致、及时和准确，而且要按照一定的计算规则和顺序进行，从而避免和防止重算与漏算等现象的产生，同时也便于校对和审核。

6. 编制预算表

建筑工程预算书是采用"建筑工程预算表"进行编制的。当分项工程量计算完成并经自检无误后，就可按照计价表（定额）分项工程的排列顺序，在表格中逐项填写分项工程项目名称、工程量、计量单位、定额编号及综合单价等。

应当注意的是，在选用计价表单价时，分项工程的名称、材料品种、规格、配合比及做法等，必须与计价表中所列的内容相符合。在确定综合单价及定额编号过程中，常会出现以下 3 种情况。

（1）直接套用综合单价。如果分项工程的名称、材料品种、规格、配合比及做法等与定额（计价表）取定内容完全相符（或虽有某些不符，但定额规定不换算者），就可将查得的分项工程综合单价及定额编号直接抄写入预算表中。

（2）换算综合单价。如果分项工程的名称、材料品种、规格、配合比及做法等与定额（计价定额）取定不完全相符（部分不相符内容，定额规定又允许换算者），则可将查得的分项工程综合单价换算成所需要的综合单价，并在其定额编号后加添"换"字，以示区别。然后，再将其抄写入预算表中。

（3）编制补充综合单价。如果分项工程的名称、材料品种、规格、配合比及做法等与定额（计价表）取定内容不相符（即计价表中没有的项目，定额又规定不允许换算者），则应进行估工估料，并结合地区工资标准、材料和机械台班预算价格，编制出补充综合单价。补充综合单价的定额编号可写"补"字，如果同一个分部工程有几个分项工程的补充综合单价时，可写"补1""补2"等。补充综合单价应作为预算书附件。然后，再将其抄写入预算表中。

7. 计算分部分项工程费

（1）将预算表内每一分项工程的工程量乘以相应综合单价所得出的积数，称为"合价"或"复价"，即为分项工程费。其计算式为

$$合价（即分项工程费）＝分项工程量×相应综合单价 \tag{1-1}$$

（2）将预算表内某一个分部工程中各个分项工程的合价相加所得出的和数，称为"小计"，即为分部工程费。其计算式为

$$小计（即分部工程费）＝\sum 分项工程量×相应综合单价 \tag{1-2}$$

合价和小计计算出来之后，分别将其填入预算表的相应栏目内。

（3）汇总各分部小计得"合计"（即单位工程各分部分项工程费总和）。

8. 工料分析

计算出该单位工程所需要的各工种人工（工日）总数、各种材料数量和机械台班数量，并填入预算费用汇总表的相应栏内，以便进行价差的调整。工料分析是计算价差的重要准备工作。

9. 进行价差调整

由于计价表中的工、料、机的价格，是根据计价表编制期所在地区中心城市的综合单价计算的，但在工程造价编制时的预算造价中，其工、料、机的价格会随着时间的推移而发生变化，所以用计价表计算预算造价时还必须进行价差的调整。

10. 计算各项费用及单位工程预算造价

（1）措施项目费＝各分部分项工程费总和×费率。

（2）其他项目费、规费、材料差价和税金。按有关规定计算。

（3）单位工程预算造价＝各分部分项工程费总和+措施项目费+其他项目费+规费+材料差价+税金。

（4）计算单方造价（即技术经济指标）

$$单方造价=\frac{单位工程预算造价}{建筑面积}（元/m^2） \tag{1-3}$$

将以上计算所得的各项费用，分别填写入预算表的"预算费用"项目栏内。

11. 复核

复核是指预算编制出来之后，由预算编制人所在单位的其他预算专业人员进行的检查核对工作。其内容主要是查核分项工程项目有无漏项或余项；工程量有无少算、多算或错算；预算综合单价、换算综合单价或补充综合单价是否选用合适；各项费用及取费标准是否符合规定。

12. 编写预算编制说明

工程量和预算表编制完成后，还应填写预算编制说明。其目的是使有关单位了解预算编制依据、施工方法、材料差价以及其他编制情况等。预算编制说明无统一内容和格式，但一般应包括以下内容：

（1）施工图名称及编号。

（2）预算编制所依据的预算定额或计价表名称。

（3）预算编制所依据的费用定额及材料调差的有关文件名称文号。

（4）预算所取定的承包方式及取费等级。

（5）是否已考虑设计修改或图纸会审记录。

（6）有哪些遗留项目或暂估项目。

（7）存在的问题及处理的办法、意见。

13. 填写封面和装订签章

将单位工程的预算书封面、预算编制说明、工程预算表、工料分析表、补充综合单价编制表、工程量计算表等按顺序编排并装订成册。

预算书封面应填写的内容包括：工程编号和工程名称，建设单位和施工单位名称，建筑面积和结构类型，预算总造价和单方造价，预算编制单位、单位负责人、编制人及编制日期，预算审核单位、单位负责人、审核人及审核日期等。

在已经装订成册的工程预算书上，预算编制人应填写封面有关内容并签字，加盖有资格证号的印章，经有关负责人审阅签字后加盖公章，至此完成了预算编制工作。

1.3　施工图预算工料分析

1.3.1　工料分析的意义

在计算工程量和编制预算表之后，对单位工程所需用的人工工日数及各种材料需要量进行的分析计算，称为"工料分析"。工料分析是控制现场备料、计算劳动力需要量、编制作业计划、签发班组施工任务书、进行财务成本核算和开展班组经济核算的依据，也是承包商进行成本分析、制定降低成本措施的依据。同时，通过分析汇总得出的材料，也为计算材料差价提供所需。

1.3.2　工料分析的方法

工料分析以一个单位工程为编制对象，其编制步骤如下：

（1）按施工图预算的工程项目和定额编号，从预算定额或计价表中查出各分项工程各种工、料的定额消耗用量，并填入工料分析表中各相应分项工程的"定额"栏内。

（2）将各分项工程量分别乘以该分项工程的定额用工、用料数量，逐项进行计算就得到相应的各分部分项各种人工和材料需要量。其计算式如下

$$人工需要量（工日）=分项工程量×相应时间定额 \qquad (1-4)$$
$$材料需要量=分项工程量×相应材料消耗定额 \qquad (1-5)$$

（3）将各分部分项工程人工和材料的需要量，按工种人工和各种材料项目分别汇总，最后即得出该单位工程的工种人工和各种材料的总需要量。计算时最好根据分部工程顺序进行计算和汇总。

1.3.3　工料分析注意事项

（1）对于材料、成品、半成品的场内运输和操作损耗，场外运输和保管损耗均已在定额和材料预算价格内考虑，不得另行计算。

（2）预算定额中的"其他材料费"，工料分析时不计算其用量。

（3）混凝土结构中绑扎钢筋所用的铁丝，不必按定额逐项计算，可按每吨钢筋需要 5~6kg 铁丝计算。

（4）如果定额给出的是每立方米砂浆或混凝土体积，则必须根据定额手册"附录"中的配合比表，通过"二次分析"后才可得出所需的砂、石、水泥、石灰膏的重量。

（5）凡由加工厂制作、现场安装的构件，应按制作和安装分别计算工料。

（6）门窗五金应单独列表进行计算，分析工料数量。

（7）三大材料数量应按品种、规格不同分别进行计算。

1.4　单位工程施工图预算的审查

1.4.1　审查内容

审查施工图预算是落实工程造价的一个有力的措施，是建设单位与施工单位进行工程拨款和工程结算的准备工作。因此，审查工作必须认真细致，严格执行国家的有关规定，促使不断提高施工图预算的编制质量，核实工程造价，落实计划投资。

1. 审查工程量

（1）抓重点审查。对一些占比大的、易出差错的分项工程要有重点地认真复核。对建筑工程施工图预算中的工程量，可根据编制单位的工程量计算表，并对照施工图纸尺寸进行审查。主要审查其工程量是否有漏算、重复和错算。审查工程量的项目时，要抓住那些占预算价值比例较大的重点项目进行审查。例如对砖石工程，钢筋混凝土工程，金属工程，木结构工程，屋、楼、地面工程等分部工程，应做详细核对。同时，要注意各分项工程或构配件的名称、规格、计量单位和数量是否与设计要求及施工规定相符合，小数点有没有点错位置等。审查工程量，要求审查人员必须熟悉设计图纸、预算定额和工程量计算规则。

（2）有针对性的审查。针对具体的工程内容，进行有针对性的审查。举例说明如下：

1）墙基挖土。先根据基础埋深和土质情况，审查槽壁是否需要放坡，坡度系数是否符合规定；其次审查计算墙基槽长度是否符合规定，是否重叠多算。

2）墙基与墙身的分界线。通常砖墙基础计算时以室内地坪为界线，而石墙墙身计算时却以室外地坪为界线，因此审查其是否有重叠多算的情况存在。

3）内外墙砌体。应审查砌体扣除的部分是否按规定扣除，有否不应增加的砌体部分被增加了（如腰线挑砖）。

4）钢筋混凝土框架中的梁和柱分界。钢筋混凝土框架柱与梁以柱内边线为界，在计算框架柱和框架梁体积时，应列入柱内的就不能在梁中重复计算。

5）整个单位工程钢筋混凝土结构的钢筋和铁件。钢筋总重量是按设计图纸计算还是按预算定额含钢量计算，两者只能采用一种方法，不得两种方法同时混合计算使用。

6）定额内已包括者就不得再另行重算。室外工程的散水、台阶、斜坡等工程量是按水平投影面积计算，定额规定已包括挖土、运土、垫层、找平层及面层等工程内容在内，则不应再重复计算挖、运、垫、找平及面层的工程量。

工程量审查可以采用抽查法：一种是对主要分部分项工程进行审查，而一般的分项工程就可免审；另一种是参照技术经济指标对各分项工程量进行核对。发现超指标幅度较多时应进行重点审查，当出现与指标幅度相近时可免予审查。

2. 审查预算单价

（1）审查预算书中单价是否正确。应着重审查预算书上所列的工程名称、种类、规格、计量单位与预算定额或计价表上所列的内容是否一致。一致时才能套用，否则错套单价就会影响直接费的准确度。

（2）审查换算单价。预算定额规定允许换算部分的分项工程单价，应根据定额中的分部分项说明、附注和有关规定进行换算；预算定额规定不允许换算部分的分项工程单价则不得强调工程特殊或其他原因而任意加以换算。

（3）审查补充单价。对于某些采用新结构、新技术、新材料的工程，在定额中确实缺少这些项目而编制补充单价的，应审查其分项工程的项目和工程量是否属实，补充的单价是否合理与准确，补充单价的工料分析是根据工程测算数据还是估算数据确定的。

3. 审查直接费

决定直接费用的主要因素是各分部分项工程量及相应的预算单价。因此，审查直接费，也就是审查直接费部分的整个预算表，即根据已经过审查的分项工程量和预算单价，审查单价套用是否准确，有否套错和应换算的单价是否已换算，以及换算是否正确等。直接费是各项应取费用的计算基础，务必细心、认真、逐项地计算。审查时应注意以下两点。

（1）预算表上所列的各分项工程名称、内容、做法、规格及计量单位与计价表中所规定的内容是否相符。

（2）预算表中是否有错列已包括在定额内的项目，从而出现重复多算的情况；或因漏列项目而少算直接费的情况。如高度在3.60m以内的抹灰脚手架费用已包括在抹灰项目预算单价内，不得另列项目计算。

4. 审查间接费

依据施工单位的企业性质、工程规模和承包方式不同，间接费有按直接费计算，也有按人工费为基础进行计算。因此，主要审查以下内容：

（1）使用间接费定额时，是否符合地区规定，有否集体企业套用全民企业取费标准。

（2）各种费用的计算基础是否符合规定。

（3）各种费用的费率是否按规定的工程类别计算。

（4）利润是否按指导性标准计取，没有计取资格的施工单位不应计取。

（5）各种间接费用项目是否正确合理，不该计算的是否计算了。

（6）单项取费与综合取费有无重复计算情况。

（7）工程类别是否根据结构类型、檐高、层数、建筑面积、跨度等指标确定。

如果一个单位工程内包含有混凝土构件厂制作的混凝土构件、金属加工厂制作的钢结构构件等，这些工程的间接费应根据各地区的具体规定计取。

5. 审查工料分析

（1）审查各分部分项工程的单位用工、用料是否符合定额规定。

（2）审查单位工程总用工、用料是否正确，总用工量与总人工费是否一致。

（3）审查应该换算或调整的材料有否换算或调整，其方法是否正确。

6. 审查人工、材料、施工机械的价差计算

由于人工、材料和机械台班单价会随市场价格的波动而变化，对使用定额单价而编制的预算需要另行调整价差。审查时应注意：

（1）人工费调整方法是否符合规定，当地规定的现行工资单价与定额相差多少。

（2）材料价差调整方法是否符合规定，所采用的实际价格（或指导价）是否符合当地市场行情或规定，材料的产地、名称、品种、规格、等级是否与价格相符，材料用量是否正确等。

（3）机械台班费调整方法是否符合规定，预算中考虑的进场大型施工机械的机械名称、品牌规格、施工能力是否合理；是否正确地选用系数法综合调整或按单项机械逐一调整。

7. 审查税金

税金是以按建筑工程造价计算程序计算出的不含税工程造价作为计算基础。审查时应注意：

（1）计算基础是否完整。

（2）纳税人所在地的地点确定是否正确。

（3）税金率选用是否正确（按纳税人所在地而定）。

1.4.2 审查方式

1. 会审

由建设单位或建设单位的主管部门，组织施工单位、设计单位等有关单位共同进行审查。这种会审方式由于有多方代表参加，易于发现问题，并可通过广泛讨论取得一致意见，审查进度快、质量高。

2. 单审

对于无条件组织会审的，由建设单位或委托工程造价咨询单位单独进行审查。

1.4.3 审查方法

施工图预算的审查，应根据工程规模大小、结构复杂程度和施工条件不同等因素来确定审查深度和方法。对大中型建设项目和结构比较复杂的建设项目，要采用全面审查的方法；对一般性的建设项目，要区分不同情况，采用重点审查和一般审查相结合的方法。

1. 全面审查法

按照设计图纸的要求，结合预算定额分项工程项目的具体规定，逐项全部地进行审查。其过程是从工程量计算、单价套用，直到计算各项费用，求出预算造价。

全面审查的优点是全面、细致、差错少、质量好，但工作量较大。这种方法适用于设计较简单、工程量较少的工程，或是编制预算技术力量薄弱的施工单位承包的工程。

2. 重点审查法

相对于全面审查法，重点审查法只审查预算书中的重点项目，其他项目不审查。所谓重点项目，是指那些工程量大、单价高、对预算造价有较大影响的项目。建筑工程属于何种结构，就重点审查以这种结构内容为主的有关分部工程各分项工程的工程量及其单价。如砖木结构建筑物，则砖石结构工程分部和木结构工程分部的工程量一定较大，占造价比例也大，应首先予以审查。又如砖混结构房屋，则应重点审查砖石结构工程分部和钢筋混凝土工程分部等。但重点与非重点只是相对而言，审查时要根据具体情况灵活掌握。

对各种预算中应计取的费用和取费标准也应重点审查。因为工程及其现场条件的特殊性、承包方式和合同条件的特殊性，预算费用项目复杂，往往容易出现差错。

重点审查的优点是对工程造价有影响的项目能得到有效的审查，使预算中可能存在的主要问题得以纠正。但未经审查的次要项目中可能存在的错误得不到纠正。

3. 经验审查法

根据以前的实践经验，审查容易发生差错的那一部分工程项目。以民用建筑中的土方、基础、砖石结构工程等分部中的某些项目为例，说明如下：

（1）漏算项目。平整场地和余土外运这两个项目，由于施工图中都不能表示出来，因此有些施工单位编制的施工图预算容易漏算而应予以核增。

（2）单价偏高。基槽挖土中套用预算单价往往偏高，审查中应按挖槽后实际土壤类别调整。

（3）多算工程量。在计算基槽土方、垫层、基础和砖墙砌体时，外墙应按墙中心线长度、内墙应按墙净长度计算。但有些单位编制的施工图预算则不论是外墙或内墙，都一律按墙中心线长度计算。这样，就使内墙的土方、垫层、基础和砖墙均多算了工程量。

（4）少算工程量。砖基或砖墙的厚度，无论图示尺寸是 360mm 还是 370mm，均应按工程量计算规则规定的厚度 365mm 计算。砖基础的大放脚，有些施工图预算编制时漏算，而相反也有些施工图预算较普遍的是根据图示尺寸，按每层大放脚高度 60mm 或 120mm，宽度每侧每层伸出 60mm 计算，而不是按砖基础大放脚折加高度进行计算。或者把图示尺寸 60mm 和 120mm 的地方，分别改为按 62.5mm 和 125mm 计算。这样，就少算了工程量。

（5）既多算又少算工程量。在计算砖墙体积时，应扣除在墙中的门窗洞口、混凝土圈过梁、阳台和雨篷梁等所占的体积。但有些单位编制的施工图预算，一是不按门窗框外围面积，而是按图示洞口尺寸，扣除门窗洞口所占砖墙体积计算，因而多扣了门窗洞口的砖墙体积，少算了砖墙体积工程量；二是忘记了扣除阳台和雨篷梁所占的体积，这是因为阳台和雨篷，都是按伸出墙外部分的水平投影面积计算工程量的，因而也就忽略了其嵌入墙内的阳台和雨篷梁部分，结果就导致多算了砖墙的工程量。

4. 分解对比审查法

一些单位建筑工程，如果其用途、结构和标准都一样，在一个地区或一个城市内，其预算造价也应该基本相同，特别是采用标准设计更是如此。虽然其建造地点和运输条件可能不同，但总可以利用对比方法，计算出它们之间的预算价值差别，以进一步对比审查整个单位工程施工图预算。即把一个单位工程直接费和间接费进行分解，然后再把直接费按工种工程和分部工程进行分析，分别与审定的标准图施工图预算进行对比。如果出入不大，就可以认为本工程预算编制质量合格，不必再做审查；如果出入较大，即高于或低于已审定的标准设计图施工图预算的 10% 时，就需通过边对比边分解审查，哪里出入大就进一步审查那一部分。

分解对比审查法的优点是简单易行，速度快，适用于规模小、结构简单的一般民用建筑住宅工程等，特别适合于一个地区或民用建筑群，采用标准施工图或复用施工图的工程。缺点是对于虽然工程结构、标准和用途等都相同，但由于建设地点和施工企业性质不同，则其有关费用计算标准等都会有所不同，最终必将导致工程预算造价不同。

（1）分解对比审查法的适用情况。

1）新建工程和拟建工程采用同一施工图，但基础部分和现场施工条件不同。可按其相同部分，采用对比审查法。

2）两个工程的设计相同，但建筑面积不同，两个工程的建筑面积之比与两个工程各分部分项工程量之比基本是一致的。可按分项工程量的比例，审查新建工程各分项工程量，或用两个工程的单方造价进行对比审查。

3）两个工程面积相同，但设计图纸不完全相同。可将相同部分的工程量（如厂房中的柱、屋架、砖墙等）进行对照审查，将不同部分的分项工程量按图纸计算。

（2）分解对比的内容。

1）综合技术经济指标。主要有单方造价，单位工程各分部直接费与工程总造价的比例，单位工程人工费、材料费、机械费及其他费用占工程总造价的比例等。

2）单位工程的工程量综合指标。

5. 分组计算审查法

此法是将预算书中有关项目划分成若干组，利用同组中一个数据来审查有关分项工程量。其方法是：首先将若干个分部分项工程按相邻且有一定内在联系的项目进行编组；然后利用同组中分项工程间具有相同或近似计算的基数关系，审查一个分项工程量，就能判断出其他几个分项工程量的准确度。例如，在建筑物中底层建筑面积、地面、地面垫层、楼面、楼地面找平层、天棚抹灰、天棚刷浆及屋面层可编为一组。可先将底层建筑面积和底层墙体水平面积求出来；然后用底层建筑面积减去底层墙体水平面积，就可求得楼（地）面面积及其相等的楼（地）面找平层、天棚抹灰、天棚刷浆等面积；再用楼（地）面面积分别乘垫层厚度和楼板厚度，就可求出楼（地）面垫层体积和楼板体积。

第2章 建筑工程工程量清单计价

2.1 建筑工程工程量清单计价概述

2.1.1 工程量清单及其计价的概念

1. 工程量的概念

工程量即工程的实物数量，是以物理计量单位或自然计量单位所表示的各个分项或子项工程和构配件的数量。物理计量单位是指以法定计量单位表示的长度、面积、体积、质量等。如建筑物的建筑面积、屋面面积（m^2），基础砌筑、墙体砌筑的体积（m^3），钢屋架、钢支撑、钢平台制作安装的质量（t）等。自然计量单位是指以物体的自然组成形态表示的计量单位，如通风机、空调器安装以"台"为单位，风口及百叶窗安装以"个"为单位，消火栓安装以"套"为单位，坐便器安装以"组"为单位，散热器安装以"片"为单位。

2. 工程量清单的概念

工程量清单是指用以表现拟建建筑安装工程项目的分部分项工程项目、措施项目、其他项目、规费项目、税金项目名称以及相应数量的明细标准表格。工程量清单体现的核心内容为分项工程项目名称及其相应数量，是招标文件的组成部分。《建设工程工程量清单计价规范》（GB 50500—2013）强制规定："招标工程量清单必须作为招标文件的组成部分，其准确性和完整性应由招标人负责"。工程量清单是由招标人或由其委托的具有相应资质的代理机构按照招标要求，依据《建设工程工程量清单计价规范》（GB 50500—2013）中规定的统一项目编码、项目名称、计量单位以及工程量计算规则进行编制，作为编制招标控制价、投标报价、计算工程量、支付工程款、调整合同价款、办理竣工结算以及工程索赔等的依据之一。

3. 工程量清单计价的概念

工程量清单计价是指由投标人按照招标人提供的工程量清单，逐一填报单价，并计算出建设项目所需的全部费用，主要包括分部分项工程费、措施项目费、其他项目费、规费和税金等的这一过程。工程量清单计价应采用"综合单价"计价。综合单价是指完成规定计量单位分项工程所需的人工费、材料费、施工机械使用费、管理费、利润，并考虑了风险因素的一种单价。

2.1.2 工程量清单计价基本原理

工程量清单计价的基本原理是以招标人提供的工程量清单为平台，投标人根据自身的技术、财务、管理能力进行投标报价，招标人根据具体的评标细则进行优选，这种计价方式是市场定价体系的具体表现形式。

通常工程量清单计价的基本过程可以描述为：在统一工程量计算规则的基础上，制定工程量清单项目设置规则，根据具体工程的施工图纸计算出各个清单项目的工程量，再根据各种渠道所获得的工程造价信息和经验数据计算得到工程造价。工程造价工程量清单计价的基本过程如图 2-1 所示。

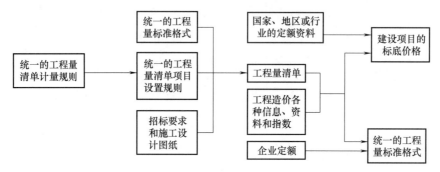

图 2-1 工程造价工程量清单计价过程示意

从工程量清单计价过程示意图中可以看出，其编制过程通常可以分为两个阶段：工程量清单格式的编制和利用工程量清单来编制投标报价。投标报价是在业主提供的工程量计算结果的基础上，根据企业自身所掌握的各种信息、资料，结合企业定额编制的。

2.1.3 工程量清单及其计价的编制步骤

1. 工程量清单的编制步骤

（1）根据施工图、招标文件、《建设工程工程量清单计价规范》（GB 50500—2013）、《房屋建筑与装饰工程工程量计算规范》（GB 50854—2013），列出分部分项工程项目名称并计算分部分项清单工程量。

（2）将计算出的分部分项清单工程量汇总到分部分项工程量清单表中。

（3）根据招标文件、国家行政主管部门的文件和《建设工程工程量清单计价规范》（GB 50500—2013）、《房屋建筑与装饰工程工程量计算规范》（GB 50854—2013）列出措施项目清单。

（4）根据招标文件、国家行政主管部门的文件、《建设工程工程量清单计价规范》（GB 50500—2013）、《房屋建筑与装饰工程工程量计算规范》（GB 50854—2013）及拟建工程实际情况，列出其他项目清单、规费项目清单、税金项目清单。

2. 工程量清单计价的编制步骤

（1）根据分部分项工程量清单、《建设工程工程量清单计价规范》（GB 50500—2013）、《房屋建筑与装饰工程工程量计算规范》（GB 50854—2013）、施工图、消耗量定额等计算计价工程量。

（2）根据计价工程量、消耗量定额、工料机市场价、管理费费率、利润率和分部分项工程量清单计算综合单价。

（3）根据综合单价及分部分项工程量清单计算分部分项工程量清单费。

（4）根据措施项目清单、施工图等确定措施项目清单费。

（5）根据其他项目清单，确定其他项目清单费。

（6）根据规费项目清单和有关费率计算规费项目清单费。

（7）根据分部分项工程清单费、措施项目清单费、其他项目清单费、规费项目清单费和税率计算税金。

（8）将上述五项费用汇总，即为拟建工程工程量清单计价。

2.2　建筑工程工程量清单的编制

2.2.1　一般规定

（1）招标工程量清单应由具有编制能力的招标人或受其委托具有相应资质的工程造价咨询人或招标代理人编制。

（2）招标工程量清单必须作为招标文件的组成部分，其准确性和完整性由招标人负责。

（3）招标工程量清单是工程量清单计价的基础，应作为编制招标控制价、投标报价、计算工程量、工程索赔等的依据之一。

（4）招标工程量清单应以单位（项）工程为单位编制，应由分部分项工程量清单、措施项目清单、其他项目清单、规费和税金项目清单组成。

（5）编制招标工程量清单应依据：

1）《建设工程工程量清单计价规范》（GB 50500—2013）和相关工程的国家计量规范。

2）国家或省级、行业建设主管部门颁发的计价定额和办法。

3）建设工程设计文件及相关资料。

4）与建设工程项目有关的标准、规范、技术资料。

5）拟定的招标文件。

6）施工现场情况、地勘水文资料、工程特点及常规施工方案。

7）其他相关资料。

2.2.2　分部分项工程项目

（1）分部分项工程项目清单必须载明项目编码、项目名称、项目特征、计量单位和工程量。这是构成分部分项工程项目清单的五个要件，在分部分项工程项目清单的组成中缺一不可。

（2）分部分项工程项目清单必须根据相关工程现行国家计量规范规定的项目编码、项目名称、项目特征、计量单位和工程量计算规则进行编制。

（3）工程量清单的项目编码应采用十二位阿拉伯数字表示。其中一、二位为专业工程代码，房屋建筑与装饰工程为01，仿古建筑工程为02，通用安装工程为03，市政工程为04，园林绿化工程为05，矿山工程为06，构筑物工程为07，城市轨道交通工程为08，爆破工程为09，以后进入国家标准的专业工程代码以此类推；三、四位为附录分类顺序码；五、六位为分部工程顺序码；七至九位为分项工程项目名称顺序码；十至十二位为清单项目名称顺序码，应根据拟建工程的工程量清单项目名称和项目特征设置，同一招标工程的项目编码不得有重码。

在编制工程量清单时应注意对项目编码的设置不得有重码，特别是当同一标段（或合同段）的一份工程量清单中含有多个单位工程且工程量清单是以单位工程为编制对象时，应注意项目编码中的十至十二位的设置不得重码。例如一个标段（或合同段）的工程量清单中含有三个单位工程，每一单位工程中都有项目特征相同的实心砖墙砌体，在工程量清单中又需反映三个不同单位工程的实心砖墙砌体工程量时，此时工程量清单应以单位工程为编制对象，则第一个单位工程的实心砖墙的项目编码应为 010401003001，第二个单位工程的实心砖墙的项目编码应为 010401003002，第三个单位工程的实心砖墙的项目编码应为 010401003003，并分别列出各单位工程实心砖墙的工程量。

（4）工程量清单的项目名称应按各相关工程量计算规范附录的项目名称结合拟建工程的实际确定。

（5）分部分项工程工程量清单中所列工程量应按各相关工程量计算规范附录中规定的工程量计算规则计算。工程量的有效位数应遵守下列规定：

1）以"t"为单位，应保留小数点后三位数字，第四位小数四舍五入。

2）以"m^3""m^2""m"和"kg"为单位，应保留小数点后两位数字，第三位小数四舍五入。

3）以"个""件"等为单位，应取整数。

（6）分部分项工程工程量清单的计量单位应按各相关工程量计算规范附录中规定的计量单位确定，当计量单位有两个或两个以上时，应根据拟建工程项目的实际，选择最适宜表现该项目特征并方便计量的单位。

（7）分部分项工程工程量清单项目特征应按各相关工程量计算规范附录中规定的项目特征，结合拟建工程项目的实际予以描述。

工程量清单的项目特征是确定一个清单项目综合单价不可缺少的主要依据。在编制工程量清单时，必须对项目特征进行准确而且全面地描述。

但有的项目特征用文字往往又难以准确、全面地描述清楚。因此为达到规范、简捷、准确、全面描述项目特征的要求，在描述工程量清单项目特征时应按以下原则进行：

1）项目特征描述的内容应按各相关工程量计算规范附录中的规定，结合拟建工程的实际，满足确定综合单价的需要。

2）对采用标准图集或施工图纸能够全部或部分满足项目特征描述要求的，项目特征描述可直接采用详见××图集或××图号的方式；对不能满足项目特征描述要求的部分，仍应用文字描述。

2.2.3 措施项目

（1）由于现行国家计量规范已将措施项目纳入规范中，因此，措施项目清单必须根据相关工程现行国家计量规范的规定编制。

（2）措施项目清单的编制需考虑多种因素，除工程本身的因素外，还涉及水文、气象、环境、安全等因素。由于影响措施项目设置的因素太多，计量规范不可能将施工中可能出现的措施项目一一列出。在编制措施项目清单时，因工程情况不同，出现计量规范附录中未列的措施项目，可根据工程的具体情况对措施项目清单作补充。

计量规范将措施项目划分为两类：一类是不能计算工程量的项目，如文明施工和安全防护、临时设施等，就以"项"计价，称为"总价项目"；另一类是可以计算工程量的项目，如脚手架、降水工程等，就以"量"计价，更有利于措施费的确定和调整，称为"单价项目"。

2.2.4　其他项目

（1）其他项目清单宜按照下列内容列项。

1）暂列金额。暂列金额是招标人在工程量清单中暂定并包括在合同价款中的一笔款项。用于工程合同签订时尚未确定或者不可预见的所需材料、工程设备、服务的采购，施工中可能发生的工程变更、合同约定调整因素出现时的合同价款调整以及发生的索赔、现场签证确认等的费用。

不管采用何种合同形式，其理想的标准是，一份合同的价格就是其最终的竣工结算价格，或者至少两者应尽可能接近，按有关部门的规定，经项目审批部门批复的设计概算是工程投资控制的刚性指标，即使是商业性开发项目也有成本的预先控制问题，否则，无法相对准确预测投资的收益和科学合理地进行投资控制。而工程建设自身的特性决定了工程的设计需要根据工程进展不断地进行优化和调整，业主需求可能会随工程建设进展出现变化，工程建设过程还存在其他诸多不确定性因素。消化这些因素必然会影响合同价格的调整，暂列金额正是因为这类不可避免的价格调整而设立，以便达到合理确定和有效控制工程造价的目标。

另外，暂列金额列入合同价格不等于就属于承包人（中标人）所有了，事实上，即便是总价包干合同，也不是列入合同价格的任何金额都属于中标人的，是否属于中标人应得金额取决于具体的合同约定，只有按照合同约定程序实际发生后，才能成为中标人的应得金额，纳入合同结算价款中。扣除实际发生金额后的暂列金额余额仍属于招标人所有。设立暂列金额并不能保证合同结算价格就不会再出现超过合同价格的情况，是否超出合同价格完全取决于工程量清单编制人对暂列金额预测的准确性，以及工程建设过程是否出现了其他事先未预测到的事件。

2）暂估价。暂估价是指招标阶段直至签订合同协议时，招标人在招标文件中提供的用于支付必然要发生但暂时不能确定价格的材料以及专业工程的金额。暂估价类似于FIDIC合同条款中的Prime Cost Items，在招标阶段预见肯定要发生，只是因为标准不明确或者需要由专业承包人完成，暂时无法确定价格。暂估价数量和拟用项目应当结合工程量清单中的"暂估价表"予以补充说明。

为方便合同管理，需要纳入分部分项工程项目清单综合单价中的暂估价应只是材料、工程设备费，以方便投标人组价。

专业工程的暂估价应是综合暂估价，包括除规费和税金以外的管理费、利润等。总承包招标时，专业工程设计深度往往是不够的，一般需要交由专业设计人设计，出于提高可建造性考虑，国际上惯例一般由专业承包人负责设计，以发挥其专业技能和专业施工经验的优势。这类专业工程交由专业分包人完成是国际工程的良好实践，目前在我国工程建设领域也已经比较普遍。公开透明、合理地确定这类暂估价的实际开支金额的最佳途径，就是通过施工总承包人与工程建设项目招标人共同组织的招标。

3）计日工。计日工是为了解决现场发生的零星工作的计价而设立的，其为额外工作和变更的计价提供了一个方便快捷的途径。计日工适用的所谓零星工作一般是指合同约定之外的或者因变更而产生的、工程量清单中没有相应项目的额外工作，尤其是那些时间不允许事先商定价格的额外工作。计日工对完成零星工作所消耗的人工工时、材料数量、施工机械台班进行计量，并按照计日工表中填报的适用项目的单价进行计价支付。

国际上常见的标准合同条款中，大多数都设立了计日工（Daywork）计价机制。但在我国以往的工程量清单计价实践中，由于计日工项目的单价水平一般要高于工程量清单项目的单价水平，因而经常被忽略。从理论上讲，由于计日工往往是用于一些突发性的额外工作，缺少计划性，承包人在调动施工生产资源方面难免不影响已经计划好的工作，生产资源的使用效率也有一定的降低，客观上造成超出常规的额外投入。另外，其他项目清单中计日工往往是一个暂定的数量，其无法纳入有效的竞争。所以合理的计日工单价水平一定是要高于工程量清单的价格水平的。为获得合理的计日工单价，发包人在其他项目清单中对计日工一定要给出暂定数量，并且需要根据经验，尽可能估算一个比较贴近实际的数量。

4）总承包服务费。总承包服务费是为了解决招标人在法律、法规允许的条件下进行专业工程发包，以及自行供应材料、工程设备，并需要总承包人对发包的专业工程提供协调和配合服务，对甲供材料、设备提供收、发和保管服务以及进行施工现场管理时发生，并向总承包人支付的费用。招标人应预计该项费用并按投标人的投标报价向投标人支付该项费用。

（2）当工程实际中出现上述（1）中未列出的其他项目清单项目时，可根据工程实际情况进行补充。如工程竣工结算时出现的索赔和现场签证等。

2.2.5 规费

规费是根据国家法律、法规规定，由省级政府或省级有关权力部门规定施工企业必须缴纳的，应计入建筑安装工程造价的费用。根据住建部、财政部印发的《建筑安装工程费用项目组成》的规定，规费包括社会保险费（养老保险费、失业保险费、医疗保险费、工伤保险费、生育保险费）、住房公积金、工程排污费。清单编制人对《建筑安装工程费用项目组成》未包括的规费项目，在编制规费项目清单时应根据省级政府或省级有关权力部门的规定进行补充。

规费项目清单应按下列内容列项：

（1）社会保险费：包括养老保险费、失业保险费、医疗保险费、工伤保险费、生育保险费。

（2）住房公积金。

（3）工程排污费。

2.2.6 税金

根据住建部、财政部印发的《建筑安装工程费用项目组成》的规定，目前我国税法规定应计入建筑安装工程造价的税种包括营业税、城市建设维护税、教育费附加和地方教育附加。如国家税法发生变化，税务部门依据职权增加了税种，应对税金项目清单进行补充。

税金项目清单应包括下列内容：

（1）营业税。

（2）城市维护建设税。

（3）教育费附加。

（4）地方教育附加。

2.3　建筑工程工程量清单计价的编制

2.3.1　工程量清单计价一般规定

1. 计价方式

（1）使用国有资金投资的建设工程发承包，必须采用工程量清单计价。

（2）非国有资金投资的建设工程，宜采用工程量清单计价。

（3）不采用工程量清单计价的建设工程，应执行《建设工程工程量清单计价规范》（GB 50500—2013）除工程量清单等专门性规定外的其他规定。

（4）工程量清单应采用综合单价计价。

（5）措施项目中的安全文明施工费必须按国家或省级、行业建设主管部门的规定计算，不得作为竞争性费用。

（6）规费和税金必须按国家或省级、行业建设主管部门的规定计算，不得作为竞争性费用。

2. 发包人提供材料和工程设备

（1）发包人提供的材料和工程设备（以下简称甲供材料）应在招标文件中按照规定填写《发包人提供材料和工程设备一览表》，写明甲供材料的名称、规格、数量、单价、交货方式、交货地点等。

承包人投标时，甲供材料单价应计入相应项目的综合单价中，签约后，发包人应按合同约定扣除甲供材料款，不予支付。

（2）承包人应根据合同工程进度计划的安排，向发包人提交甲供材料交货的日期计划。发包人应按计划提供。

（3）发包人提供的甲供材料如规格、数量或质量不符合合同要求，或由于发包人原因发生交货日期延误、交货地点及交货方式变更等情况的，发包人应承担由此增加的费用和（或）工期延误，并应向承包人支付合理利润。

（4）发承包双方对甲供材料的数量发生争议不能达成一致的，应按照相关工程的计价定额同类项目规定的材料消耗量计算。

（5）若发包人要求承包人采购已在招标文件中确定为甲供材料的，材料价格应由发承包双方根据市场调查确定，并应另行签订补充协议。

3. 承包人提供材料和工程设备

（1）除合同约定的发包人提供的甲供材料外，合同工程所需的材料和工程设备应由承包人提供，承包人提供的材料和工程设备均应由承包人负责采购、运输和保管。

（2）承包人应按合同约定将采购材料和工程设备的供货人及品种、规格、数量和供货时间等提交发包人确认，并负责提供材料和工程设备的质量证明文件，满足合同约定的质量标准。

（3）对承包人提供的材料和工程设备经检测不符合合同约定的质量标准，发包人应立即要求承包人更换，由此增加的费用和（或）工期延误应由承包人承担。对发包人要求检测承包人已具有合格证明的材料、工程设备，但经检测证明该项材料、工程设备符合合同约定的质量标准，发包人应承担由此增加的费用和（或）工期延误，并向承包人支付合理利润。

4. 计价风险

（1）建设工程发承包必须在招标文件、合同中明确计价中的风险内容及其范围。不得采用无限风险、所有风险或类似语句规定计价中的风险内容及范围。

（2）由于下列因素出现，影响合同价款调整的，应由发包人承担：

1）国家法律、法规、规章和政策发生变化。

2）省级或行业建设主管部门发布的人工费调整，但承包人对人工费或人工单价的报价高于发布的除外。

3）由政府定价或政府指导价管理的原材料等价格进行了调整。

（3）由于市场物价波动影响合同价款的，应由发承包双方合理分摊，填写《承包人提供主要材料和工程设备一览表》作为合同附件；当合同中没有约定，发承包双方发生争议时，应按本节"2.3.6 合同价款调整"中"8. 物价变化"的规定调整合同价款。

（4）由于承包人使用机械设备、施工技术以及组织管理水平等自身原因造成施工费用增加的，应由承包人全部承担。

（5）当不可抗力发生，影响合同价款时，应按本节"2.3.6 合同价款调整"中"10. 不可抗力"的规定执行。

2.3.2 招标控制价

1. 一般规定

（1）国有资金投资的建设工程招标，招标人必须编制招标控制价。我国对国有资金投资项目的投资控制实行的是投资概算审批制度，国有资金投资的工程原则上不能超过批准的投资概算。国有资金投资的工程实行工程量清单招标，为了客观、合理地评审投标报价和避免哄抬标价，避免造成国有资产流失，招标人必须编制招标控制价，规定最高投标限价。

（2）招标控制价应由具有编制能力的招标人或受其委托具有相应资质的工程造价咨询人编制和复核。

（3）工程造价咨询人接受招标人委托编制招标控制价，不得再就同一工程接受投标人委托编制投标报价。

（4）招标控制价应按照下述"2. 编制与复核"中（1）规定编制，不应上调或下浮。

（5）当招标控制价超过批准的概算时，招标人应将其报原概算审批部门审核。

（6）招标人应在发布招标文件时公布招标控制价，同时应将招标控制价及有关资料报送工程所在地或有该工程管辖权的行业管理部门工程造价管理机构备查。

招标控制价的作用决定了招标控制价不同于标底，无须保密。为体现招标的公平、公正性，防止招标人有意抬高或压低工程造价，招标人应在招标文件中如实公布招标控制价，同时，招标人应将招标控制价报工程所在地或有该工程管辖权的行业管理部门的工程造价管理机构备查。

2. 编制与复核

（1）招标控制价应根据下列依据编制与复核：

1）《建设工程工程量清单计价规范》（GB 50500—2013）。

2）国家或省级、行业建设主管部门颁发的计价定额和计价办法。

3）建设工程设计文件及相关资料。

4）拟定的招标文件及招标工程量清单。

5）与建设项目相关的标准、规范、技术资料。

6）施工现场情况、工程特点及常规施工方案。

7）工程造价管理机构发布的工程造价信息，当工程造价信息没有发布时，参照市场价。

8）其他的相关资料。

（2）综合单价中应包括招标文件中划分的应由投标人承担的风险范围及其费用。招标文件中没有明确的，如是工程造价咨询人编制，应提请招标人明确；如是招标人编制，应予明确。

（3）分部分项工程和措施项目中的单价项目，应根据拟定的招标文件和招标工程量清单项目中的特征描述及有关要求确定综合单价计算。

（4）措施项目中的总价项目应根据拟定的招标文件和常规施工方案按本节"2.3.1 工程量清单计价一般规定"中"1.计价方式"（4）、（5）的规定计价。

（5）其他项目应按下列规定计价：

1）暂列金额应按招标工程量清单中列出的金额填写。

2）暂估价中的材料、工程设备单价应按招标工程量清单中列出的单价计入综合单价。

3）暂估价中的专业工程金额应按招标工程量清单中列出的金额填写。

4）计日工应按招标工程量清单中列出的项目根据工程特点和有关计价依据确定综合单价计算。

5）总承包服务费应根据招标工程量清单列出的内容和要求估算。

（6）规费和税金应按本节"2.3.1 工程量清单计价一般规定"中"1.计价方式"（6）的规定计算。

3. 投诉与处理

（1）投标人经复核认为招标人公布的招标控制价未按照《建设工程工程量清单计价规范》（GB 50500—2013）的规定进行编制的，应在招标控制价公布后5d内向招标投标监督机构和工程造价管理机构投诉。

（2）投诉人投诉时，应当提交由单位盖章和法定代表人或其委托人签名或盖章的书面投诉书，投诉书应包括下列内容：

1）投诉人与被投诉人的名称、地址及有效联系方式。

2）投诉的招标工程名称、具体事项及理由。

3）投诉依据及相关证明材料。

4）相关的请求及主张。

（3）投诉人不得进行虚假、恶意投诉，阻碍投标活动的正常进行。

（4）工程造价管理机构在接到投诉书后应在2个工作日内进行审查，对有下列情况之一的，不予受理：

1）投诉人不是所投诉招标工程招标文件的收受人。

2）投诉书提交的时间不符合上述（1）规定的；投诉书不符合上述（2）规定的。

3）投诉事项已进入行政复议或行政诉讼程序的。

（5）工程造价管理机构应在不迟于结束审查的次日将是否受理投诉的决定书面通知投诉人、被投诉人以及负责该工程招标投标监督的招标投标管理机构。

（6）工程造价管理机构受理投诉后，应立即对招标控制价进行复查，组织投诉人、被投诉人或其委托的招标控制价编制人等单位人员对投诉问题逐一核对。有关当事人应当予以配合，并应保证所提供资料的真实性。

（7）工程造价管理机构应当在受理投诉的10d内完成复查，特殊情况下可适当延长，并作出书面结论通知投诉人、被投诉人及负责该工程招标投标监督的招标投标管理机构。

（8）当招标控制价复查结论与原公布的招标控制价误差大于±3%时，应当责成招标人改正。

（9）招标人根据招标控制价复查结论需要重新公布招标控制价的，其最终公布的时间至招标文件要求提交投标文件截止时间不足15d的，应相应延长投标文件的截止时间。

2.3.3 投标报价

1. 一般规定

（1）投标价应由投标人或受其委托具有相应资质的工程造价咨询人编制。

（2）投标人应依据下述"2. 编制与复核"的规定自主确定投标报价。

（3）投标报价不得低于工程成本。

（4）投标人必须按招标工程量清单填报价格。项目编码、项目名称、项目特征、计量单位、工程量必须与招标工程量清单一致。

（5）投标人的投标报价高于招标控制价的应予废标。

2. 编制与复核

（1）投标报价应根据下列依据编制和复核：

1）《建设工程工程量清单计价规范》（GB 50500—2013）。

2）国家或省级、行业建设主管部门颁发的计价办法。

3）企业定额，国家或省级、行业建设主管部门颁发的计价定额和计价办法。

4）招标文件、招标工程量清单及其补充通知、答疑纪要。

5）建设工程设计文件及相关资料。

6）施工现场情况、工程特点及投标时拟定的施工组织设计或施工方案。

7）建设项目相关的标准、规范等技术资料。

8）市场价格信息或工程造价管理机构发布的工程造价信息。

9）其他的相关资料。

（2）综合单价中应包括招标文件中划分的应由投标人承担的风险范围及其费用，招标文件中没有明确的，应提请招标人明确。

（3）分部分项工程和措施项目中的单价项目，应根据招标文件和招标工程量清单项目中的特征描述确定综合单价计算。

（4）措施项目中的总价项目金额应根据招标文件和投标时拟定的施工组织设计或施工方案按本节"2.3.1 工程量清单计价一般规定"中"1.计价方式"（4）的规定自主确定。其中安全文明施工费应按照本节"2.3.1 工程量清单计价一般规定"中"1.计价方式"（5）的规定确定。

（5）其他项目费应按下列规定报价：

1）暂列金额应按招标工程量清单中列出的金额填写。

2）材料、工程设备暂估价应按招标工程量清单中列出的单价计入综合单价。

3）专业工程暂估价应按招标工程量清单中列出的金额填写。

4）计日工应按招标工程量清单中列出的项目和数量，自主确定综合单价并计算计日工金额。

5）总承包服务费应根据招标工程量清单中列出的内容和提出的要求自主确定。

（6）规费和税金应按本节"2.3.1 工程量清单计价一般规定"中"1.计价方式"（6）的规定确定。

（7）招标工程量清单与计价表中列明的所有需要填写单价和合价的项目，投标人均应填写且只允许有一个报价。未填写单价和合价的项目，可视为此项费用已包含在已标价工程量清单中其他项目的单价和合价之中。当竣工结算时，此项目不得重新组价予以调整。

（8）投标总价应当与分部分项工程费、措施项目费、其他项目费和规费、税金的合计金额一致。

2.3.4 合同价款约定

1. 一般规定

（1）实行招标的工程合同价款应在中标通知书发出之日起30d内，由发承包双方依据招标文件和中标人的投标文件在书面合同中约定。

合同约定不得违背招标、投标文件中关于工期、造价、质量等方面的实质性内容。招标文件与中标人投标文件不一致的地方，应以投标文件为准。

（2）不实行招标的工程合同价款，应在发承包双方认可的工程价款基础上，由发承包双方在合同中约定。

（3）实行工程量清单计价的工程，应采用单价合同；建设规模较小、技术难度较低、工期较短且施工图设计已审查批准的建设工程可采用总价合同；紧急抢险、救灾以及施工技术特别复杂的建设工程可采用成本加酬金合同。

2. 约定内容

（1）发承包双方应在合同条款中对下列事项进行约定：

1）预付工程款的数额、支付时间及抵扣方式。

2）安全文明施工措施的支付计划、使用要求等。

3）工程计量与支付工程进度款的方式、数额及时间。

4）工程价款的调整因素、方法、程序、支付及时间。

5）施工索赔与现场签证的程序、金额确认与支付时间。

6）承担计价风险的内容、范围以及超出约定内容、范围的调整办法。

7）工程竣工价款结算编制与核对、支付及时间。

8）工程质量保证金的数额、预留方式及时间。

9）违约责任以及发生合同价款争议的解决方法及时间。

10）与履行合同、支付价款有关的其他事项等。

（2）合同中没有按照上述（1）的要求约定或约定不明的，若发承包双方在合同履行中发生争议由双方协商确定；当协商不能达成一致时，应按《建设工程工程量清单计价规范》（GB 50500—2013）的规定执行。

2.3.5　工程计量

1. 工程计量的依据

工程量计算除依据《房屋建筑与装饰工程工程量计算规范》（GB 50854—2013）各项规定外，尚应依据以下文件：

（1）经审定通过的施工设计图纸及其说明。

（2）经审定通过的施工组织设计或施工方案。

（3）经审定通过的其他有关技术经济文件。

2. 工程计量的执行

（1）一般规定。

1）工程量必须按照相关工程现行国家计量规范规定的工程量计算规则计算。

2）工程计量可选择按月或按工程形象进度分段计量，具体计量周期应在合同中约定。

3）因承包人原因造成的超出合同工程范围施工或返工的工程量，发包人不予计量。

4）成本加酬金合同应按下述"（2）单价合同的计量"的规定计量。

（2）单价合同的计量。

1）工程量必须以承包人完成合同工程应予计量的工程量确定。

2）施工中进行工程计量，当发现招标工程量清单中出现缺项、工程量偏差，或因工程变更引起工程量增减时，应按承包人在履行合同义务中完成的工程量计算。

3）承包人应当按照合同约定的计量周期和时间向发包人提交当期已完工程量报告。发包人应在收到报告后7d内核实，并将核实计量结果通知承包人。发包人未在约定时间内进行核实的，承包人提交的计量报告中所列的工程量应视为承包人实际完成的工程量。

4）发包人认为需要进行现场计量核实时，应在计量前24h通知承包人，承包人应为计量提供便利条件并派人参加。当双方均同意核实结果时，双方应在上述记录上签字确认。承包人收到通知后不派人参加计量，视为认可发包人的计量核实结果。发包人不按照约定时间通知承包人，致使承包人未能派人参加计量，计量核实结果无效。

5）当承包人认为发包人核实后的计量结果有误时，应在收到计量结果通知后的7d内向发包人提出书面意见，并应附上其认为正确的计量结果和详细的计算资料。发包人收到书面意见后，应在7d内对承包人的计量结果进行复核后通知承包人。承包人对复核计量结果仍有异议的，按照合同约定的争议解决办法处理。

6）承包人完成已标价工程量清单中每个项目的工程量并经发包人核实无误后，发承包双方应对每个项目的历次计量报表进行汇总，以核实最终结算工程量，并应在汇总表上签字确认。

（3）总价合同的计量。

1）采用工程量清单方式招标形成的总价合同，其工程量应按照上述"（2）单价合同的计量"的规定计算。

2）采用经审定批准的施工图纸及其预算方式发包形成的总价合同，除按照工程变更规定的工程量增减外，总价合同各项目的工程量应为承包人用于结算的最终工程量。

3）总价合同约定的项目计量应以合同工程经审定批准的施工图纸为依据，发承包双方应在合同中约定工程计量的形象目标或时间节点进行计量。

4）承包人应在合同约定的每个计量周期内对已完成的工程进行计量，并向发包人提交达到工程形象目标完成的工程量和有关计量资料的报告。

5）发包人应在收到报告后 7d 内对承包人提交的上述资料进行复核，以确定实际完成的工程量和工程形象目标。对其有异议的，应通知承包人进行共同复核。

3. 计量单位与有效数字

（1）有两个或两个以上计量单位的，应结合拟建工程项目的实际情况，确定其中一个为计量单位。同一工程项目的计量单位应一致。

（2）工程计量时每一项目汇总的有效位数应遵守下列规定：

1）以"t"为单位，应保留小数点后三位数字，第四位小数四舍五入。

2）以"m""m^2""m^3""kg"为单位，应保留小数点后两位数字，第三位小数四舍五入。

3）以"个""件""根""组""系统"为单位，应取整数。

4. 计量项目要求

（1）工程量清单项目仅列出了主要工作内容，除另有规定和说明外，应视为已经包括完成该项目所列或未列的全部工作内容。

（2）房屋建筑工程涉及电气、给水排水、消防等安装工程的项目，按照现行国家标准《通用安装工程工程量计算规范》（GB 50856—2013）的相应项目执行；涉及仿古建筑工程的项目，按现行国家标准《仿古建筑工程工程量计算规范》（GB 50855—2013）的相应项目执行；涉及室外地（路）面、室外给水排水等工程的项目，按现行国家标准《市政工程工程量计算规范》（GB 50857—2013）的相应项目执行；采用爆破法施工的石方工程按照现行国家标准《爆破工程工程量计算规范》（GB 50862—2013）的相应项目执行。

2.3.6　合同价款调整

1. 一般规定

（1）下列事项（但不限于）发生，发承包双方应当按照合同约定调整合同价款：

1）法律法规变化。

2）工程变更。

3）项目特征不符。

4）工程量清单缺项。

5）工程量偏差。

6）计日工。

7）物价变化。

8）暂估价。

9）不可抗力。

10）提前竣工（赶工补偿）。

11）误期赔偿。

12）索赔。

13）现场签证。

14）暂列金额。

15）发承包双方约定的其他调整事项。

（2）出现合同价款调增事项（不含工程量偏差、计日工、现场签证、索赔）后的14d内，承包人应向发包人提交合同价款调增报告并附上相关资料；承包人在14d内未提交合同价款调增报告的，应视为承包人对该事项不存在调整价款请求。

（3）出现合同价款调减事项（不含工程量偏差、索赔）后的14d内，发包人应向承包人提交合同价款调减报告并附相关资料；发包人在14d内未提交合同价款调减报告的，应视为发包人对该事项不存在调整价款请求。

（4）发（承）包人应在收到承（发）包人合同价款调增（减）报告及相关资料之日起14d内对其核实，予以确认的应书面通知承（发）包人。当有疑问时，应向承（发）包人提出协商意见。发（承）包人在收到合同价款调增（减）报告之日起14d内未确认也未提出协商意见的，应视为承（发）包人提交的合同价款调增（减）报告已被发（承）包人认可。发（承）包人提出协商意见的，承（发）包人应在收到协商意见后的14d内对其核实，予以确认的应书面通知发（承）包人。承（发）包人在收到发（承）包人的协商意见后14d内既不确认也未提出不同意见的，应视为发（承）包人提出的意见已被承（发）包人认可。

（5）发包人与承包人对合同价款调整的不同意见不能达成一致的，只要对发承包双方履约不产生实质影响，双方应继续履行合同义务，直到其按照合同约定的争议解决方式得到处理。

（6）经发承包双方确认调整的合同价款，作为追加（减）合同价款，应与工程进度款或结算款同期支付。

2. 法律法规变化

（1）招标工程以投标截止日前28d、非招标工程以合同签订前28d为基准日，其后因国家的法律、法规、规章和政策发生变化引起工程造价增减变化的，发承包双方应按照省级或行业建设主管部门或其授权的工程造价管理机构据此发布的规定调整合同价款。

（2）因承包人原因导致工期延误的，按（1）规定的调整时间，在合同工程原定竣工时间之后，合同价款调增的不予调整，合同价款调减的予以调整。

3. 工程变更

（1）因工程变更引起已标价工程量清单项目或其工程数量发生变化时，应按照下列规定调整：

1）已标价工程量清单中有适用于变更工程项目的，应采用该项目的单价；但当工程变更导致该清单项目的工程数量发生变化，且工程量偏差超过15%时，该项目单价应按照下述"6. 工程量偏差"的规定调整。

2）已标价工程量清单中没有适用但有类似于变更工程项目的，可在合理范围内参照类似项目的单价。

3）已标价工程量清单中没有适用也没有类似于变更工程项目的，应由承包人根据变更工程资料、计量规则和计价办法、工程造价管理机构发布的信息价格和承包人报价浮动率提出变更工程项目的单价，并应报发包人确认后调整。承包人报价浮动率可按下列公式计算

招标工程：

$$承包人报价浮动率 L=(1-中标价/招标控制价)×100\% \tag{2-1}$$

非招标工程：

$$承包人报价浮动率 L=(1-报价/施工图预算)×100\% \tag{2-2}$$

4）已标价工程量清单中没有适用也没有类似于变更工程项目，且工程造价管理机构发布的信息价格缺价的，应由承包人根据变更工程资料、计量规则、计价办法和通过市场调查等取得有合法依据的市场价格提出变更工程项目的单价，并应报发包人确认后调整。

（2）工程变更引起施工方案改变并使措施项目发生变化时，承包人提出调整措施项目费的，应事先将拟实施的方案提交发包人确认，并应详细说明与原方案措施项目相比的变化情况。拟实施的方案经发承包双方确认后执行，并应按照下列规定调整措施项目费：

1）安全文明施工费应按照实际发生变化的措施项目依据本节"2.3.1　工程量清单计价一般规定"中"1. 计价方式"中（5）的规定计算。

2）采用单价计算的措施项目费，应按照实际发生变化的措施项目，按（1）的规定确定单价。

3）按总价（或系数）计算的措施项目费，按照实际发生变化的措施项目调整，但应考虑承包人报价浮动因素，即调整金额按照实际调整金额乘以（1）规定的承包人报价浮动率计算。

如果承包人未事先将拟实施的方案提交给发包人确认，则应视为工程变更不引起措施项目费的调整或承包人放弃调整措施项目费的权利。

（3）当发包人提出的工程变更因非承包人原因删减了合同中的某项原定工作或工程，致使承包人发生的费用或（和）得到的收益不能被包括在其他已支付或应支付的项目中，也未被包含在任何替代的工作或工程中时，承包人有权提出并应得到合理的费用及利润补偿。

4. 项目特征描述不符

（1）发包人在招标工程量清单中对项目特征的描述，应被认为是准确的和全面的，并且与实际施工要求相符合。承包人应按照发包人提供的招标工程量清单，根据项目特征描述的内容及有关要求实施合同工程，直到项目被改变为止。

（2）承包人应按照发包人提供的设计图纸实施合同工程，若在合同履行期间出现设计图纸（含设计变更）与招标工程量清单任一项目的特征描述不符，且该变化引起该项目工程造价增减变化的，应按照实际施工的项目特征，按上述"3. 工程变更"的相关条款的规定重新确定相应工程量清单项目的综合单价，并调整合同价款。

5. 工程量清单缺项

（1）合同履行期间，由于招标工程量清单中缺项，新增分部分项工程清单项目的，应按照上述"3. 工程变更"中（1）的规定确定单价，并调整合同价款。

（2）新增分部分项工程清单项目后，引起措施项目发生变化的，应按照上述"3. 工程

变更"中（2）的规定，在承包人提交的实施方案被发包人批准后调整合同价款。

（3）由于招标工程量清单中措施项目缺项，承包人应将新增措施项目实施方案提交发包人批准后，按照上述"3. 工程变更"中（1）、（2）的规定调整合同价款。

6. 工程量偏差

（1）合同履行期间，当应予计算的实际工程量与招标工程量清单出现偏差，且符合（2）、（3）规定时，发承包双方应调整合同价款。

（2）对于任一招标工程量清单项目，当因工程量偏差规定的"工程量偏差"和"工程变更"规定的工程变更等原因导致工程量偏差超过 15% 时，可进行调整。当工程量增加 15% 以上时，增加部分的工程量的综合单价应予调低；当工程量减少 15% 以上时，减少后剩余部分的工程量的综合单价应予调高。

上述调整参考如下公式：

1）当 $Q_1 > 1.15Q_0$ 时

$$S = 1.15Q_0 \times P_0 + (Q_1 - 1.15Q_0) \times P_1 \tag{2-3}$$

2）当 $Q_1 < 0.85Q_0$ 时

$$S = Q_1 \times P_1 \tag{2-4}$$

式中　S——调整后的某一分部分项工程费结算价；

　　　Q_1——最终完成的工程量；

　　　Q_0——招标工程量清单中列出的工程量；

　　　P_1——按照最终完成工程量重新调整后的综合单价；

　　　P_0——承包人在工程量清单中填报的综合单价。

采用上述两式的关键是确定新的综合单价，即 P_1。确定的方法，一是发承包双方协商确定，二是与招标控制价相联系，当工程量偏差项目出现承包人在工程量清单中填报的综合单价与发包人招标控制价相应清单项目的综合单价偏差超过 15% 时，工程量偏差项目综合单价的调整可参考以下公式：

3）当 $P_0 < P_2 \times (1-L) \times (1-15\%)$ 时，该类项目的综合单价

$$P_1 \text{ 按照 } P_2 \times (1-L) \times (1-15\%) \text{ 调整} \tag{2-5}$$

4）当 $P_0 > P_2 \times (1+15\%)$ 时，该类项目的综合单价

$$P_1 \text{ 按照 } P_2 \times (1+15\%) \text{ 调整} \tag{2-6}$$

式中　P_2——发包人招标控制价相应项目的综合单价；

　　　L——承包人报价浮动率。

（3）当工程量出现（2）的变化，且该变化引起相关措施项目相应发生变化时，按系数或单一总价方式计价的，工程量增加的措施项目费调增，工程量减少的措施项目费调减。

7. 计日工

（1）发包人通知承包人以计日工方式实施的零星工作，承包人应予执行。

（2）采用计日工计价的任何一项变更工作，在该项变更的实施过程中，承包人应按合同约定提交下列报表和有关凭证送发包人复核：

1）工作名称、内容和数量。

2）投入该工作所有人员的姓名、工种、级别和耗用工时。

3）投入该工作的材料名称、类别和数量。

4）投入该工作的施工设备型号、台数和耗用台时。

5）发包人要求提交的其他资料和凭证。

（3）任一计日工项目持续进行时，承包人应在该项工作实施结束后的 24h 内向发包人提交有计日工记录汇总的现场签证报告一式三份。发包人在收到承包人提交现场签证报告后的 2d 内予以确认并将其中一份返还给承包人，作为计日工计价和支付的依据。发包人逾期未确认也未提出修改意见的，应视为承包人提交的现场签证报告已被发包人认可。

（4）任一计日工项目实施结束后，承包人应按照确认的计日工现场签证报告核实该类项目的工程数量，并应根据核实的工程数量和承包人已标价工程量清单中的计日工单价计算，提出应付价款；已标价工程量清单中没有该类计日工单价的，由发承包双方按上述"3. 工程变更"的规定商定计日工单价计算。

（5）每个支付期末，承包人应按照"进度款"的规定向发包人提交本期间所有计日工记录的签证汇总表，并应说明本期间自己认为有权得到的计日工金额，调整合同价款，列入进度款支付。

8. 物价变化

（1）合同履行期间，因人工、材料、工程设备、机械台班价格波动影响合同价款时，应根据合同约定，按物价变化合同价款调整方法调整合同价款。物价变化合同价款调整方法主要有以下两种。

1）价格指数调整价格差额。

① 价格调整公式。因人工、材料和工程设备、施工机械台班等价格波动影响合同价格时，根据招标人提供的"承包人提供主要材料和工程设备一览表（适用于价格指数差额调整法）"，并由投标人在投标函附录中的价格指数和权重表约定的数据，应按下式计算差额并调整合同价款

$$\Delta P = P_0 \left[A + \left(B_1 \times \frac{F_{t1}}{F_{01}} + B_2 \times \frac{F_{t2}}{F_{02}} + B_3 \times \frac{F_{t3}}{F_{03}} + \cdots + B_n \times \frac{F_{tn}}{F_{0n}} \right) - 1 \right] \tag{2-7}$$

式中　　　　　ΔP——需调整的价格差额；

P_0——约定的付款证书中承包人应得到的已完成工程量的金额。此项金额应不包括价格调整、不计质量保证金的扣留和支付、预付款的支付和扣回。约定的变更及其他金额已按现行价格计价的，也不计在内；

A——定值权重（即不调部分的权重）；

$B_1, B_2, B_3, \cdots, B_n$——各可调因子的变值权重（即可调部分的权重），为各可调因子在投标函投标总报价中所占的比例；

$F_{t1}, F_{t2}, F_{t3}, \cdots, F_{tn}$——各可调因子的现行价格指数，指约定的付款证书相关周期最后一天的前 42d 的各可调因子的价格指数；

$F_{01}, F_{02}, F_{03}, \cdots, F_{0n}$——各可调因子的基本价格指数，指基准日期的各可调因子的价格指数。

以上价格调整公式中的各可调因子、定值和变值权重，以及基本价格指数及其来源在投标函附录价格指数和权重表中约定。价格指数应首先采用工程造价管理机构提供的价格指

数，缺乏上述价格指数时，可采用工程造价管理机构提供的价格代替。

② 暂时确定调整差额。在计算调整差额时得不到现行价格指数的，可暂用上一次价格指数计算，并在以后的付款中再按实际价格指数进行调整。

③ 权重的调整。约定的变更导致原定合同中的权重不合理时，由承包人和发包人协商后进行调整。

④ 承包人工期延误后的价格调整。由于承包人原因未在约定的工期内竣工的，对原约定竣工日期后继续施工的工程，在使用①的价格调整公式时，应采用原约定竣工日期与实际竣工日期的两个价格指数中较低的一个作为现行价格指数。

⑤若可调因子包括了人工在内，则不适用本节"2.3.1　工程量清单计价一般规定"4. 中（2）的 2）规定。

2）造价信息调整价格差额。

① 施工期内，因人工、材料和工程设备、施工机械台班价格波动影响合同价格时，人工、机械使用费按照国家或省、自治区、直辖市建设行政管理部门、行业建设管理部门或其授权的工程造价管理机构发布的人工成本信息、机械台班单价或机械使用费系数进行调整；需要进行价格调整的材料，其单价和采购数应由发包人复核，发包人确认需调整的材料单价及数量，作为调整合同价款差额的依据。

② 人工单价发生变化且符合本节"2.3.1　工程量清单计价一般规定"4. 中（2）的 2）规定的条件时，发承包双方应按省级或行业建设主管部门或其授权的工程造价管理机构发布的人工成本文件调整合同价款。

③ 材料、工程设备价格变化按照发包人提供的《承包人提供主要材料和工程设备一览表（适用于造价信息差额调整法）》，由发承包双方约定的风险范围按下列规定调整合同价款。

a. 承包人投标报价中材料单价低于基准单价：施工期间材料单价涨幅以基准单价为基础超过合同约定的风险幅度值，或材料单价跌幅以投标报价为基础超过合同约定的风险幅度值时，其超过部分按实调整。

b. 承包人投标报价中材料单价高于基准单价：施工期间材料单价跌幅以基准单价为基础超过合同约定的风险幅度值，或材料单价涨幅以投标报价为基础超过合同约定的风险幅度值时，其超过部分按实调整。

c. 承包人投标报价中材料单价等于基准单价：施工期间材料单价涨、跌幅以基准单价为基础超过合同约定的风险幅度值时，其超过部分按实调整。

d. 承包人应在采购材料前将采购数量和新的材料单价报送发包人核对，确认用于本合同工程时，发包人应确认采购材料的数量和单价。发包人在收到承包人报送的确认资料后 3 个工作日不予答复的视为已经认可，作为调整合同价款的依据。如果承包人未报经发包人核对即自行采购材料，再报发包人确认调整合同价款的，如发包人不同意，则不作调整。

④ 施工机械台班单价或施工机械使用费发生变化超过省级或行业建设主管部门或其授权的工程造价管理机构规定的范围时，按其规定调整合同价款。

（2）承包人采购材料和工程设备的，应在合同中约定主要材料、工程设备价格变化的范围或幅度；当没有约定且材料、工程设备单价变化超过 5%时，超过部分的价格应按照以上两种物价变化合同价款调整方法计算调整材料、工程设备费。

（3）发生合同工程工期延误的，应按照下列规定确定合同履行期的价格调整：

1）因非承包人原因导致工期延误的，计划进度日期后续工程的价格，应采用计划进度日期与实际进度日期两者的较高者。

2）因承包人原因导致工期延误的，计划进度日期后续工程的价格，应采用计划进度日期与实际进度日期两者的较低者。

（4）发包人供应材料和工程设备的，不适用（1）、（2）规定，应由发包人按照实际变化调整，列入合同工程的工程造价内。

9. 暂估价

（1）发包人在招标工程量清单中给定暂估价的材料、工程设备属于依法必须招标的，应由发承包双方以招标的方式选择供应商，确定价格，并应以此为依据取代暂估价，调整合同价款。

（2）发包人在招标工程量清单中给定暂估价的材料、工程设备不属于依法必须招标的，应由承包人按照合同约定采购，经发包人确认单价后取代暂估价，调整合同价款。

（3）发包人在工程量清单中给定暂估价的专业工程不属于依法必须招标的，应按照上述"3. 工程变更"的相应条款的规定确定专业工程价款，并应以此为依据取代专业工程暂估价，调整合同价款。

（4）发包人在招标工程量清单中给定暂估价的专业工程，依法必须招标的，应当由发承包双方依法组织招标选择专业分包人，并接受有管辖权的建设工程招标投标管理机构的监督，还应符合下列要求。

1）除合同另有约定外，承包人不参加投标的专业工程发包招标，应由承包人作为招标人，但拟定的招标文件、评标工作、评标结果应报送发包人批准。与组织招标工作有关的费用应当被认为已经包括在承包人的签约合同价（投标总报价）中。

2）承包人参加投标的专业工程发包招标，应由发包人作为招标人，与组织招标工作有关的费用由发包人承担。同等条件下，应优先选择承包人中标。

3）应以专业工程发包中标价为依据取代专业工程暂估价，调整合同价款。

10. 不可抗力

（1）因不可抗力事件导致的人员伤亡、财产损失及其费用增加，发承包双方应按下列原则分别承担并调整合同价款和工期：

1）合同工程本身的损害、因工程损害导致第三方人员伤亡和财产损失以及运至施工场地用于施工的材料和待安装的设备的损害，应由发包人承担。

2）发包人、承包人人员伤亡应由其所在单位负责，并应承担相应费用。

3）承包人的施工机械设备损坏及停工损失，应由承包人承担。

4）停工期间，承包人应发包人要求留在施工场地的必要的管理人员及保卫人员的费用应由发包人承担。

5）工程所需清理、修复费用，应由发包人承担。

（2）不可抗力解除后复工的，若不能按期竣工，应合理延长工期。发包人要求赶工的，赶工费用由发包人承担。

（3）因不可抗力解除合同的，应按本节"2.3.9　合同解除的价款结算与支付"（2）的规定办理。

11. 提前竣工（赶工补偿）

（1）招标人应依据相关工程的工期定额合理计算工期，压缩的工期天数不得超过定额工期的20%，超过者，应在招标文件中明示增加赶工费用。

（2）发包人要求合同工程提前竣工的，应征得承包人同意后与承包人商定采取加快工程进度的措施，并应修订合同工程进度计划。发包人应承担承包人由此增加的提前竣工（赶工补偿）费用。

（3）发承包双方应在合同中约定提前竣工每日历天应补偿额度，此项费用应作为增加合同价款列入竣工结算文件中，应与结算款一并支付。

12. 误期赔偿

（1）承包人未按照合同约定施工，导致实际进度迟于计划进度的，承包人应加快进度，实现合同工期。

合同工程发生误期，承包人应赔偿发包人由此造成的损失，并应按照合同约定向发包人支付误期赔偿费。即使承包人支付误期赔偿费，也不能免除承包人按照合同约定应承担的任何责任和应履行的任何义务。

（2）发承包双方应在合同中约定误期赔偿费，并应明确每日历天应赔额度。误期赔偿费应列入竣工结算文件中，并应在结算款中扣除。

（3）在工程竣工之前，合同工程内的某单项（位）工程已通过了竣工验收，且该单项（位）工程接收证书中表明的竣工日期并未延误，而是合同工程的其他部分产生了工期延误时，误期赔偿费应按照已颁发工程接收证书的单项（位）工程造价占合同价款的比例幅度予以扣减。

13. 索赔

（1）当合同一方向另一方提出索赔时，应有正当的索赔理由和有效证据，并应符合合同的相关约定。

（2）根据合同约定，承包人认为非承包人原因发生的事件造成了承包人的损失，应按下列程序向发包人提出索赔：

1）承包人应在知道或应当知道索赔事件发生后28d内，向发包人提交索赔意向通知书，说明发生索赔事件的事由。承包人逾期未发出索赔意向通知书的，丧失索赔的权利。

2）承包人应在发出索赔意向通知书后28d内，向发包人正式提交索赔通知书。索赔通知书应详细说明索赔理由和要求，并应附必要的记录和证明材料。

3）索赔事件具有连续影响的，承包人应继续提交延续索赔通知，说明连续影响的实际情况和记录。

4）在索赔事件影响结束后的28d内，承包人应向发包人提交最终索赔通知书，说明最终索赔要求，并应附必要的记录和证明材料。

（3）承包人索赔应按下列程序处理：

1）发包人收到承包人的索赔通知书后，应及时查验承包人的记录和证明材料。

2）发包人应在收到索赔通知书或有关索赔的进一步证明材料后的28d内，将索赔处理结果答复承包人，如果发包人逾期未作出答复，视为承包人索赔要求已被发包人认可。

3）承包人接受索赔处理结果的，索赔款项应作为增加合同价款，在当期进度款中进行支付；承包人不接受索赔处理结果的，应按合同约定的争议解决方式办理。

（4）承包人要求赔偿时，可以选择下列一项或几项方式获得赔偿：

1）延长工期。

2）要求发包人支付实际发生的额外费用。

3）要求发包人支付合理的预期利润。

4）要求发包人按合同的约定支付违约金。

（5）当承包人的费用索赔与工期索赔要求相关联时，发包人在做出费用索赔的批准决定时，应结合工程延期，综合做出费用赔偿和工程延期的决定。

（6）发承包双方在按合同约定办理了竣工结算后，应被认为承包人已无权再提出竣工结算前所发生的任何索赔。承包人在提交的最终结清申请中，只限于提出竣工结算后的索赔，提出索赔的期限应自发承包双方最终结清时终止。

（7）根据合同约定，发包人认为由于承包人的原因造成发包人的损失，宜按承包人索赔的程序进行索赔。

（8）发包人要求赔偿时，可以选择下列一项或几项方式获得赔偿：

1）延长质量缺陷修复期限。

2）要求承包人支付实际发生的额外费用。

3）要求承包人按合同的约定支付违约金。

（9）承包人应付给发包人的索赔金额可从拟支付给承包人的合同价款中扣除，或由承包人以其他方式支付给发包人。

14. 现场签证

（1）承包人应发包人要求完成合同以外的零星项目、非承包人责任事件等工作的，发包人应及时以书面形式向承包人发出指令，并应提供所需的相关资料；承包人在收到指令后，应及时向发包人提出现场签证要求。

（2）承包人应在收到发包人指令后的 7d 内向发包人提交现场签证报告，发包人应在收到现场签证报告后的 48h 内对报告内容进行核实，予以确认或提出修改意见。发包人在收到承包人现场签证报告后的 48h 内未确认也未提出修改意见的，应视为承包人提交的现场签证报告已被发包人认可。

（3）现场签证的工作如已有相应的计日工单价，现场签证中应列明完成该类项目所需的人工、材料、工程设备和施工机械台班的数量。

如现场签证的工作没有相应的计日工单价，应在现场签证报告中列明完成该签证工作所需的人工、材料设备和施工机械台班的数量及单价。

（4）合同工程发生现场签证事项，未经发包人签证确认，承包人便擅自施工的，除非征得发包人书面同意，否则发生的费用应由承包人承担。

（5）现场签证工作完成后的 7d 内，承包人应按照现场签证内容计算价款，报送发包人确认后，作为增加合同价款，与进度款同期支付。

（6）在施工过程中，当发现合同工程内容因场地条件、地质水文、发包人要求等不一致时，承包人应提供所需的相关资料，并提交发包人签证认可，作为合同价款调整的依据。

15. 暂列金额

（1）已签约合同价中的暂列金额应由发包人掌握使用。

（2）发包人按照"1. 一般规定～14. 现场签证"的规定支付后，暂列金额余额应归发包人所有。

2.3.7 合同价款期中支付

1. 预付款

（1）承包人应将预付款专用于合同工程。

（2）包工包料工程的预付款的支付比例不得低于签约合同价（扣除暂列金额）的 10%，不宜高于签约合同价（扣除暂列金额）的 30%。

（3）承包人应在签订合同或向发包人提供与预付款等额的预付款保函后向发包人提交预付款支付申请。

（4）发包人应在收到支付申请的 7d 内进行核实，向承包人发出预付款支付证书，并在签发支付证书后的 7d 内向承包人支付预付款。

（5）发包人没有按合同约定按时支付预付款的，承包人可催告发包人支付；发包人在预付款期满后的 7d 内仍未支付的，承包人可在付款期满后的第 8d 起暂停施工。发包人应承担由此增加的费用和延误的工期，并应向承包人支付合理利润。

（6）预付款应从每一个支付期应支付给承包人的工程进度款中扣回，直到扣回的金额达到合同约定的预付款金额为止。

（7）承包人的预付款保函的担保金额根据预付款扣回的数额相应递减，但在预付款全部扣回之前一直保持有效。发包人应在预付款扣完后的 14d 内将预付款保函退还给承包人。

2. 安全文明施工费

（1）安全文明施工费包括的内容和使用范围，应符合国家有关文件和计量规范的规定。

（2）发包人应在工程开工后的 28d 内预付不低于当年施工进度计划的安全文明施工费总额的 60%，其余部分应按照提前安排的原则进行分解，并应与进度款同期支付。

（3）发包人没有按时支付安全文明施工费的，承包人可催告发包人支付；发包人在付款期满后的 7d 内仍未支付的，若发生安全事故，发包人应承担相应责任。

（4）承包人对安全文明施工费应专款专用，在财务账目中应单独列项备查，不得挪作他用，否则发包人有权要求其限期改正；逾期未改正的，造成的损失和延误的工期应由承包人承担。

3. 进度款

（1）发承包双方应按照合同约定的时间、程序和方法，根据工程计量结果，办理期中价款结算，支付进度款。

（2）进度款支付周期应与合同约定的工程计量周期一致。

（3）已标价工程量清单中的单价项目，承包人应按工程计量确认的工程量与综合单价计算；综合单价发生调整的，以发承包双方确认调整的综合单价计算进度款。

（4）已标价工程量清单中的总价项目和按照本节"2.3.5 工程计量"2. 中（3）的2）规定形成的总价合同，承包人应按合同中约定的进度款支付分解，分别列入进度款支付申请中的安全文明施工费和本周期应支付的总价项目的金额中。

（5）发包人提供的甲供材料金额，应按照发包人签约提供的单价和数量从进度款支付中扣除，列入本周期应扣减的金额中。

（6）承包人现场签证和得到发包人确认的索赔金额应列入本周期应增加金额中。

（7）进度款的支付比例按照合同约定，按期中结算价款总额计，不低于60%，不高于90%。

（8）承包人应在每个计量周期到期后的7d内向发包人提交已完工程进度款支付申请一式四份，详细说明此周期认为有权得到的款额，包括分包人已完工程的价款。支付申请应包括下列内容：

1）累计已完成的合同价款。

2）累计已实际支付的合同价款。

3）本周期合计完成的合同价款：

① 本周期已完成单价项目的金额。

② 本周期应支付的总价项目的金额。

③ 本周期已完成的计日工价款。

④ 本周期应支付的安全文明施工费。

⑤ 本周期应增加的金额。

4）本周期合计应扣减的金额：

① 本周期应扣回的预付款。

② 本周期应扣减的金额。

5）本周期实际应支付的合同价款。

（9）发包人应在收到承包人进度款支付申请后的14d内，根据计量结果和合同约定对申请内容予以核实，确认后向承包人出具进度款支付证书。若发承包双方对部分清单项目的计量结果出现争议，发包人应对无争议部分的工程计量结果向承包人出具进度款支付证书。

（10）发包人应在签发进度款支付证书后的14d内，按照支付证书列明的金额向承包人支付进度款。

（11）若发包人逾期未签发进度款支付证书，则视为承包人提交的进度款支付申请已被发包人认可，承包人可向发包人发出催告付款的通知。发包人应在收到通知后的14d内，按照承包人支付申请的金额向承包人支付进度款。

（12）发包人未按照（9）~（11）的规定支付进度款的，承包人可催告发包人支付，并有权获得延迟支付的利息；发包人在付款期满后的7d内仍未支付的，承包人可在付款期满后的第8d起暂停施工。发包人应承担由此增加的费用和延误的工期，向承包人支付合理利润，并应承担违约责任。

（13）发现已签发的任何支付证书有错、漏或重复的数额，发包人有权予以修正，承包人也有权提出修正申请。经发承包双方复核同意修正的，应在本次到期的进度款中支付或扣除。

2.3.8　竣工结算与支付

1. 一般规定

（1）工程完工后，发承包双方必须在合同约定时间内办理工程竣工结算。

（2）工程竣工结算应由承包人或受其委托具有相应资质的工程造价咨询人编制，并应由发包人或受其委托具有相应资质的工程造价咨询人核对。

（3）当发承包双方或一方对工程造价咨询人出具的竣工结算文件有异议时，可向工程造价管理机构投诉，申请对其进行执业质量鉴定。

（4）工程造价管理机构对投诉的竣工结算文件进行质量鉴定，宜按本节"2.3.11 工程造价鉴定"的相关规定进行。

（5）竣工结算办理完毕，发包人应将竣工结算文件报送工程所在地或有该工程管辖权的行业管理部门的工程造价管理机构备案，竣工结算文件应作为工程竣工验收备案、交付使用的必备文件。

2. 编制与复核

（1）工程竣工结算应根据下列依据编制和复核：

1）《建设工程工程量清单计价规范》（GB 50500—2013）。

2）工程合同。

3）发承包双方实施过程中已确认的工程量及其结算的合同价款。

4）发承包双方实施过程中已确认调整后追加（减）的合同价款。

5）建设工程设计文件及相关资料。

6）投标文件。

7）其他依据。

（2）分部分项工程和措施项目中的单价项目应依据发承包双方确认的工程量与已标价工程量清单的综合单价计算；发生调整的，应以发承包双方确认调整的综合单价计算。

（3）措施项目中的总价项目应依据已标价工程量清单的项目和金额计算；发生调整的，应以发承包双方确认调整的金额计算，其中安全文明施工费应按本节"2.3.1 工程量清单计价一般规定"1. 中（5）的规定计算。

（4）其他项目应按下列规定计价：

1）计日工应按发包人实际签证确认的事项计算。

2）暂估价应按"2.3.6 合同价款调整"中9. 的规定计算。

3）总承包服务费应依据已标价工程量清单金额计算；发生调整的，应以发承包双方确认调整的金额计算。

4）索赔费用应依据发承包双方确认的索赔事项和金额计算。

5）现场签证费用应依据发承包双方签证资料确认的金额计算。

6）暂列金额应减去合同价款调整（包括索赔、现场签证）金额计算，如有余额归发包人。

（5）规费和税金应按本节"2.3.1 工程量清单计价一般规定"1. 中（6）的规定计算。规费中的工程排污费应按工程所在地环境保护部门规定的标准缴纳后按实列入。

（6）发承包双方在合同工程实施过程中已经确认的工程计量结果和合同价款，在竣工结算办理中应直接进入结算。

3. 竣工结算

（1）合同工程完工后，承包人应在经发承包双方确认的合同工程期中价款结算的基础上汇总编制完成竣工结算文件，应在提交竣工验收申请的同时向发包人提交竣工结算文件。

承包人未在合同约定的时间内提交竣工结算文件，经发包人催告后14d内仍未提交或没有明确答复的，发包人有权根据已有资料编制竣工结算文件，作为办理竣工结算和支付结算款的依据，承包人应予以认可。

（2）发包人应在收到承包人提交的竣工结算文件后的 28d 内核对。发包人经核实，认为承包人还应进一步补充资料和修改结算文件，应在上述时限内向承包人提出核实意见，承包人在收到核实意见后的 28d 内应按照发包人提出的合理要求补充资料，修改竣工结算文件，并应再次提交给发包人复核后批准。

（3）发包人应在收到承包人再次提交的竣工结算文件后的 28d 内予以复核，将复核结果通知承包人，并应遵守下列规定：

1）发包人、承包人对复核结果无异议的，应在 7d 内在竣工结算文件上签字确认，竣工结算办理完毕。

2）发包人或承包人对复核结果认为有误的，无异议部分按照 1）规定办理不完全竣工结算；有异议部分由发承包双方协商解决；协商不成的，应按照合同约定的争议解决方式处理。

（4）发包人在收到承包人竣工结算文件后的 28d 内，不核对竣工结算或未提出核对意见的，应视为承包人提交的竣工结算文件已被发包人认可，竣工结算办理完毕。

（5）承包人在收到发包人提出的核实意见后的 28d 内，不确认也未提出异议的，应视为发包人提出的核实意见已被承包人认可，竣工结算办理完毕。

（6）发包人委托工程造价咨询人核对竣工结算的，工程造价咨询人应在 28d 内核对完毕，核对结论与承包人竣工结算文件不一致的，应提交给承包人复核；承包人应在 14d 内将同意核对结论或不同意见的说明提交工程造价咨询人。工程造价咨询人收到承包人提出的异议后，应再次复核，复核无异议的，应按（3）中 1）的规定办理，复核后仍有异议的，按（3）中 2）的规定办理。

承包人逾期未提出书面异议的，应视为工程造价咨询人核对的竣工结算文件已经承包人认可。

（7）对发包人或发包人委托的工程造价咨询人指派的专业人员与承包人指派的专业人员经核对后无异议并签名确认的竣工结算文件，除非发承包人能提出具体、详细的不同意见，发承包人都应在竣工结算文件上签名确认，如其中一方拒不签认的，按下列规定办理：

1）若发包人拒不签认的，承包人可不提供竣工验收备案资料，并有权拒绝与发包人或其上级部门委托的工程造价咨询人重新核对竣工结算文件。

2）若承包人拒不签认的，发包人要求办理竣工验收备案的，承包人不得拒绝提供竣工验收资料，否则，由此造成的损失，承包人承担相应责任。

（8）合同工程竣工结算核对完成，发承包双方签字确认后，发包人不得要求承包人与另一个或多个工程造价咨询人重复核对竣工结算。

（9）发包人对工程质量有异议，拒绝办理工程竣工结算的，已竣工验收或已竣工未验收但实际投入使用的工程，其质量争议应按该工程保修合同执行，竣工结算应按合同约定办理；已竣工未验收且未实际投入使用的工程以及停工、停建工程的质量争议，双方应就有争议的部分委托有资质的检测鉴定机构进行检测，并应根据检测结果确定解决方案，或按工程质量监督机构的处理决定执行后办理竣工结算，无争议部分的竣工结算应按合同约定办理。

4. 结算款支付

（1）承包人应根据办理的竣工结算文件向发包人提交竣工结算款支付申请。申请包括下列内容：

1）竣工结算合同价款总额。

2）累计已实际支付的合同价款。

3）应预留的质量保证金。

4）实际应支付的竣工结算款金额。

（2）发包人应在收到承包人提交竣工结算款支付申请后7d内予以核实，向承包人签发竣工结算支付证书。

（3）发包人签发竣工结算支付证书后的14d内，应按照竣工结算支付证书列明的金额向承包人支付结算款。

（4）发包人在收到承包人提交的竣工结算款支付申请后7d内不予核实，不向承包人签发竣工结算支付证书的，视为承包人的竣工结算款支付申请已被发包人认可；发包人应在收到承包人提交的竣工结算款支付申请7d后的14d内，按照承包人提交的竣工结算款支付申请列明的金额向承包人支付结算款。

（5）发包人未按照（3）、（4）规定支付竣工结算款的，承包人可催告发包人支付，并有权获得延迟支付的利息。发包人在竣工结算支付证书签发后或者在收到承包人提交的竣工结算款支付申请7d后的56d内仍未支付的，除法律另有规定外，承包人可与发包人协商将该工程折价，也可直接向人民法院申请将该工程依法拍卖。承包人应就该工程折价或拍卖的价款优先受偿。

5. 质量保证金

（1）发包人应按照合同约定的质量保证金比例从结算款中预留质量保证金。

（2）承包人未按照合同约定履行属于自身责任的工程缺陷修复义务的，发包人有权从质量保证金中扣除用于缺陷修复的各项支出。经查验，工程缺陷属于发包人原因造成的，应由发包人承担查验和缺陷修复的费用。

（3）在合同约定的缺陷责任期终止后，发包人应按照下述"6. 最终结清"的规定，将剩余的质量保证金返还给承包人。

6. 最终结清

（1）缺陷责任期终止后，承包人应按照合同约定向发包人提交最终结清支付申请。发包人对最终结清支付申请有异议的，有权要求承包人进行修正和提供补充资料。承包人修正后，应再次向发包人提交修正后的最终结清支付申请。

（2）发包人应在收到最终结清支付申请后的14d内予以核实，并应向承包人签发最终结清支付证书。

（3）发包人应在签发最终结清支付证书后的14d内，按照最终结清支付证书列明的金额向承包人支付最终结清款。

（4）发包人未在约定的时间内核实，又未提出具体意见的，应视为承包人提交的最终结清支付申请已被发包人认可。

（5）发包人未按期最终结清支付的，承包人可催告发包人支付，并有权获得延迟支付的利息。

（6）最终结清时，承包人被预留的质量保证金不足以抵减发包人工程缺陷修复费用的，承包人应承担不足部分的补偿责任。

（7）承包人对发包人支付的最终结清款有异议的，应按照合同约定的争议解决方式处理。

2.3.9　合同解除的价款结算与支付

（1）发承包双方协商一致解除合同的，应按照达成的协议办理结算和支付合同价款。

（2）由于不可抗力致使合同无法履行解除合同的，发包人应向承包人支付合同解除之日前已完成工程但尚未支付的合同价款，此外，还应支付下列金额：

1）上述"2.3.6　合同价款调整"中"11. 提前竣工（赶工补偿）"规定的由发包人承担的费用。

2）已实施或部分实施的措施项目应付价款。

3）承包人为合同工程合理订购且已交付的材料和工程设备货款。

4）承包人撤离现场所需的合理费用，包括员工遣送费和临时工程拆除、施工设备运离现场的费用。

5）承包人为完成合同工程而预期开支的任何合理费用，且该项费用未包括在本款其他各项支付之内。

发承包双方办理结算合同价款时，应扣除合同解除之日前发包人应向承包人收回的价款。当发包人应扣除的金额超过了应支付的金额，承包人应在合同解除后的56d内将其差额退还给发包人。

（3）因承包人违约解除合同的，发包人应暂停向承包人支付任何价款。发包人应在合同解除后28d内核实合同解除时承包人已完成的全部合同价款以及按施工进度计划已运至现场的材料和工程设备货款，按合同约定核算承包人应支付的违约金以及造成损失的索赔金额，并将结果通知承包人。发承包双方应在28d内予以确认或提出意见，并应办理结算合同价款。如果发包人应扣除的金额超过了应支付的金额，承包人应在合同解除后的56d内将其差额退还给发包人。发承包双方不能就解除合同后的结算达成一致的，按照合同约定的争议解决方式处理。

（4）因发包人违约解除合同的，发包人除应按照（2）的规定向承包人支付各项价款外，应按合同约定核算发包人应支付的违约金以及给承包人造成损失或损害的索赔金额费用。该笔费用应由承包人提出，发包人核实后应与承包人协商确定后的7d内向承包人签发支付证书。协商不能达成一致的，应按照合同约定的争议解决方式处理。

2.3.10　合同价款争议的解决

1. 监理或造价工程师暂定

（1）若发包人和承包人之间就工程质量、进度、价款支付与扣除、工期延期、索赔、价款调整等发生任何法律上、经济上或技术上的争议，首先应根据已签约合同的规定，提交合同约定职责范围内的总监理工程师或造价工程师解决，并应抄送另一方。总监理工程师或造价工程师在收到此提交件后14d内应将暂定结果通知发包人和承包人。发承包双方对暂定结果认可的，应以书面形式予以确认，暂定结果成为最终决定。

（2）发承包双方在收到总监理工程师或造价工程师的暂定结果通知之后的14d内未对暂定结果予以确认也未提出不同意见的，应视为发承包双方已认可该暂定结果。

（3）发承包双方或一方不同意暂定结果的，应以书面形式向总监理工程师或造价工程师提出，说明自己认为正确的结果，同时抄送另一方，此时该暂定结果成为争议。在暂定结果对发承包双方当事人履约不产生实质影响的前提下，发承包双方应实施该结果，直到按照发承包双方认可的争议解决办法被改变为止。

2. 管理机构的解释或认定

（1）合同价款争议发生后，发承包双方可就工程计价依据的争议以书面形式提请工程造价管理机构对争议以书面文件进行解释或认定。

（2）工程造价管理机构应在收到申请的 10 个工作日内就发承包双方提请的争议问题进行解释或认定。

（3）发承包双方或一方在收到工程造价管理机构书面解释或认定后仍可按照合同约定的争议解决方式提请仲裁或诉讼。除工程造价管理机构的上级管理部门做出了不同的解释或认定，或在仲裁裁决或法院判决中不予采信的之外，工程造价管理机构做出的书面解释或认定应为最终结果，并应对发承包双方均有约束力。

3. 协商和解

（1）合同价款争议发生后，发承包双方任何时候都可以进行协商。协商达成一致的，双方应签订书面和解协议，和解协议对发承包双方均有约束力。

（2）如果协商不能达成一致协议，发包人或承包人都可以按合同约定的其他方式解决争议。

4. 调解

（1）发承包双方应在合同中约定或在合同签订后共同约定争议调解人，负责双方在合同履行过程中发生争议的调解。

（2）合同履行期间，发承包双方可协议调换或终止任何调解人，但发包人或承包人都不能单独采取行动。除非双方另有协议，在最终结清支付证书生效后，调解人的任期应即终止。

（3）如果发承包双方发生了争议，任何一方可将该争议以书面形式提交调解人，并将副本抄送另一方，委托调解人调解。

（4）发承包双方应按照调解人提出的要求，给调解人提供所需要的资料、现场进入权及相应设施。调解人应被视为不是在进行仲裁人的工作。

（5）调解人应在收到调解委托后 28d 内或由调解人建议并经发承包双方认可的其他期限内提出调解书，发承包双方接受调解书的，经双方签字后作为合同的补充文件，对发承包双方均具有约束力，双方都应立即遵照执行。

（6）当发承包双方中任一方对调解人的调解书有异议时，应在收到调解书后 28d 内向另一方发出异议通知，并应说明争议的事项和理由。但除非并直到调解书在协商和解或仲裁裁决、诉讼判决中做出修改，或合同已经解除，承包人应继续按照合同实施工程。

（7）当调解人已就争议事项向发承包双方提交了调解书，而任一方在收到调解书后 28d 内均未发出表示异议的通知时，调解书对发承包双方应均具有约束力。

5. 仲裁、诉讼

（1）发承包双方的协商和解或调解均未达成一致意见，其中的一方已就此争议事项根据合同约定的仲裁协议申请仲裁，应同时通知另一方。

（2）仲裁可在竣工之前或之后进行，但发包人、承包人、调解人各自的义务不得因在工程实施期间进行仲裁而有所改变。当仲裁是在仲裁机构要求停止施工的情况下进行时，承包人应对合同工程采取保护措施，由此增加的费用应由败诉方承担。

（3）在上述"1.监理或造价工程师暂定～4.调解"的期限之内，暂定或和解协议或调解书已经有约束力的情况下，当发承包中一方未能遵守暂定或和解协议或调解书时，另一方可在不损害其可能具有的任何其他权利的情况下，将未能遵守暂定或不执行和解协议或调解书达成的事项提交仲裁。

（4）发包人、承包人在履行合同时发生争议，双方不愿和解、调解或者和解、调解不成，又没有达成仲裁协议的，可依法向人民法院提起诉讼。

2.3.11　工程造价鉴定

1. 一般鉴定

（1）在工程合同价款纠纷案件处理中，需作工程造价司法鉴定的，应委托具有相应资质的工程造价咨询人进行。

（2）工程造价咨询人接受委托时提供工程造价司法鉴定服务，应按仲裁、诉讼程序和要求进行，并应符合国家关于司法鉴定的规定。

（3）工程造价咨询人进行工程造价司法鉴定时，应指派专业对口、经验丰富的注册造价工程师承担鉴定工作。

（4）工程造价咨询人应在收到工程造价司法鉴定资料后10d内，根据自身专业能力和证据资料判断能否胜任该项委托，如不能，应辞去该项委托。工程造价咨询人不得在鉴定期满后以上述理由不作出鉴定结论，影响案件处理。

（5）接受工程造价司法鉴定委托的工程造价咨询人或造价工程师如是鉴定项目一方当事人的近亲属或代理人、咨询人以及其他关系可能影响鉴定公正的，应当自行回避；未自行回避，鉴定项目委托人以该理由要求其回避的，必须回避。

（6）工程造价咨询人应当依法出庭接受鉴定项目当事人对工程造价司法鉴定意见书的质询。如确因特殊原因无法出庭的，经审理该鉴定项目的仲裁机关或人民法院准许，可以书面形式答复当事人的质询。

2. 取证

（1）工程造价咨询人进行工程造价鉴定工作时，应自行收集以下（但不限于）鉴定资料：

1）适用于鉴定项目的法律、法规、规章、规范性文件以及规范、标准、定额。

2）鉴定项目同时期同类型工程的技术经济指标及其各类要素价格等。

（2）工程造价咨询人收集鉴定项目的鉴定依据时，应向鉴定项目委托人提出具体书面要求，其内容包括：

1）与鉴定项目相关的合同、协议及其附件。

2）相应的施工图纸等技术经济文件。

3）施工过程中的施工组织、质量、工期和造价等工程资料。

4）存在争议的事实及各方当事人的理由。

5）其他有关资料。

（3）工程造价咨询人在鉴定过程中要求鉴定项目当事人对缺陷资料进行补充的，应征得鉴定项目委托人同意，或者协调鉴定项目各方当事人共同签认。

（4）根据鉴定工作需要现场勘验的，工程造价咨询人应提请鉴定项目委托人组织各方当事人对被鉴定项目所涉及的实物标的进行现场勘验。

（5）勘验现场应制作勘验记录、笔录或勘验图表，记录勘验的时间、地点、勘验人、在场人、勘验经过、结果，由勘验人、在场人签名或者盖章确认。绘制的现场图应注明绘制的时间、测绘人姓名、身份等内容。必要时应采取拍照或摄像取证，留下影像资料。

（6）鉴定项目当事人未对现场勘验图表或勘验笔录等签字确认的，工程造价咨询人应提请鉴定项目委托人决定处理意见，并在鉴定意见书中做出表述。

3. 鉴定

（1）工程造价咨询人在鉴定项目合同有效的情况下应根据合同约定进行鉴定，不得任意改变双方合法的合意。

（2）工程造价咨询人在鉴定项目合同无效或合同条款约定不明确的情况下应根据法律、法规、相关国家标准和《建设工程工程量清单计价规范》（GB 50500—2013）的规定，选择相应专业工程的计价依据和方法进行鉴定。

（3）工程造价咨询人出具正式鉴定意见书之前，可报请鉴定项目委托人向鉴定项目各方当事人发出鉴定意见书征求意见稿，并指明应书面答复的期限及其不答复的相应法律责任。

（4）工程造价咨询人收到鉴定项目各方当事人对鉴定意见书征求意见稿的书面复函后，应对不同意见认真复核，修改完善后再出具正式鉴定意见书。

（5）工程造价咨询人出具的工程造价鉴定书应包括下列内容：

1）鉴定项目委托人名称、委托鉴定的内容。

2）委托鉴定的证据材料。

3）鉴定的依据及使用的专业技术手段。

4）对鉴定过程的说明。

5）明确的鉴定结论。

6）其他需说明的事宜。

7）工程造价咨询人盖章及注册造价工程师签名盖执业专用章。

（6）工程造价咨询人应在委托鉴定项目的鉴定期限内完成鉴定工作，如确因特殊原因不能在原定期限内完成鉴定工作时，应按照相应法规提前向鉴定项目委托人申请延长鉴定期限，并应在此期限内完成鉴定工作。

经鉴定项目委托人同意等待鉴定项目当事人提交、补充证据的，质证所用的时间不应计入鉴定期限。

（7）对于已经出具的正式鉴定意见书中有部分缺陷的鉴定结论，工程造价咨询人应通过补充鉴定做出补充结论。

2.3.12 工程计价资料与档案

1. 计价资料

（1）发承包双方应当在合同中约定各自在合同工程中现场管理人员的职责范围，双方现场管理人员在职责范围内签字确认的书面文件是工程计价的有效凭证，但如有其他有效证据或经实证证明其是虚假的除外。

（2）发承包双方不论在何种场合对与工程计价有关的事项所给予的批准、证明、同意、指令、商定、确定、确认、通知和请求，或表示同意、否定、提出要求和意见等，均应采用书面形式，口头指令不得作为计价凭证。

（3）任何书面文件送达时，应由对方签收，通过邮寄应采用挂号、特快专递传送，或以发承包双方商定的电子传输方式发送，交付、传送或传输至指定的接收人的地址。如接收人通知了另外地址时，随后通信信息应按新地址发送。

（4）发承包双方分别向对方发出的任何书面文件，均应将其抄送现场管理人员，如系复印件应加盖合同工程管理机构印章，证明与原件相同。双方现场管理人员向对方所发任何书面文件，也应将其复印件发送给发承包双方，复印件应加盖合同工程管理机构印章，证明与原件相同。

（5）发承包双方均应当及时签收另一方送达其指定接收地点的来往信函，拒不签收的，送达信函的一方可以采用特快专递或者公证方式送达，所造成的费用增加（包括被迫采用特殊送达方式所发生的费用）和延误的工期由拒绝签收一方承担。

（6）书面文件和通知不得扣压，一方能够提供证据证明另一方拒绝签收或已送达的，应视为对方已签收并应承担相应责任。

2. 计价档案

（1）发承包双方以及工程造价咨询人对具有保存价值的各种载体的计价文件，均应收集齐全，整理立卷后归档。

（2）发承包双方和工程造价咨询人应建立完善的工程计价档案管理制度，并应符合国家和有关部门发布的档案管理相关规定。

（3）工程造价咨询人归档的计价文件，保存期不宜少于五年。

（4）归档的工程计价成果文件应包括纸质原件和电子文件，其他归档文件及依据可为纸质原件、复印件或电子文件。

（5）归档文件应经过分类整理，并应组成符合要求的案卷。

（6）归档可以分阶段进行，也可以在项目竣工结算完成后进行。

（7）向接受单位移交档案时，应编制移交清单，双方应签字、盖章后方可交接。

第3章 建筑面积计算

3.1 建筑面积概述

3.1.1 建筑面积的相关概念

1. 建筑面积

建筑面积是指建筑物（包括墙体）所形成的楼地面面积，包括附属于建筑物的室外阳台、雨篷、檐廊、室外走廊、室外楼梯等。建筑面积由使用面积、辅助面积和结构面积组成，其中使用面积与辅助面积之和称为有效面积。其公式为

$$建筑面积 = 使用面积 + 辅助面积 + 结构面积 = 有效面积 + 结构面积 \qquad (3\text{-}1)$$

2. 使用面积

使用面积是指建筑物各层布置中可直接为生产或生活使用的净面积总和。例如住宅建筑中的卧室、起居室、客厅等。住宅建筑中的使用面积也称为居住面积。

3. 辅助面积

辅助面积是指建筑物各层平面布置中为辅助生产和生活所占净面积的总和。例如住宅建筑中的楼梯、走道、厕所、厨房等。

4. 结构面积

结构面积是指建筑物各层平面布置中的墙体、柱等结构所占的面积的总和。

5. 首层建筑面积

首层建筑面积也称为底层建筑面积，是指建筑物底层勒脚以上外墙外围水平投影面积。首层建筑面积作为"二线一面"中的一个重要指标，在工程量计算时将被反复使用。

3.1.2 建筑面积计算的步骤

1. 读图

建筑面积计算规则可归纳为以下几种情况：

（1）凡层高超过 2.2m 的有顶盖和围护或柱（除深基础以外）的均应全部计算建筑面积。

（2）凡无顶或无柱者，能供人们利用的一般按水平投影面积的 1/2 计算建筑面积。

（3）除以上两种情况之外及有关配件均不计算建筑面积。

在掌握建筑面积计算规则的基础上，必须认真阅读施工图，明确需要计算的部分和单层、多层问题以及阳台的类型等。

2. 列项

按照单层、多层、雨篷、车棚等分类，并按一定顺序或轴线编号列出项目。

3. 计算

按照施工图查取尺寸，并根据如上所述计算规则进行建筑面积计算。

3.1.3　建筑面积计算的作用

（1）建筑面积是一项重要的技术经济指标，它与使用面积、结构面积、辅助面积之间存在着一定的比例关系。设计人员在进行建筑或结构设计时，应在计算建筑面积的基础上再分别计算出结构面积、有效面积及诸如土地利用系数、平面系数等经济技术指标。有了建筑面积，才有可能计量单位建筑面积的技术经济指标。

（2）建筑面积是计算结构工程量或用于确定某些费用指标的基础。因此它不仅重要，而且也是一项需要细心计算和认真对待的工作，任何粗心大意都会造成计算上的错误，不但会造成结构工程量计算上的偏差，也会直接影响概预算造价的准确性，造成人力、物力和国家建设资金的浪费。

（3）建筑面积的计算对于建筑施工企业实行内部经济承包责任制、投标报价、编制施工组织设计、配备施工力量、成本核算及物资供应等都具有重要的意义。

3.1.4　与建筑面积计算有关的术语

为了准确计算建筑物的建筑面积，《建筑工程建筑面积计算规范》（GB/T 50353—2013）对相关术语做了明确规定，见表3-1。

表 3-1　与建筑面积计算有关的术语

术　语	释　义
自然层	按楼地面结构分层的楼层
结构层高	楼面或地面结构层上表面至上部结构层上表面之间的垂直距离
围护结构	围合建筑空间的墙体、门、窗
建筑空间	以建筑界面限定的，供人们生活和活动的场所 具备可出入、可利用条件（设计中可能标明了使用用途，也可能没有标明使用用途或使用用途不明确）的围合空间，均属于建筑空间
结构净高	楼面或地面结构层上表面至上部结构层下表面之间的垂直距离
围护设施	为保障安全而设置的栏杆、栏板等围挡
地下室	室内地平面低于室外地平面的高度超过室内净高的1/2的房间
半地下室	室内地平面低于室外地平面的高度超过室内净高的1/3，且不超过1/2的房间
架空层	仅有结构支撑而无外围护结构的开敞空间层
走廊	建筑物中的水平交通空间
架空走廊	专门设置在建筑物的二层或二层以上，作为不同建筑物之间水平交通的空间
结构层	整体结构体系中承重的楼板层，包括板、梁等构件。结构层承受整个楼层的全部荷载，并对楼层的隔声、防火等起主要作用
落地橱窗	突出外墙面且根基落地的橱窗，即在商业建筑临街面设置的下槛落地、可落在室外地坪也可落在室内首层地板，用来展览各种样品的玻璃窗

术语	释义
凸窗(飘窗)	凸出建筑物外墙面的窗户 凸窗(飘窗)既作为窗,就有别于楼(地)板的延伸,也就是不能把楼(地)板延伸出去的窗称为凸窗(飘窗)。凸窗(飘窗)的窗台应只是墙面的一部分且距(楼)地面应有一定的高度
檐廊	建筑物挑檐下的水平交通空间,即附属于建筑物底层外墙,有屋檐作为顶盖,其下部一般有柱或栏杆、栏板等的水平交通空间
挑廊	挑出建筑物外墙的水平交通空间
门斗	建筑物入口处两道门之间的空间
雨篷	建筑物出入口上方、凸出墙面、为遮挡雨水而单独设立的建筑部件。雨篷划分为有柱雨篷(包括独立柱雨篷、多柱雨篷、柱墙混合支撑雨篷、墙支撑雨篷)和无柱雨篷(悬挑雨篷) 如凸出建筑物,且不单独设立顶盖,利用上层结构板(如楼板、阳台底板)进行遮挡,则不视为雨篷,不计算建筑面积。对于无柱雨篷,如顶盖高度达到或超过两个楼层时,也不视为雨篷,不计算建筑面积
门廊	建筑物入口前有顶棚的半围合空间,即在建筑物出入口,无门、三面或二面有墙,上部有板(或借用上部楼板)围护的部位
楼梯	由连续行走的梯级、休息平台和维护安全的栏杆(或栏板)、扶手以及相应的支托结构组成的作为楼层之间垂直交通使用的建筑部件
阳台	附设于建筑物外墙,设有栏杆或栏板,可供人活动的室外空间
主体结构	接受、承担和传递建设工程所有上部荷载,维持上部结构整体性、稳定性和安全性的有机联系的构造
变形缝	在建筑物因温差、不均匀沉降以及地震而可能引起结构破坏变形的敏感部位或其他必要的部位,预先设缝将建筑物断开,令断开后建筑物的各部分成为独立的单元,或者是划分为简单、规则的段,并令各段之间的缝达到一定的宽度,以能够适应变形的需要。根据外界破坏因素的不同,变形缝一般分为伸缩缝、沉降缝、抗震缝三种
骑楼	建筑底层沿街面后退且留出公共人行空间的建筑物,即沿街二层以上用承重柱支撑骑跨在公共人行空间之上,其底层沿街面后退的建筑物
过街楼	当有道路在建筑群穿过时为保证建筑物之间的功能联系,设置跨越道路上空使两边建筑相连接的建筑物
建筑物通道	为穿过建筑物而设置的空间
露台	设置在屋面、首层地面或雨篷上的供人室外活动的有围护设施的平台 露台应满足四个条件:一是位置,设置在屋面、地面或雨篷顶;二是可出入;三是有围护设施;四是无盖。这四个条件须同时满足。如果设置在首层并有围护设施的平台,且其上层为同体量阳台,则该平台应视为阳台,按阳台的规则计算建筑面积
勒脚	在房屋外墙接近地面部位设置的饰面保护构造
台阶	联系室内外地坪或同楼层不同标高而设置的阶梯形踏步,即建筑物出入口不同标高地面或同楼层不同标高处设置的供人行走的阶梯式连接构件。室外台阶还包括与建筑物出入口连接处的平台

3.2 建筑面积计算规则

3.2.1 计算建筑面积的规定

（1）建筑物的建筑面积应按自然层外墙结构外围水平面积之和计算。结构层高在

2.20m 及以上的，应计算全面积；结构层高在 2.20m 以下的，应计算 1/2 面积。

（2）建筑物内设有局部楼层时，对于局部楼层的二层及以上楼层，有围护结构的应按其围护结构外围水平面积计算，无围护结构的应按其结构底板水平面积计算，且结构层高在 2.20m 及以上的，应计算全面积，结构层高在 2.20m 以下的，应计算 1/2 面积。

建筑物内的局部楼层如图 3-1 所示。

（3）对于形成建筑空间的坡屋顶，结构净高在 2.10m 及以上的部位应计算全面积；结构净高在 1.20m 及以上至 2.10m 以下的部位应计算 1/2 面积；结构净高在 1.20m 以下的部位不应计算建筑面积。

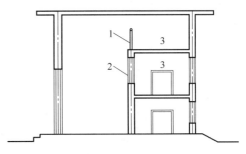

图 3-1　建筑物内的局部楼层示意图
1—围护设施　2—围护结构　3—局部楼层

（4）对于场馆看台下的建筑空间，结构净高在 2.10m 及以上的部位应计算全面积；结构净高在 1.20m 及以上至 2.10m 以下的部位应计算 1/2 面积；结构净高在 1.20m 以下的部位不应计算建筑面积。室内单独设置的有围护设施的悬挑看台，应按看台结构底板水平投影面积计算建筑面积。有顶盖无围护结构的场馆看台应按其顶盖水平投影面积的 1/2 计算面积。

（5）地下室、半地下室应按其结构外围水平面积计算。结构层高在 2.20m 及以上的，应计算全面积；结构层高在 2.20m 以下的，应计算 1/2 面积。

（6）出入口外墙外侧坡道有顶盖的部位，应按其外墙结构外围水平面积的 1/2 计算面积。

出入口坡道分有顶盖出入口坡道和无顶盖出入口坡道，出入口坡道顶盖的挑出长度为顶盖结构外边线至外墙结构外边线的长度；顶盖以设计图纸为准，对后增加及建设单位自行增加的顶盖等，不计算建筑面积。顶盖不分材料种类（如钢筋混凝土顶盖、彩钢板顶盖、阳光板顶盖等）。地下室出入口如图 3-2 所示。

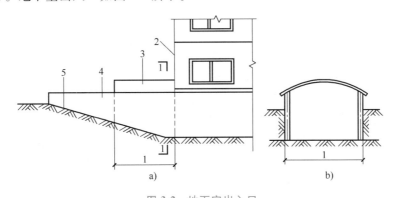

图 3-2　地下室出入口
a）立面图　b）1—1 剖面图
1—计算 1/2 投影面积部位　2—主体建筑　3—出入口顶盖　4—封闭出入口侧墙　5—出入口坡道

（7）建筑物架空层及坡地建筑物吊脚架空层，应按其顶板水平投影计算建筑面积。结构层高在 2.20m 及以上的，应计算全面积；结构层高在 2.20m 以下的，应计算 1/2 面积。

该条规定既适用于建筑物吊脚架空层、深基础架空层建筑面积的计算，也适用于目前部分住宅、学校教学楼等工程在底层架空或在二楼或以上某个甚至多个楼层架空，作为公共活动、停车、绿化等空间的建筑面积的计算。架空层中有围护结构的建筑空间按相关规定计算。建筑物吊脚架空层如图 3-3 所示。

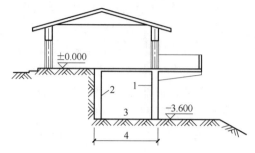

图 3-3　建筑物吊脚架空层示意图
1—柱　2—墙　3—吊脚架空层
4—计算建筑面积部位

（8）建筑物的门厅、大厅应按一层计算建筑面积，门厅、大厅内设置的走廊应按走廊结构底板水平投影面积计算建筑面积。结构层高在 2.20m 及以上的，应计算全面积；结构层高在 2.20m 以下的，应计算 1/2 面积。

（9）对于建筑物间的架空走廊，有顶盖和围护设施的，应按其围护结构外围水平面积计算全面积；无围护结构、有围护设施的，应按其结构底板水平投影面积计算 1/2 面积。

无围护结构的架空走廊如图 3-4 所示，有围护结构的架空走廊如图 3-5 所示。

a)　　　　　　　　　　　　　　　　b)

图 3-4　无围护结构的架空走廊示意图
a）无顶盖　b）有顶盖
1—栏杆　2—架空走廊

（10）对于立体书库、立体仓库、立体车库，有围护结构的，应按其围护结构外围水平面积计算建筑面积；无围护结构、有围护设施的，应按其结构底板水平投影面积计算建筑面积。无结构层的应按一层计算，有结构层的应按其结构层面积分别计算。结构层高在 2.20m 及以上的，应计算全面积；结构层高在 2.20m 以下的，应计算 1/2 面积。

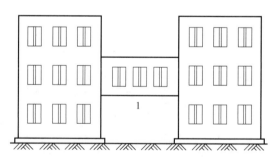

图 3-5　有围护结构的架空走廊示意图
1—架空走廊

起局部分隔、存储等作用的书架层、货架层或可升降的立体钢结构停车层均不属于结构层，故该部分分层不计算建筑面积。

（11）有围护结构的舞台灯光控制室，应按其围护结构外围水平面积计算。结构层高在 2.20m 及以上的，应计算全面积；结构层高在 2.20m 以下的，应计算 1/2 面积。

（12）附属在建筑物外墙的落地橱窗，应按其围护结构外围水平面积计算。结构层高在 2.20m 及以上的，应计算全面积；结构层高在 2.20m 以下的，应计算 1/2 面积。

（13）窗台与室内楼地面高差在 0.45m 以下且结构净高在 2.10m 及以上的凸（飘）窗，应按其围护结构外围水平面积计算 1/2 面积。

（14）有围护设施的室外走廊（挑廊），应按其结构底板水平投影面积计算 1/2 面积；有围护设施（或柱）的檐廊，应按其围护设施（或柱）外围水平面积计算 1/2 面积。

檐廊如图 3-6 所示。

（15）门斗应按其围护结构外围水平面积计算建筑面积，且结构层高在 2.20m 及以上的，应计算全面积；结构层高在 2.20m 以下的，应计算 1/2 面积。

门斗如图 3-7 所示。

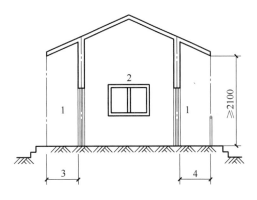

图 3-6　檐廊示意图

1—檐廊　2—室内　3—不计算建筑面积部位　4—计算 1/2 建筑面积部位

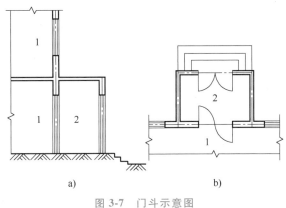

a)　　　　　　　　b)

图 3-7　门斗示意图

a）立面图　b）平面图

1—室内　2—门斗

（16）门廊应按其顶板的水平投影面积的 1/2 计算建筑面积；有柱雨篷应按其结构板水平投影面积的 1/2 计算建筑面积；无柱雨篷的结构外边线至外墙结构外边线的宽度在 2.10m 及以上的，应按雨篷结构板的水平投影面积的 1/2 计算建筑面积。

雨篷分为有柱雨篷和无柱雨篷。有柱雨篷，没有出挑宽度的限制，也不受跨越层数的限制，均计算建筑面积。无柱雨篷，其结构板不能跨层，并受出挑宽度的限制，设计出挑宽度大于或等于 2.10m 时才计算建筑面积。出挑宽度是指雨篷结构外边线至外墙结构外边线的宽度，弧形或异型时，取最大宽度。

（17）设在建筑物顶部的、有围护结构的楼梯间、水箱间、电梯机房等，结构层高在 2.20m 及以上的应计算全面积；结构层高在 2.20m 以下的，应计算 1/2 面积。

（18）围护结构不垂直于水平面的楼层，应按其底板面的外墙外围水平面积计算。结构净高在 2.10m 及以上的部位，应计算全面积；结构净高在 1.20m 及以上至 2.10m 以下的部位，应计算 1/2 面积；结构净高在 1.20m 以下的部位，不应计算建筑面积。

斜围护结构如图 3-8 所示。

（19）建筑物的室内楼梯、电梯井、提物井、管道井、通风排气竖井、烟道，应并入建筑物的自然层计算建筑面积。有顶盖的采光井应按一层计算面积，且结构净高在 2.10m 及以上的，应计算全面积；结构净高在 2.10m 以下的，应计算 1/2 面积。

有顶盖的采光井包括建筑物中的采光井和地下室采光井。地下室采光井如图 3-9 所示。

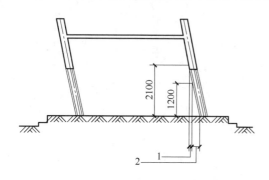

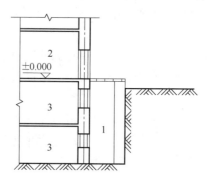

图 3-8 斜围护结构示意图

1—计算 1/2 建筑面积部位 2—不计算建筑面积部位

图 3-9 地下室采光井示意图

1—采光井 2—室内 3—地下室

（20）室外楼梯应并入所依附建筑物自然层，并应按其水平投影面积的 1/2 计算建筑面积。

室外楼梯作为连接该建筑物层与层之间交通不可缺少的基本部件，无论从其功能还是工程计价的要求来说，均需计算建筑面积。层数为室外楼梯所依附的楼层数，即梯段部分投影到建筑物范围的层数。利用室外楼梯下部的建筑空间不得重复计算建筑面积；利用地势砌筑的为室外踏步，不计算建筑面积。

（21）在主体结构内的阳台，应按其结构外围水平面积计算全面积；在主体结构外的阳台，应按其结构底板水平投影面积计算 1/2 面积。

（22）有顶盖无围护结构的车棚、货棚、站台、加油站、收费站等，应按其顶盖水平投影面积的 1/2 计算建筑面积。

（23）以幕墙作为围护结构的建筑物，应按幕墙外边线计算建筑面积。

幕墙以其在建筑物中所起的作用和功能来区分，直接作为外墙起围护作用的幕墙，按其外边线计算建筑面积；设置在建筑物墙体外起装饰作用的幕墙，不计算建筑面积。

（24）建筑物的外墙外保温层，应按其保温材料的水平截面积计算，并计入自然层建筑面积。

建筑物外墙外侧有保温隔热层的，保温隔热层以保温材料的净厚度乘以外墙结构外边线长度按建筑物的自然层计算建筑面积，其外墙外边线长度不扣除门窗和建筑物外已计算建筑面积构件（如阳台、室外走廊、门斗、落地橱窗等部件）所占长度。当建筑物外已计算建筑面积的构件（如阳台、室外走廊、门斗、落地橱窗等部件）有保温隔热层时，其保温隔热层也不再计算建筑面积。外墙是斜面者按楼面楼板处的外墙外边线长度乘以保温材料的净厚度计算。外墙外保温以沿高度方向满铺为准，某层外墙外保温铺设高度未达到全部高度时（不包括阳台、室外走廊、门斗、落地橱窗、雨篷、飘窗等），不计算建筑面积。保温隔热层的建筑面积是以保温隔热材料的厚度来计算的，不包含抹灰层、防潮层、保护层（墙）的厚度。建筑外墙外保温如图 3-10 所示。

（25）与室内相通的变形缝，应按其自然层合并在建筑物建筑面积内计算。对于高低联跨的建筑物，当高低跨内部连通时，其变形缝应计算在低跨面积内。

（26）对于建筑物内的设备层、管道层、避难层等有结构层的楼层，结构层高在 2.20m 及以上的，应计算全面积；结构层高在 2.20m 以下的，应计算 1/2 面积。

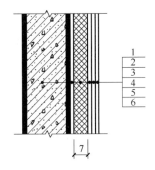

图 3-10　建筑外墙外保温示意图
1—墙体　2—粘结胶浆　3—保温材料
4—标准网　5—加强网　6—抹面
胶浆　7—计算建筑面积部位

3.2.2　不计算建筑面积的规定

下列项目不应计算建筑面积：

（1）与建筑物内不相连通的建筑部件，指的是依附于建筑物外墙外不与户室开门连通，起装饰作用的敞开式挑台（廊）、平台，以及不与阳台相通的空调室外机搁板（箱）等设备平台部件。

（2）骑楼、过街楼底层的开放公共空间和建筑物通道。

骑楼如图 3-11 所示，过街楼如图 3-12 所示。

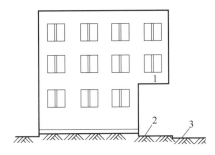

图 3-11　骑楼示意图
1—骑楼　2—人行道　3—街道

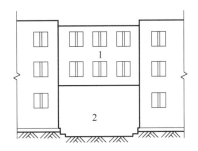

图 3-12　过街楼示意图
1—过街楼　2—建筑物通道

（3）舞台及后台悬挂幕布和布景的天桥、挑台等，指的是影剧院的舞台及为舞台服务的可供上人维修、悬挂幕布、布置灯光及布景等搭设的天桥和挑台等构件设施。

（4）露台、露天游泳池、花架、屋顶的水箱及装饰性结构构件。

（5）建筑物内不构成结构层的操作平台、上料平台（包括工业厂房、搅拌站和料仓等建筑中的设备操作控制平台、上料平台等）、安装箱和罐体的平台。其主要作用为室内构筑物或设备服务的独立上人设施，因此不计算建筑面积。

（6）勒脚、附墙柱、垛、台阶、墙面抹灰、装饰面、镶贴块料面层、装饰性幕墙，主体结构外的空调室外机搁板（箱）、构件、配件，挑出宽度在 2.10m 以下的无柱雨篷和顶盖高度达到或超过两个楼层的无柱雨篷。

附墙柱是指非结构性装饰柱。

（7）窗台与室内地面高差在 0.45m 以下且结构净高在 2.10m 以下的凸（飘）窗，窗台与室内地面高差在 0.45m 及以上的凸（飘）窗。

（8）室外爬梯、室外专用消防钢楼梯。

（9）无围护结构的观光电梯。

（10）建筑物以外的地下人防通道，独立的烟囱、烟道、地沟、油（水）罐、气柜、水塔、贮油（水）池、贮仓、栈桥等构筑物。

3.2.3 建筑面积计算相关知识

住房和城乡建设部修订的《建筑工程建筑面积计算规范》（GB/T 50353—2013）与《建筑工程建筑面积计算规范》（GB/T 50353—2005）相比，有以下更新：

（1）增加了建筑物架空层的面积计算规定，取消了深基础架空层。

（2）取消了有永久性顶盖的面积计算规定，增加了无围护结构有围护设施的面积计算规定。

（3）修订了落地橱窗、门斗、挑廊、走廊、檐廊的面积计算规定。

（4）增加了凸（飘）窗的建筑面积计算要求。

（5）修订了围护结构不垂直于水平面而超出底板外沿的建筑物的面积计算规定。

（6）删除了原室外楼梯强调的有永久性顶盖的面积计算要求。

（7）修订了阳台的面积计算规定。

（8）修订了外保温层的面积计算规定。

（9）修订了设备层、管道层的面积计算规定。

（10）增加了门廊的面积计算规定。

（11）增加了有顶盖的采光井的面积计算规定。

第4章 建筑工程定额计价

4.1 建筑工程定额概述

4.1.1 建筑工程定额的概念

建筑工程定额是指在正常的施工生产条件下，用科学方法制定出的生产质量合格的单位建筑产品所需要消耗的劳动力、材料和机械台班等的数量标准。

4.1.2 建筑工程定额的特点

建筑工程定额的特点主要表现在以下几个方面。

1. 科学性

首先表现在用科学的态度制定定额，尊重客观实际，力求定额水平合理；其次表现在制定定额的技术方法上，利用现代科学管理的成就，形成一套系统的、完整的、在实践中行之有效的方法；最后，表现在定额制定和贯彻的一体化。

2. 指导性

随着我国建设市场的不断成熟和规范，工程定额尤其是统一定额原具备的指令性特点逐渐弱化，转而成为对整个建设市场和具体建设产品交易的指导作用。

3. 系统性

工程定额是相对独立的系统。它是由多种定额结合而成的有机的整体。它的结构复杂、层次鲜明、目标明确。工程定额的系统性是由工程建设的特点决定的。按照系统论的观点，工程建设就是庞大的实体系统，工程定额是为这个实体系统服务的。

4. 统一性和差别性

统一性就是指对计价定额的制定规划和组织实施，由国务院工程建设行政主管部门负责全国统一定额制定或修订，颁发有关工程造价管理的规章制度和办法等。

差别性就是在统一的基础上，各部门和各省、自治区、直辖市工程建设行政主管部门可以在自己的管辖范围内，根据本部门、本地区的具体情况，以培育全国统一市场规范计价行为为目的，制定本部门、本地区的建筑安装工程定额、补充性制度和管理办法等，以适应我国幅员辽阔，地区间、行业间发展不平衡和差异大的实际情况。

5. 稳定性与时效性

工程定额中的任何一种都是一定时期技术发展和管理水平的反映，因而在一段时间内都

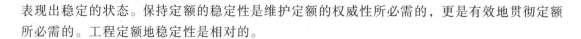

表现出稳定的状态。保持定额的稳定性是维护定额的权威性所必需的，更是有效地贯彻定额所必需的。工程定额地稳定性是相对的。

4.1.3 建筑工程定额的分类

建筑工程定额分类见表 4-1。

表 4-1 建筑工程定额分类

分 类		内 容
按生产要素分类	劳动消耗定额	简称劳动定额，又称为人工定额，是在正常的施工技术和组织条件下，完成规定计量单位合格的建筑安装产品所消耗的人工工日的数量标准。劳动定额的主要表现形式是时间定额，但同时也表现为产量定额。时间定额与产量定额互为倒数
	材料消耗定额	简称材料定额，是指在正常的施工技术和组织条件下，完成规定计量单位合格的建筑安装产品所消耗的原材料、成品、半成品、构（配）件、燃料以及水、电等动力资源的数量标准
	机械消耗定额	以一台机械一个工作班为计量单位，因此又称为机械台班定额。机械消耗定额是指在正常的施工技术和组织条件下，完成规定计量单位合格的建筑安装产品所消耗的施工机械台班的数量标准。机械消耗定额的主要表现形式是机械时间定额，同时也以产量定额表现
按用途分类	施工定额	完成一定计量单位的某一施工过程或基本工序所需消耗的人工、材料和机械台班数量标准。施工定额是施工企业（建筑安装企业）组织生产和加强管理在企业内部使用的一种定额，属于企业定额的性质。施工定额是以同一性质的施工过程——工序作为对象编制，表示生产产品数量与生产要素消耗综合关系的定额
	预算定额	在正常的施工条件下，完成一定计量单位合格分项工程和结构构件所需消耗的人工、材料、施工机械台班数量及其费用标准。它是一种计价性定额。从编制程序方面来看，预算定额是以施工定额为基础综合扩大编制的，同时它也是编制概算定额的基础
	概算定额	完成单位合格扩大分项工程或扩大结构构件所需消耗的人工、材料和施工机械台班的数量及其费用标准，是一种计价性定额。概算定额是编制扩大初步设计概算、确定建设项目投资额的依据。概算定额的项目划分粗细，与扩大初步设计的深度相适应，一般是在预算定额的基础上综合扩大而成的，每一综合分项概算定额都包含了数项预算定额
	概算指标	以单位工程为对象，反映完成一个规定计量单位建筑安装产品的经济消耗指标。概算指标是概算定额的扩大与合并，以更为扩大的计量单位来编制的。概算指标的内容包括人工、材料定额、机械台班三个基本部分，同时还列出了各结构分部的工程量及单位建筑工程（以体积计或面积计）的造价，是一种计价定额
	投资估算指标	以建设项目、单项工程、单位工程为对象，反映建设总投资及其各项费用构成的经济指标。它是在项目建议书和可行性研究阶段编制投资估算、计算投资需要量时使用的一种定额。它的概略程度与可行性研究阶段相适应。投资估算指标往往根据历史的预、决算资料和价格变动等资料编制，但其编制基础仍然离不开预算定额、概算定额
按主编单位和管理权限分类	全国统一定额	由国家建设行政主管部门综合全工程建设中技术和施工组织管理的情况编制，并在全国范围内执行的定额
	行业统一定额	考虑到各行业部门专业工程技术特点，以及施工生产和管理水平编制的。一般只在本行业和相同专业性质的范围内使用

（续）

分 类		内 容
按主编单位和管理权限分类	地区统一定额	包括省、自治区、直辖市定额。地区统一定额主要考虑地区性特点,对全国统一定额水平作适当调整和补充编制的
	企业定额	由施工企业考虑本企业具体情况,参照国家、部门或地区定额的水平制定的定额。企业定额只在企业内部使用,是企业素质的一个标志。企业定额水平一般应高于国家现行定额,才能满足生产技术发展、企业管理和市场竞争的需要
	补充定额	随着设计、施工技术的发展,现行定额不能满足需要的情况下,为了补充缺陷所编制的定额。补充定额只能在指定的范围内使用,可以作为以后修订定额的基础

4.2 建筑工程预算定额组成与应用

4.2.1 建筑工程预算定额的组成

建筑工程预算定额的组成见表4-2。

表 4-2 建筑工程预算定额的组成

组成	内 容
预算定额总说明	(1)预算定额的适用范围、指导思想及目的作用 (2)预算定额的编制原则、主要依据及上级下达的有关定额修编文件 (3)使用本定额必须遵守的规则及适用范围 (4)定额所采用的材料规格、材质标准,允许换算的原则 (5)定额在编制过程中已经包括及未包括的内容 (6)各分部工程定额的共性问题的有关统一规定及使用方法
工程量计算规则	工程量是核算工程造价的基础,是分析建筑工程技术经济指标的重要数据,是编制计划和统计工作的指标依据。必须根据国家有关规定,对工程量的计算做出统一的规定
分部工程说明	(1)分部工程所包括的定额项目内容 (2)分部工程各定额项目工程量的计算方法 (3)分部工程定额内综合的内容及允许换算和不得换算的界限及其他规定 (4)使用本分部工程允许增减系数范围的界定
分项工程定额表头说明	(1)在定额项目表表头上方说明分项工程工作内容 (2)本分项工程包括的主要工序及操作方法
定额项目表	(1)分项工程定额编号(子目号) (2)分项工程定额名称 (3)预算价值(基价)。包括:人工费、材料费、机械费 (4)人工表现形式。包括工日数量、工日单价 (5)材料[含构(配)件]表现形式。材料栏内一系列主要材料和周转使用材料名称及消耗数量。次要材料一般都以其他材料形式以金额"元"或占主要材料的比例表示 (6)施工机械表现形式。机械栏内有两种列法:一种是列主要机械名称规格和数量,另一种次要机械以其他机械费形式以金额或占主要机械的比例表示 (7)预算定额的基价。人工工日单价、材料价格、机械台班单价均以预算价格为准 (8)说明和附注。在定额表下说明应调整、换算的内容和方法

4.2.2 建筑工程预算定额的应用

1. 定额直接套用

（1）在实际施工内容与定额内容完全一致的情况下，定额可以直接套用。

（2）套用预算定额的注意事项如下：

1）根据施工图、设计说明、标准图做法说明，选择预算定额项目。

2）应从工程内容、技术特征和施工方法上仔细核对，才能准确地确定与施工图相对应的预算定额项目。

3）施工图中分项工程的名称、内容和计量单位要与预算定额项目相一致。

4）理解应用的本质：根据实际工程要求，熟练地运用定额中的数据进行实物量和费用的计算。并且要不拘泥于规则，在正确理解的基础上结合工程实际情况灵活运用。

5）看懂定额项目表。

6）重视依据：总说明、分部工程说明、附注。

2. 定额的换算

在实际施工内容与定额内容不完全一致的情况下，并且定额规定必须进行调整时需看清楚说明及备注，定额必须换算，使换算以后的内容与实际施工内容完全一致。在子目定额编号的尾部加一"换"字。

换算后的定额基价=原定额基价+调整费用（换入的费用-换出的费用）=原定额基价+调整费用（增加的费用-扣除的费用）

3. 换算的类型

价差换算、量差换算、量价差混合换算、乘系数等其他换算。

4.3 建筑工程定额的编制

4.3.1 预算定额的编制

1. 预算定额的编制原则

为保证预算定额的质量，充分发挥预算定额的作用，实际使用简便，在编制工作中应遵循以下原则。

（1）简明适用的原则。

1）在编制预算定额时，对于那些主要的、常用的、价值量大的项目，分项工程划分宜细；次要的、不常用的、价值量相对较小的项目则可以粗一些。

2）预算定额要项目齐全。要注意补充那些因采用新技术、新结构、新材料而出现的新的定额项目。如果项目不全，缺项多，就会使计价工作缺少充足的、可靠的依据。

3）要求合理确定预算定额的计算单位，简化工程量的计算，尽可能地避免同一种材料用不同的计量单位和一量多用，尽量减少定额附注和换算系数。

（2）按社会平均水平确定预算定额的原则。预算定额是确定和控制建筑安装工程造价的主要依据。因此，它必须遵照价值规律的客观要求，即按生产过程中所消耗的社会必要劳动时间确定定额水平。所以预算定额的平均水平是在正常的施工条件下，合理的施工组织和工艺条件、平均劳动熟练程度和劳动强度下，完成单位分项工程基本构造要素所需的劳动时间。

2. 预算定额的编制依据

（1）现行劳动定额和施工定额。预算定额是在现行劳动定额和施工定额的基础上编制的。预算定额中人工、材料、机械台班消耗水平，需要根据劳动定额或施工定额取定；预算定额的计量单位的选择，也要以施工定额为参考，从而保证两者的协调和可比性，减轻预算定额的编制工作量，缩短编制时间。

（2）现行设计规范、施工及验收规范，质量评定标准和安全操作规程。

（3）具有代表性的典型工程施工图及有关标准图。对这些图样进行仔细分析研究，并计算出工程数量，作为编制定额时选择施工方法确定定额含量的依据。

（4）新技术、新结构、新材料和先进的施工方法等。这类资料是调整定额水平和增加新的定额项目所必需的依据。

（5）有关科学实验、技术测定和统计、经验资料。这类工程是确定定额水平的重要依据。

（6）现行的预算定额、材料预算价格及有关文件规定等。包括过去定额编制过程中积累的基础资料，也是编制预算定额的依据和参考。

3. 预算定额的编制程序及要求

预算定额的编制，大致可以分为准备工作、收集资料、编制定额、报批和修改定稿五个阶段。各阶段工作相互有交叉，有些工作还有多次反复。其中，预算定额编制阶段的主要工作如下：

（1）确定编制细则。主要包括：统一编制表格及编制方法；统一计算口径、计量单位和小数点位数的要求；有关统一性规定，名称统一，用字统一，专业用语统一；符号代码统一；简化字使用要规范，文字要简练明确。

（2）确定定额的项目划分和工程量计算规则。计算工程数量是为了通过计算出典型设计图样所包括的施工过程的工程量，以便在编制预算定额时，有可能利用施工定额的人工、机械台班和材料消耗指标确定预算定额所含工序的消耗量。

（3）定额人工、材料、机械台班耗用量的计算、复核和测算。

4. 预算定额消耗量的编制方法

（1）预算定额中人工工日消耗量的计算。人工的工日数分为两种确定方法。其一是以劳动定额为基础确定；其二是以现场观察测定资料为基础计算，主要用于遇到劳动定额缺项时，采用现场工作日写实等测时方法测定和计算定额的人工耗用量。

预算定额中人工工日消耗量是指在正常施工条件下，生产单位合格产品所必需消耗的人工工日数量，是由分项工程所综合的各个工序劳动定额包括的基本用工、其他用工两部分组成的。

1）基本用工。基本用工是指完成一定计量单位的分项工程或结构构件的各项工作过程的施工任务所必需消耗的技术工种用工。按技术工种相应劳动定额工时定额计算，以不同工种列出定额工日。基本用工包括：

① 完成定额计量单位的主要用工。按综合取定的工程量和相应劳动定额进行计算。计算公式如下

L

$$基本用工 = \sum (综合取定的工程量 \times 劳动定额) \tag{4-1}$$

② 按劳动定额规定应增（减）计算的用工量。

2）其他用工。

① 超运距用工。超运距是指劳动定额中已包括的材料、半成品场内水平搬运距离与预算定额所考虑的现场材料、半成品堆放地点到操作地点的水平运输距离之差。计算公式如下

$$超运距 = 预算定额取定运距 - 劳动定额已包括的运距 \tag{4-2}$$

$$超运距用工 = \sum (超运距材料数量 \times 时间定额) \tag{4-3}$$

需要指出，实际工程现场运距超过预算定额取定运距时，可另行计算现场二次搬运费。

② 辅助用工。辅助用工是指技术工种劳动定额内不包括而在预算定额内又必须考虑的用工。例如机械土方工程配合用工、材料加工（筛砂、洗石、淋化石膏）、电焊点火用工等。计算公式如下

$$辅助用工 = \sum (材料加工数量 \times 相应的加工劳动定额) \tag{4-4}$$

③ 人工幅度差。人工幅度差即预算定额与劳动定额的差额，主要是指在劳动定额中未包括而在正常施工情况下不可避免但又很难准确计量的用工和各种工时损失。内容包括：各工种间的工序搭接及交叉作业相互配合或影响所发生的停歇用工；施工机械在单位工程之间转移及临时水电线路移动所造成的停工；质量检查和隐蔽工程验收工作的影响；班组操作地点转移用工；工序交接时对前一工序不可避免的修整用工；施工中不可避免的其他零星用工。

人工幅度差计算公式如下

$$人工幅度差 = (基本用工 + 辅助用工 + 超运距用工) \times 人工幅度差系数 \tag{4-5}$$

人工幅度差系数一般为 $10\% \sim 15\%$。在预算定额中，人工幅度差的用工量列入其他用工量中。

（2）预算定额中材料消耗量的计算方法。

1）凡有标准规格的材料，按规范要求计算定额计量单位的耗用量，如砖、防水卷材、块料面层等。

2）凡设计图样标注尺寸及下料要求的按设计图样尺寸计算材料净用量，如门窗制作材料、方料、板料等。

3）换算法。各种胶结、涂料等材料的配合比用料，可以根据要求条件换算，得出材料用量。

4）测定法。测定法包括实验室试验法和现场观察法。各种强度等级的混凝土及砌筑砂浆配合比的耗用原材料数量的计算，须按照规范要求试配，经试验合格并经过必要的调整后得出水泥、砂子、石子、水的用量，对新材料、新结构又不能用其他方法计算定额消耗用量时，须用现场测定方法来确定，根据不同条件可以采用写实记录法和观察法，得出定额的消耗量。

材料损耗量是指在正常条件下不可避免的材料损耗，如现场内材料运输及施工操作过程中的损耗等。其关系式如下

$$材料损耗率 = 损耗量 / 净用量 \times 100\%$$

$$材料损耗量 = 材料净用量 \times 损耗率(\%)$$

$$材料消耗量 = 材料净用量 + 损耗量$$

或 材料消耗量=材料净用量×[1+损耗率(%)]

（3）预算定额中机械台班消耗量的计算。预算定额中的机械台班消耗量是指在正常施工条件下，生产单位合格产品［分部（分项）工程或结构构件］必须消耗的某种型号施工机械的台班数量。

1）根据施工定额确定机械台班消耗量的计算。这种方法是指用施工定额中机械台班产量加机械幅度差计算预算定额的机械台班消耗量。

机械台班幅度差是指在施工定额中所规定的范围内没有包括，而在实际施工中又不可避免产生的影响机械或使机械停歇的时间。其内容如下：①施工机械转移工作面及配套机械相互影响损失的时间；②在正常施工条件下，机械在施工中不可避免的工序间歇；③工程开工或收尾时工作量不饱满所损失的时间；④检查工程质量影响机械操作的时间；⑤临时停机、停电影响机械操作的时间；⑥机械维修引起的停歇时间。

大型机械幅度差系数为：土方机械25%，打桩机械33%，吊装机械30%。砂浆、混凝土搅拌机由于按小组配用，以小组产量计算机械台班产量，不另增加机械幅度差。其他分部工程中如钢筋加工、木材、水磨石等各项专用机械的幅度差为10%。

综上所述，预算定额的机械台班消耗量按下式计算

预算定额机械台班消耗量=施工定额机械耗用台班×（1+机械幅度差系数） （4-6）

2）以现场测定资料为基础确定机械台班消耗量。如遇到施工定额缺项者，则需要依据单位时间完成的产量测定。

4.3.2 概算定额的编制

1. 概算定额编制原则

概算定额应该贯彻社会平均水平和简明适用的原则。由于概算定额和预算定额都是工程计价的依据，所以应符合价值规律和反映现阶段大多数企业的设计、生产及施工管理水平。但在概预算定额水平之间应保留必要的幅度差。概算定额的内容和深度是以预算定额为基础的综合和扩大。在合并中不得遗漏或增加项目，以保证其严密和正确性。概算定额务必做到简化、准确和适用。

2. 概算定额的编制依据

由于概算定额的使用范围不同，其编制依据也略有不同。其编制一般依据以下资料进行：

（1）现行的设计规范、施工验收技术规范和各类工程预算定额。

（2）具有代表性的标准设计图样和其他设计资料。

（3）现行的人工工资标准、材料价格、机械台班单价及其他的价格资料。

3. 概算定额的编制步骤

概算定额的编制一般分四个阶段进行。

（1）准备阶段。该阶段主要是确定编制机构和人员组成，进行调查研究，了解现行概算定额执行情况和存在问题，明确编制的目的，制定概算定额的编制方案和确定概算定额的项目。

（2）编制初稿阶段。该阶段是根据已经确定的编制方案和概算定额项目，收集和整理各种编制依据，对各种资料进行深入细致的测算和分析，确定人工、材料和机械台班的消耗

量指标，最后编制概算定额初稿。概算定额水平与预算定额水平之间应有一定的幅度差，幅度差一般在5%以内。

（3）测算阶段。该阶段的主要工作是测算概算定额水平，即测算新编制概算定额与原概算定额及现行预算定额之间的水平。测算的方法既要分项进行测算，又要通过编制单位工程概算以单位工程为对象进行综合测算。

（4）审查定稿阶段。概算定额经测算比较定稿后，可报送国家授权机关审批。

4. 概算定额基价的编制

概算定额基价和预算定额基价一样，包括人工费、材料费和机械费。概算定额基价是通过编制扩大单位估价表所确定的单价，用于编制设计概算。概算定额基价和预算定额基价的编制方法相同。概算定额基价按下列公式计算

$$概算定额基价=人工费+材料费+机械费 \tag{4-7}$$

$$人工费=现行概算定额中人工工日消耗量×人工单价 \tag{4-8}$$

$$材料费=\sum（现行概算定额中材料消耗量×相应材料单价） \tag{4-9}$$

$$机械费=\sum（现行概算定额中机械台班消耗量×相应机械台班单价） \tag{4-10}$$

4.3.3 概算指标的编制

1. 概算指标的编制依据

（1）标准设计图样和各类工程典型设计。

（2）国家颁发的建筑标准、设计规范、施工规范等。

（3）各类工程造价资料。

（4）现行的概算定额和预算定额及补充定额。

（5）人工工资标准、材料预算价格、机械台班预算价格及其他价格资料。

2. 概算指标的编制步骤

以房屋建筑工程为例，概算指标可按以下步骤进行编制。

（1）首先成立编制小组，拟订工作方案，明确编制原则和方法，确定指标的内容及表现形式，确定基价所依据的人工工资单价、材料预算价格、机械台班单价。

（2）收集整理编制指标所必需的标准设计、典型设计及有代表性的工程设计图样、设计预算等资料，充分利用有使用价值的、已经积累的工程造价资料。

（3）编制阶段。此阶段主要是选定图样，并根据图样资料计算工程量和编制单位工程预算书，以及按编制方案确定的指标项目对照人工及主要材料消耗指标，填写概算指标的表格。

每平方米建筑面积造价指标编制方法有以下两个方面：

1）编写资料审查意见及填写设计资料名称、设计单位、设计日期、建筑面积及构造情况，提出审查和修改意见。

2）在计算工程量的基础上，编制单位工程预算书，据以确定每百平方米建筑面积及构造情况以及人工、材料、机械消耗指标和单位造价的经济指标。

① 计算工程量，是根据审定的图样和预算定额计算出建筑面积及各分部（分项）工程量，然后按编制方案规定的项目进行归并，并以每平方米建筑面积为计算单位，换算出所对应的工程量指标。

② 根据计算出的工程量和预算定额等资料，编出预算书，求出每百平方米建筑面积的预算造价及人工、材料、施工机械费用和材料消耗量指标。

构筑物是以座为单位编制概算指标，因此，在计算完工程量，编出预算书后，不必进行换算，预算书确定的价值就是每座构筑物概算指标的经济指标。

（4）最后经过核对审核、平衡分析、水平测算、审查定稿等阶段。

4.3.4　投资估算指标的编制

1. 收集整理资料阶段

收集整理已建成或正在建设的、符合现行技术政策和技术发展方向、有可能重复采用的、有代表性的工程设计施工图、标准设计及相应的竣工决算或施工图预算资料等，这些资料是编制工作的基础，资料收集越广泛，反映出的问题越多，编制工作考虑越全面，就越有利于提高投资估算指标的实用性和覆盖面。同时，对调查收集到的资料要选择占投资比重大、相互关联多的项目进行认真的分析整理。由于已建成或正在建设的工程的设计意图、建设时间和地点、资料的基础等不同，相互之间的差异很大，需要去粗取精、去伪存真地加以整理，才能重复利用。将整理后的数据资料按项目划分栏目加以归类，按照编制年度的现行定额、费用标准和价格，调整成编制年度的造价水平及相互比例。

2. 平衡调整阶段

由于调查收集的资料来源不同，虽然经过一定的分析整理，但难免会由于设计方案、建设条件和建设时间上的差异带来的某些影响，使数据失准或漏项等。此外，必须对有关资料进行综合平衡调整。

3. 测算审查阶段

测算是将新编的指标和选定工程的概预算在同一价格条件下进行比较，检验其"量差"的偏离程度是否在允许偏差的范围之内，如偏差过大，则要查找原因，进行修正，以保证指标的确切、实用。测算同时也是对指标编制质量进行的一次系统检查，应由专人进行，以保持测算口径的统一，在此基础上组织有关专业人员全面审查定稿。

由于投资估算指标的编制计算工作量非常大，在现阶段计算机已经广泛普及的条件下，应尽可能应用计算机进行投资估算指标的编制工作。

4.4　企业定额

4.4.1　企业定额的概念

企业定额是指施工企业根据本企业的施工技术和管理水平，编制完成单位合格产品所需要的人工、材料和施工机械台班的消耗量，以及其他生产经营要素消耗的数量标准。

4.4.2　企业定额的编制目的和意义

（1）企业定额能够满足工程量清单计价的要求。

（2）企业定额的编制和使用可以规范发包承包行为，规范建筑市场秩序。

（3）企业定额的建立和运用可以提高企业的管理水平和生产力水平。

（4）企业定额是企业参与市场竞争的核心竞争能力的具体表现。

4.4.3　企业定额的作用

企业定额只能在企业内部使用，其作用如下：

（1）企业定额是施工企业计划管理的依据。

（2）企业定额是组织和指挥施工生产的有效工具。

（3）企业定额是编制施工预算、加强成本管理和经济核算的基础。

（4）企业定额是编制工程投标报价的基础和主要依据。

（5）企业定额是计算工人劳动报酬的依据。

4.4.4　企业定额的编制

1. 编制方法

（1）现场观察测定法。我国多年来专业测定定额的常用方法是现场观察测定法。它以研究工时消耗为对象，以观察测时为手段。通过密集抽样和粗放抽样等技术进行直接的时间研究，确定人工消耗和机械台班定额水平。

现场观察测定法的特点是能够把现场工时消耗情况与施工组织技术条件联系起来加以观察、测时、计量和分析，以获得该施工过程的技术组织条件和工时消耗的有技术依据的基础资料。它不仅能为制定定额提供基础数据，而且也能为改善施工组织管理，改善工艺过程和操作方法，消除不合理的工时损失和进一步挖掘生产潜力提供依据。这种方法技术简便、应用面广和资料全面，适用影响工程造价大的主要项目及新技术、新工艺、新施工方法的劳动力消耗和机械台班水平的测定。

（2）经验统计法。经验统计法是运用抽样统计的方法，从以往类似工程施工的竣工结算资料和典型设计图样资料及成本核算资料中抽取若干个项目的资料，进行分析和测算的方法。

经验统计法的特点是积累过程长、统计分析细致、使用简单易行、方便快捷。缺点是模型中考虑的因素有限，而工程实际情况则要复杂得多，对各种变化情况的需要不能一一适应，准确性也不够。

2. 编制依据

（1）现行验收规范，技术、安全操作规程，质量评定标准。

（2）现场测定的技术资料和有关历史统计资料。

（3）现行全国通用的标准图集和典型图样。

（4）高新技术、新型结构、新研制的建筑材料和新的施工方法。

（5）有关混凝土、砂浆等半成品配合比资料和工人技术等级资料。

（6）现行的劳动定额、机械台班使用定额、材料消耗定额和有关定额编制资料及手册。

（7）目前本企业拥有的机械设备状况等。

第5章 土石方工程

5.1 土石方工程清单工程量计算规则

1. 土方工程

土方工程工程量清单项目设置、项目特征描述的内容、计量单位及工程量计算规则，应按表 5-1 的规定执行。

表 5-1 土方工程（010101）

项目编码	项目名称	项目特征	计量单位	工程量计算规则	工作内容
010101001	平整场地	1. 土壤类别 2. 弃土运距 3. 取土运距	m²	按设计图示尺寸以建筑物首层面积计算	1. 土方挖填 2. 场地找平 3. 运输
010101002	挖一般土方	1. 土壤类别 2. 挖土深度 3. 弃土运距	m³	按设计图示尺寸以体积计算	1. 排地表水 2. 土方开挖 3. 围护（挡土板）及拆除 4. 基底钎探 5. 运输
010101003	挖沟槽土方				
010101004	挖基坑土方			按设计图示尺寸以基础垫层底面积乘以挖土深度计算	
010101005	冻土开挖	1. 冻土厚度 2. 弃土运距		按设计图示尺寸开挖面积乘以厚度以体积计算	1. 爆破 2. 开挖 3. 清理 4. 运输
010101006	挖淤泥、流沙	1. 挖掘深度 2. 弃淤泥、流沙距离		按设计图示位置、界限以体积计算	1. 开挖 2. 运输

（续）

项目编码	项目名称	项目特征	计量单位	工程量计算规则	工作内容
010101007	管沟土方	1. 土壤类别 2. 管外径 3. 挖沟深度 4. 回填要求	1. m 2. m³	1. 以米计量,按设计图示以管道中心线长度计算 2. 以立方米计量,按设计图示管底垫层面积乘以挖土深度计算;无管底垫层按管外径的水平投影面积乘以挖土深度计算。不扣除各类井的长度,井的土方并入	1. 排地表水 2. 土方开挖 3. 围护(挡土板)、支撑 4. 运输 5. 回填

注：1. 挖土方平均厚度应按自然地面测量标高至设计地坪标高间的平均厚度确定。基础土方开挖深度应按基础垫层底表面标高至交付施工场地标高确定,无交付施工场地标高时,应按自然地面标高确定。

2. 建筑物场地厚度≤±300mm的挖、填、运、找平,应按本表中平整场地项目编码列项。厚度>±300mm的竖向布置挖土或山坡切土应按本表中挖一般土方项目编码列项。

3. 沟槽、基坑、一般土方的划分为：底宽≤7m且底长>3倍底宽为沟槽；底长≤3倍底宽且底面积≤150m² 为基坑；超出上述范围则为一般土方。

4. 挖土方如需截桩头时,应按桩基工程相关项目列项。

5. 桩间挖土不扣除桩的体积,并在项目特征中加以描述。

6. 弃、取土运距可以不描述,但应注明由投标人根据施工现场实际情况自行考虑,决定报价。

7. 土壤的分类应按表5-2确定,如土壤类别不能准确划分时,招标人可注明为综合,由投标人根据地勘报告决定报价。

8. 土方体积应按挖掘前的天然密实体积计算。

9. 挖沟槽、基坑、一般土方因工作面和放坡增加的工程量（管沟工作面增加的工程量）是否并入各土方工程量中,应按各省、自治区、直辖市或行业建设主管部门的规定实施,如并入各土方工程量中,办理工程结算时,按经发包人认可的施工组织设计规定计算。

10. 挖方出现流沙、淤泥时,如设计未明确,在编制工程量清单时,其工程数量可为暂估量,结算时应根据实际情况由发包人与承包人双方现场签证确认工程量。

11. 管沟土方项目适用于管道（给水排水、工业、电力、通信）、光（电）缆沟［包括：人（手）孔、接口坑］及连接井（检查井）等。

表 5-2　土壤分类

土壤分类	土壤名称	开挖方法
一、二类土	粉土、砂土(粉砂、细砂、中砂、粗砂、砾砂)、粉质黏土、弱中盐渍土、软土(淤泥质土、泥炭、泥炭质土)、软塑红黏土、冲填土	用锹、少许用镐、条锄开挖。机械能全部直接铲挖满载者
三类土	黏土、碎石土(圆砾、角砾)混合土、可塑红黏土、硬塑红黏土、强盐渍土、素填土、压实填土	主要用镐、条锄、少许用锹开挖。机械需部分刨松方能铲挖满载者或可直接铲挖但不能满载者
四类土	碎石土(卵石、碎石、漂石、块石)、坚硬红黏土、超盐渍土、杂填土	全部用镐、条锄挖掘、少许用撬棍挖掘。机械须普遍刨松方能铲挖满载者

注：本表土的名称及其含义按国家标准《岩土工程勘察规范（2009年版）》(GB 50021—2001) 定义。

2. 石方工程

石方工程工程量清单项目设置、项目特征描述的内容、计量单位及工程量计算规则,应按表5-3的规定执行。

表 5-3 石方工程 (010102)

项目编码	项目名称	项目特征	计量单位	工程量计算规则	工作内容
010102001	挖一般石方	1. 岩石类别 2. 开凿深度 3. 弃渣运距	m³	按设计图示尺寸以体积计算	1. 排地表水 2. 凿石 3. 运输
010102002	挖沟槽石方			按设计图示尺寸沟槽底面积乘以挖石深度以体积计算	
010102003	挖基坑石方			按设计图示尺寸基坑底面积乘以挖石深度以体积计算	
010102004	挖管沟石方	1. 岩石类别 2. 管外径 3. 挖沟深度	1. m 2. m³	1. 以米计量,按设计图示以管道中心线长度计算 2. 以立方米计量,按设计图示截面积乘以长度计算	1. 排地表水 2. 凿石 3. 回填 4. 运输

注:1. 挖石应按自然地面测量标高至设计地坪标高的平均厚度确定。基础石方开挖深度应按基础垫层底表面标高至交付施工现场地标高确定,无交付施工场地标高时,应按自然地面标高确定。

2. 厚度>±300mm 的竖向布置挖石或山坡凿石应按本表中挖一般石方项目编码列项。

3. 沟槽、基坑、一般石方的划分为:底宽≤7m 且底长>3 倍底宽为沟槽;底长≤3 倍底宽且底面积≤150m² 为基坑;超出上述范围则为一般石方。

4. 弃渣运距可以不描述,但应注明由投标人根据施工现场实际情况自行考虑,决定报价。

5. 石方体积应按挖掘前的天然密实体积计算。

6. 管沟石方项目适用于管道(给水排水、工业、电力、通信)、光(电)缆沟[包括:人(手)孔、接口坑]及连接井(检查井)等。

3. 回填

回填工程工程量清单项目设置、项目特征描述的内容、计量单位及工程量计算规则,应按表 5-4 的规定执行。

表 5-4 回填 (编号:010103)

项目编码	项目名称	项目特征	计量单位	工程量计算规则	工作内容
010103001	回填方	1. 密实度要求 2. 填方材料品种 3. 填方粒径要求 4. 填方来源、运距	m³	按设计图示尺寸以体积计算 1. 场地回填:回填面积乘平均回填厚度 2. 室内回填:主墙间面积乘回填厚度,不扣除间隔墙 3. 基础回填:按挖方清单项目工程量减去自然地坪以下埋设的基础体积(包括基础垫层及其他构筑物)	1. 运输 2. 回填 3. 压实
010103002	余方弃置	1. 废弃料品种 2. 运距		按挖方清单项目工程量减利用回填方体积(正数)计算	余方点装料运输至弃置点

注:1. 填方密实度要求,在无特殊要求情况下,项目特征可描述为满足设计和规范的要求。

2. 填方材料品种可以不描述,但应注明由投标人根据设计要求验方后方可填入,并符合相关工程的质量规范要求。

3. 填方粒径要求,在无特殊要求情况下,项目特征可以不描述。

4. 如需买土回填应在项目特征填方来源中描述,并注明买土方数量。

5.2　土石方工程定额工程量计算规则

1. 定额说明

（1）《房屋建筑与装饰工程消耗量》（TY 01—31—2021）中土石方工程包括土方工程、石方工程、回填及其他三节。

（2）土及岩石分类。

1）土按一、二类土，三类土，四类土分类，其具体分类见表 5-2。

2）岩石按极软岩、软岩、较软岩、较硬岩、坚硬岩分类，其具体分类见表 5-5。

表 5-5　岩石分类表

岩石分类		代表性岩石	开挖方法	单轴饱和抗压强度/MPa
软质岩	极软岩	1. 全风化的各种岩石 2. 各种半成岩	部分用手凿工具、部分用爆破法开挖	≤5
	软岩	1. 强风化的坚硬岩或较硬岩 2. 中等风化—强风化的较软岩 3. 未风化—微风化的页岩、泥岩、泥质砂岩等	用风镐和爆破法开挖	5~15
	较软岩	1. 中等风化—强风化的坚硬岩或较硬岩 2. 未风化—微风化的凝灰岩、千枚岩、泥灰岩、砂质泥岩等	用爆破法开挖	15~30
硬质岩	较硬岩	1. 微风化的坚硬岩 2. 未风化—微风化的大理岩、板岩、石灰岩、白云岩、钙质砂岩等	用爆破法开挖	30~60
	坚硬岩	未风化—微风化的花岗岩、闪长岩、辉绿岩、玄武岩、安山岩、片麻岩、石英岩、石英砂岩、硅质砾岩、硅质石灰岩等	用爆破法开挖	>60

注：本表依据现行国家标准《工程岩体分级标准》（GB/T 50218—2014）和《岩土工程勘察规范（2009 年版）》（GB 50021—2001）整理。

（3）干土、湿土、淤泥的划分。干土、湿土的划分以地质勘测资料的地下常水位为准。地下常水位以上为干土，以下为湿土。地表水排出后，土壤含水率≥25%时为湿土。含水率超过液限，土和水的混合物呈现流动状态时为淤泥。温度在 0℃ 及以下，并夹含有冰的土壤为冻土。冻土指短时冻土和季节冻土。

（4）沟槽、基坑、一般土石方的划分。底宽（设计图示垫层或基础的底宽，下同）≤7m 且底长>3 倍底宽为沟槽；底长≤3 倍底宽且底面积≤150m² 为基坑；超出上述范围，又非平整场地的，为一般土石方。

（5）挖掘机（含小型挖掘机）挖土方项目，已综合了挖掘机挖土方和挖掘机挖土后，基底和边坡遗留厚度≤0.30m 的人工清理和修整。使用时不得调整，人工基底清理和边坡修整不另行计算。

（6）小型挖掘机系指斗容量≤0.30m³ 的挖掘机，适用于基础（含垫层）底宽≤1.20m

的沟槽土方工程或底面积≤20m^{2}的基坑土方工程。

（7）下列土石方工程执行相应项目时乘以规定的系数：

1）土方项目按干土编制。人工挖、运湿土时，相应项目人工乘以系数1.18；机械挖、运湿土时，相应项目人工、机械乘以系数1.15。采取降水措施后，人工挖、运土相应项目人工乘以系数1.05，机械挖、运土不再乘系数。

2）挡土板内人工挖槽坑时，相应项目人工乘以系数1.43。

3）挖桩间土方时，人工开挖土方相应项目乘以系数1.25；机械挖土方相应项目乘以系数1.10。

4）满堂基础垫层底以下局部加深的槽坑，按槽坑相应规则计算工程量，相应项目人工、机械乘以系数1.25。

5）人工垂直运土按照人工运土相应消耗量乘以系数5.00执行，运输距离按照垂直距离计算。

6）推土机推土，当土层平均厚度≤0.30m时，相应项目人工、机械乘以系数1.25。

7）挖掘机在垫板上作业时，相应项目人工、机械乘以系数1.25。挖掘机下铺设垫板、汽车运输道路上铺设材料时，其费用另行计算。

8）场区（含地下室顶板以上）回填，相应项目人工、机械乘以系数0.90。

9）基础（地下室）周边回填灰土材料时，执行"地基处理与边坡支护工程"中"地基处理"相应项目，人工、机械乘以系数1.10。

10）在强夯后的地基上挖土方，执行挖四类土相应子目。

11）人工挖土方深度大于2m项目适用于深度2m以外4m以内的人工挖土方，人工挖土深度超过4m时，应按机械挖土考虑。如局部超过4m且仍采用人工挖土的，超过4m部分土方依据方案另行计算。

（8）石方开挖不计算放坡，允许考虑超挖量。

（9）爆破岩石的允许超挖量分别为：极软岩、软岩0.20m，较软岩、较硬岩、坚硬岩0.15m。

（10）土石方运输。

1）土石方运输按施工现场范围内运输编制。弃土外运以及弃土处理等其他费用按各地的有关规定执行。

2）场内运距指施工现场范围内的运输距离，指施工按挖土区重心至填方区（或堆放区）重心间的最短距离计算。

3）人工、人力车、汽车的负载上坡（坡度≤15%）降效因素已综合在相应运输项目中，不另计算。推土机、装载机负载上坡时，其降效因素按坡道斜长乘以表5-6内相应系数计算。

表5-6　重车上坡降效系数

坡度（%）	5~10	10~15	15~20	20~25
系数	1.75	2.00	2.25	2.50

（11）平整场地系指建筑物所在现场厚度≤±30cm的就地挖、填及平整。挖填土方厚度>±30cm时，全部厚度按一般土方相应规定另行计算，但仍应计算平整场地。

（12）原土夯实按设计规范要求综合考虑。

（13）土石方工程未包括现场障碍物清除、地下常水位以下的施工降水、土石方开挖过程中的地表水排除与边坡支护，实际发生时，另按其他章节相应规定计算。

2. 工程量计算规则

（1）土石方的开挖、运输均按开挖前的天然密实体积计算。土方回填按回填后的竣工体积计算。不同状态的土石方体积按表 5-7 换算。

表 5-7　土石方体积换算系数

名称	虚方	松填	天然密实	夯填
土方	1.00	0.83	0.77	0.67
	1.20	1.00	0.92	0.80
	1.30	1.08	1.00	0.87
	1.50	1.25	1.15	1.00
石方	1.00	0.85	0.65	—
	1.18	1.00	0.76	—
	1.54	1.31	1.00	—
块石	1.75	1.43	1.00	1.67（码方）
砂夹石	1.07	0.94	1.00	—

（2）基础土石方的开挖深度按设计室外地坪至基础（含垫层）底标高计算。交付施工场地标高与设计室外地坪不同时，按交付施工场地标高计算。

（3）基础施工的工作面宽度按施工组织设计（经过批准，下同）计算；施工组织设计无规定时，按下列规定计算。

1）当组成基础的材料不同或施工方式不同时，基础施工单面工作面宽度按表 5-8 计算。

表 5-8　基础施工单面工作面宽度计算

基础材料	每边各增加工作面宽度/mm
砖基础	200
浆砌毛石、条石基础	250
混凝土基础（支模板）	300
混凝土基础垫层（支模板）	300
基础垂直面做砂浆防潮层	400（自防潮层面）
基础垂直面做防水层或防腐层	1000（自防水层或防腐层面）
支挡土板	100（另加）

2）基础施工需要搭设脚手架时，基础施工的工作面宽度，条形基础按 1.50m 计算（只计算一面），独立基础按 0.45m 计算（四面均计算）。

3）基坑土方大开挖需做边坡支护时，以及基坑内施工各种桩时，基础施工的工作面宽度均按 2.00m 计算。

4）管道施工单面工作面宽度按表 5-9 计算。

表 5-9 管道施工单面工作面宽度计算

管道材质	管道基础外沿宽度（无基础时管道外径）/mm			
	≤500	≤1000	≤2500	>2500
混凝土管、水泥管	400	500	600	700
其他管道	300	400	500	600

（4）基础土方的放坡。

1）土方放坡的起点深度和放坡坡度按施工组织设计计算；施工组织设计无规定时，按表 5-10 计算。

表 5-10 土方放坡起点深度和放坡坡度计算

土壤类别	起点深度/m	人工挖土	机械挖土		
			基坑内作业	基坑上作业	沟槽上作业
一、二类土	1.20~1.50	1:0.50	1:0.33	1:0.75	1:0.50
三类土	1.50~2.00	1:0.33	1:0.25	1:0.67	1:0.33
四类土	>2.00	1:0.25	1:0.10	1:0.33	1:0.25

2）基础土方放坡自基础（含垫层）底标高算起。

3）混合土质的基础土方，其放坡的起点深度和放坡坡度按不同土类厚度加权平均计算。

4）计算基础土方放坡时，不扣除放坡交叉处的重复工程量。

5）基础土方支挡土板时，土方放坡不另计算。

（5）沟槽土石方按设计图示沟槽长度乘以沟槽断面面积（包括工作面宽度和土方放坡宽度），以体积计算。

1）条形基础的沟槽长度按设计规定计算；设计无规定时，按下列规定计算：

① 外墙沟槽按外墙中心线长度计算。

② 内墙（框架间墙）沟槽按内墙（框架间墙）条形基础的垫层（基础底坪）净长度计算。

③ 凸出墙面的墙垛的沟槽按墙垛凸出墙面的中心线长度并入相应工程量内计算。

2）管道的沟槽长度按设计规定计算；设计无规定时，以设计图示管道垫层（无垫层时按管道）中心线长度（不扣除下口直径或边长≤1.5m 的井池）计算。下口直径或边长>1.5m 的井池的土石方，另按基坑的相应规定计算。

3）沟槽的断面面积应包括工作面宽度、放坡宽度或石方允许超挖量的面积。

（6）基坑土石方按设计图示基础（含垫层）尺寸，另加工作面宽度、土方放坡宽度或石方允许超挖量乘以开挖深度，以体积计算。

（7）一般土石方按设计图示基础（含垫层）尺寸，另加工作面宽度、土方放坡宽度或石方允许超挖量乘以开挖深度，以体积计算。机械施工坡道的土石方工程量并入相应工程量内计算。

（8）挖淤泥流沙按设计图示位置、界限，以体积计算。

（9）桩间挖土按各类桩（抗浮锚杆）、桩承台外边线向外 1.2m 范围内，或相邻桩（抗浮锚杆）、桩承台外边线间距离≤4m 范围内，桩顶设计标高另加加灌长度至设计基础垫层底标高之间的全部土方以体积计算，扣除桩体和空孔所占体积。

（10）人工挖（含爆破后挖）冻土按设计图示尺寸，另加工作面宽度，以体积计算。

（11）挖内支撑土方工程量按挖土区域水平投影面积乘以支撑下挖土深度以体积计算，支撑下挖土深度为最上一道支撑梁的上表面至基坑底面的高度。

（12）岩石爆破后人工清理基底与修整边坡，按岩石爆破的规定尺寸（含工作面宽度和允许超挖量），以面积计算。

（13）回填及其他。

1）平整场地按设计图示尺寸，以建筑物首层建筑面积计算。建筑物地下室结构外边线突出首层结构外边线时，其突出部分的建筑面积合并计算。

2）基底钎探以垫层（或基础）底面积计算。

3）原土夯实与碾压按施工组织设计规定的尺寸，以面积计算。

4）回填按下列规定以体积计算：

① 沟槽、基坑回填，按挖方体积减去设计室外地坪以下建筑物、基础（含垫层）的体积计算。

② 管道沟槽回填，按挖方体积减去管道基础和管道所占体积计算。

③ 房心（含地下室内）回填，按主墙间净面积（扣除单个底面积 $2m^2$ 以上的基础等）乘以回填厚度计算。

④ 场区（含地下室顶板以上）回填，按回填面积乘以回填平均厚度计算。

（14）土方运输按挖方体积（减去回填方体积）以天然密实体积计算。

挖土总体积减去回填土（折合天然密实体积），总体积为正，则为余土外运；总体积为负，则为取土回运。

5.3 土石方工程工程量清单编制实例

实例 1 某建筑物人工平整场地的工程量计算

某建筑物底层平面示意图如图 5-1 所示，土壤为三类土，试计算建筑物人工平整场地工程量。

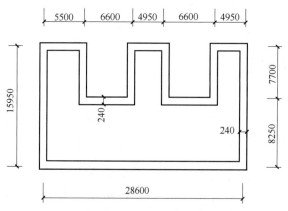

图 5-1 某建筑物底层平面示意图（单位：mm）

【解】

人工平整场地工程量 = (28.6+0.24)×(15.95+0.24)-7.7×(6.6-0.24)×2 = 368.98（m²）

清单工程量见表 5-11。

表 5-11　第 5 章实例 1 清单工程量

项目编码	项目名称	项目特征描述	工程量合计	计量单位
010101001001	平整场地	三类土	368.98	m²

实例 2　某建筑场地平整的工程量计算

试计算如图 5-2 所示的场地平整工程量。

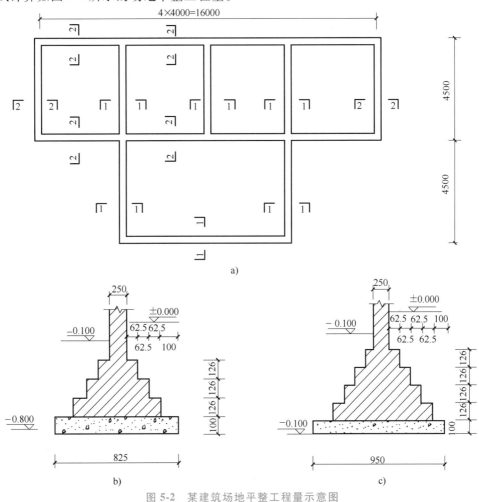

图 5-2　某建筑场地平整工程量示意图

a）平面图　b）1—1 剖面图　c）2—2 剖面图

【解】

清单工程量 = (16+0.25)×(4.5+0.25)+(4×2+0.25)×4.5

　　　　 = 114.3125（m²）

　　　　 ≈ 114.31（m²）

清单工程量见表 5-12。

表 5-12　第 5 章实例 2 清单工程量

项目编码	项目名称	项目特征描述	工程量合计	计量单位
010101001001	平整场地	平整场地	114.31	m²

实例 3　某中学环形跑道平整场地的工程量计算

某中学的环形跑道示意图如图 5-3 所示，试计算平整场地清单工程量（三类土）。

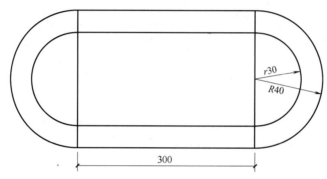

图 5-3　某中学环形跑道示意图（单位：m）

【解】

图中矩形部分平整场地清单工程量：

$S = 300 \times (40-30) \times 2 = 6000$（m²）

图中圆形部分平整场地清单工程量：

$S = \pi(R^2 - r^2)$

$= 3.14 \times (40^2 - 30^2)$

$= 2198$（m²）

平整场地清单工程量 = 6000+2198 = 8198（m²）

清单工程量见表 5-13。

表 5-13　第 5 章实例 3 清单工程量

项目编码	项目名称	项目特征描述	工程量合计	计量单位
010101001001	平整场地	三类土	8198	m²

实例 4　某工程挖地坑二、三类土的工程量计算

如图 5-4 所示，坑长为 20m，试计算挖该地坑二、三类土的工程量。

【解】

清单工程量 = 2.5×(1.5+2)×20 = 175（m³）

清单工程量见表 5-14。

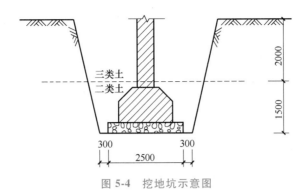

图 5-4 挖地坑示意图

表 5-14 第 5 章实例 4 清单工程量

项目编码	项目名称	项目特征描述	工程量合计	计量单位
010101004001	挖基坑土方	二、三类土综合,条形基础,垫层底宽 2.5m,挖土深度 3.5m	175	m³

实例 5 某矩形池塘挖土方的工程量计算

某矩形池塘尺寸如图 5-5 所示,试计算挖土方的清单工程量。

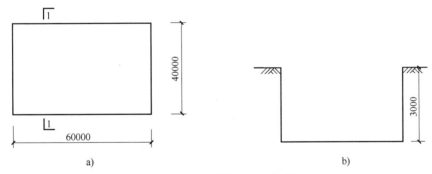

图 5-5 矩形池塘尺寸示意图

a) 平面图 b) 剖面图

【解】

清单工程量 = 60×40×3 = 7200 (m³)

清单工程量见表 5-15。

表 5-15 第 5 章实例 5 清单工程量

项目编码	项目名称	项目特征描述	工程量合计	计量单位
010101002001	挖一般土方	一至四类土,挖土深 1.8m	7200	m³

实例 6 某工程挖沟槽土方的工程量计算

某工程挖地槽放坡如图 5-6 所示,试计算挖沟槽土方的清单工程量。

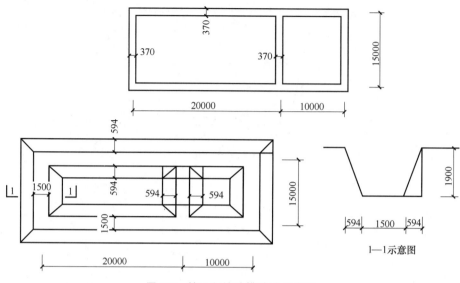

图 5-6 某工程挖地槽放坡示意图

【解】

清单工程量 $= 1.5 \times 1.9 \times [(20+10+15) \times 2+(15-1.5)]$

$\qquad\qquad = 294.975 \ (\mathrm{m}^3)$

$\qquad\qquad \approx 294.98 \ (\mathrm{m}^3)$

清单工程量见表 5-16。

表 5-16 第 5 章实例 6 清单工程量

项目编码	项目名称	项目特征描述	工程量合计	计量单位
010101003001	挖沟槽土方	条形基础,垫层底宽 1.5m,挖土深度 1.9m	294.98	m³

实例 7 某地槽开挖的工程量计算

某地槽开挖如图 5-7 所示,不放坡,不设工作面,土壤类别为三类土。试计算其工程量。

【解】

（1）外墙地槽工程量。

$V_1 = 1.2 \times 1.5 \times (22+7) \times 2$

$\quad = 1.8 \times 58$

$\quad = 104.4 \ (\mathrm{m}^3)$

（2）内墙地槽工程量。

$V_2 = 0.8 \times 1.5 \times (7-1.2) \times 3$

$\quad = 1.2 \times 17.4$

$\quad = 20.88 \ (\mathrm{m}^3)$

（3）附垛地槽工程量。

$V_3 = 0.15 \times 1.5 \times 1.3 \times 6 = 1.755 \ (\mathrm{m}^3)$

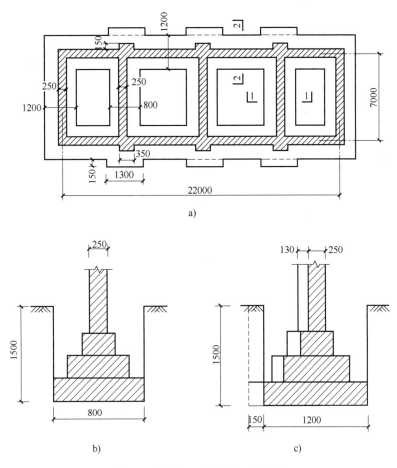

图 5-7　挖地槽工程量计算示意图

a）平面图　b）1—1 剖面图　c）2—2 剖面图

（4）总的工程量。

$$V = V_1 + V_2 + V_3$$
$$= 104.4 + 20.88 + 1.755$$
$$= 127.035 \ (\mathrm{m}^3)$$

清单工程量见表 5-17。

表 5-17　第 5 章实例 7 清单工程量

项目编码	项目名称	项目特征描述	工程量合计	计量单位
010101003001	挖沟槽土方	1. 土壤类别：三类土 2. 挖土深度：1.5m	104.4	m³
010101003002	挖沟槽土方	1. 土壤类别：三类土 2. 挖土深度：1.5m	20.88	m³
010101003003	挖沟槽土方	1. 土壤类别：三类土 2. 挖土深度：1.5m	1.755	m³

实例 8　某构筑物满堂基础挖基坑土方的工程量计算

某构筑物基础为满堂基础,如图 5-8 所示,基础垫层为素混凝土,长、宽方向的外边线尺寸为 8.5m 和 5.5m,垫层厚度 20cm,垫层顶面标高为 -4.550m,室外地面标高为 -0.650m,地下常水位标高为 -3.500m,该处土壤类别为三类土,人工挖土。试计算挖土方工程量。

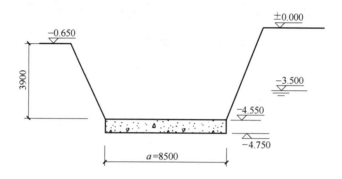

图 5-8　满堂基础挖基坑示意图

【解】
(1) 挖干湿土量。
$V_1 = 8.5 \times 3.9 \times 5.5 \approx 182.33$ (m³)
(2) 挖湿土量。
$V_2 = 8.5 \times 5.5 \times 1.05 \approx 49.09$ (m³)
(3) 挖干土量。
$V_3 = V_1 - V_2$
　　$= 182.33 - 49.09$
　　$= 133.24$ (m³)
清单工程量见表 5-18。

表 5-18　第 5 章实例 8 清单工程量

项目编码	项目名称	项目特征描述	工程量合计	计量单位
010101004001	挖基坑土方	1. 土壤类别:三类土 2. 挖土深度:湿土深度 1.05m	49.09	m³
010101004002	挖基坑土方	1. 土壤类别:三类土 2. 挖土深度:干土深度 2.85m	133.24	m³

实例 9　圆形地坑挖土方的工程量计算

设采用斗容量为 0.6m³ 的液压挖掘机开挖一圆形地坑,如图 5-9 所示,土质类别为四类土,采用坑内放坡开挖,平均挖深为 2.5m,求挖土方工程量。

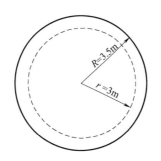

图 5-9 圆形地坑平面示意图

【解】

（1）圆形地坑底面积。

$S = \pi r^2$

$= 3.14 \times 3 \times 3$

$= 28.26（m^2）$

（2）平均挖土深度 $H = 2.5m$。

（3）挖基础土方工程量。

$V = S \times H$

$= 28.26 \times 2.5$

$= 70.65（m^3）$

清单工程量见表 5-19。

表 5-19 第 5 章实例 9 清单工程量

项目编码	项目名称	项目特征描述	工程量合计	计量单位
010101004001	挖基坑土方	1. 土壤类别：四类土 2. 挖土深度：2.5m	70.65	m³

实例 10　某方形地坑挖土方的工程量计算

挖方形地坑如图 5-10 所示。工作面宽度 $c = 150mm$，放坡系数 1:0.25，四类土。坑深

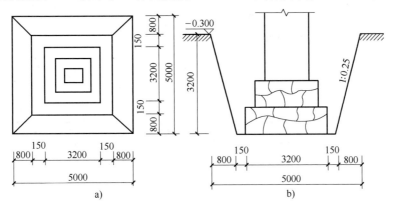

图 5-10　方形地坑开挖放坡示意图

a）平面图　b）立面图

3.2m，角锥体积为 $0.68m^3$。试计算其挖土方工程量。

【解】

（1）定额工程量。

挖土方工程量 $= (3.2+0.3+0.25×3.2)^2×3.2+0.68 = 59.85$ （m^3）

（2）清单工程量。

挖土方工程量 $= 3.2×3.2×3.2 = 32.77$ （m^3）

清单工程量见表 5-20。

表 5-20　第 5 章实例 10 清单工程量

项目编码	项目名称	项目特征描述	工程量合计	计量单位
010101004001	挖基坑土方	1. 土壤类别：四类土 2. 挖土深度：3.2m	32.77	m^3

实例 11　某建筑物沟槽开挖的工程量计算

开挖的某建筑物沟槽如图 5-11 所示，挖深 1.5m，土质为普通岩石，计算其沟槽开挖的清单工程量。

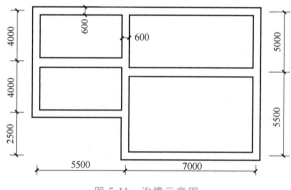

图 5-11　沟槽示意图

【解】

外墙沟槽中心线长 $= 2×(5.5+7)+5.5+5+4×2+2.5 = 46$ （m）

内墙沟槽净长 $= (5.5-0.6)+(7-0.6)+(4+4-0.6) = 18.7$ （m）

沟槽总长度 $= 46+18.7 = 64.7$ （m）

所以沟槽开挖工程量 $= 0.6×64.7×1.5 = 58.23$ （m^3）

清单工程量见表 5-21。

表 5-21　第 5 章实例 11 清单工程量

项目编码	项目名称	项目特征描述	工程量合计	计量单位
010102002001	挖沟槽石方	普通岩石，挖深 1.5m	58.23	m^3

实例 12　某基槽基础土方回填的工程量计算

如图 5-12 所示，槽长 130m，槽深 1.5m，采用混凝土独立基础，试计算其基础土方回

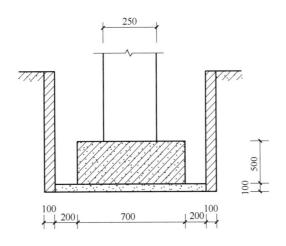

图 5-12 基槽断面示意图

填工程量。

【解】

清单工程量 = 130×1.5×(0.7+0.2×2)−130×0.1×(0.7+0.2×2)−

0.5×0.7×130−(1.5−0.6)×0.25×130

= 125.45 (m³)

清单工程量见表 5-22。

表 5-22 第 5 章实例 12 清单工程量

项目编码	项目名称	项目特征描述	工程量合计	计量单位
010103001001	回填方	夯填	125.45	m³

实例 13 某基础工程平整场地、挖地槽、地坑、弃土外运、土方回填等项目的工程量计算

某工程情况如下:

(1) 设计说明。

1) 某工程±0.000 以下基础工程施工图如图 5-13 所示,室内外标高差为 450mm。

2) 基础垫层为非原槽浇筑,垫层支模,混凝土强度等级为 C10,地圈梁混凝土强度等级为 C20。

3) 砖基础,使用普通页岩标准砖,M5 水泥砂浆砌筑。

4) 独立柱基及柱为 C20 混凝土。

5) 本工程建设方已完成三通一平。

6) 混凝土及砂浆材料为:中砂、砾石、细砂均现场搅拌。

(2) 施工说明。

1) 本基础工程土方为人工开挖,非桩基工程,不考虑开挖时排地表水及基底钎探,不考虑支挡土板施工,工作面为 300mm,放坡系数为 1∶0.33。

2) 开挖基础土,其中一部分土壤考虑按挖方量的 60% 进行现场运输、堆放,采用人力

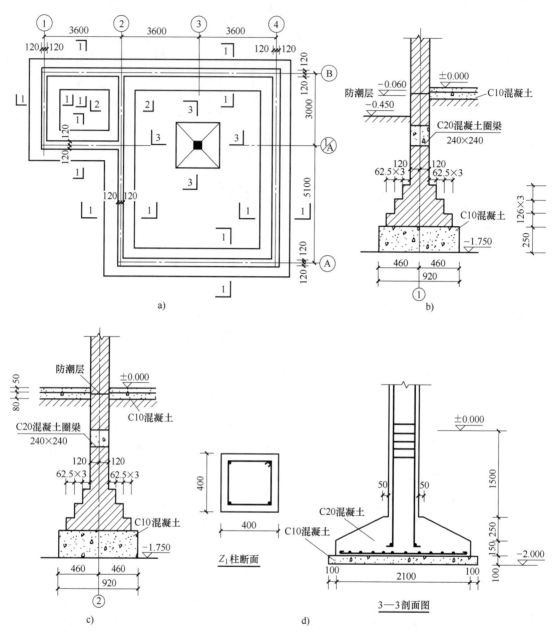

图 5-13 某工程 ±0.000 以下基础工程施工示意图

a）平面图 b）1—1 剖面图 c）2—2 剖面图 d）柱断面、基础剖面图

车运输，距离为 40m，另一部分土壤在基坑边 5m 内堆放。平整场地，弃、取土运距为 5m。弃土外运 5km，回填为夯填。

3）土壤类别三类土，均属天然密实土，现场内土壤堆放时间为三个月。

试计算该 ±0.000 以下基础工程的平整场地、挖地槽、地坑、弃土外运、土方回填等项目工程量。

【解】

按规定，挖沟槽、基坑因工作面和放坡增加的工程量，并入各土方工程量中。三类土放坡起点应为 1.5m，因挖沟槽土方不应计算放坡。

（1）平整场地。

$$S = 11.04 \times 3.24 + 5.1 \times 7.44$$
$$= 35.7696 + 37.944$$
$$\approx 73.71 \ (\text{m}^2)$$

（2）挖沟槽土方。

$$L_\text{外} = (10.8 + 8.1) \times 2 = 37.8 \ (\text{m})$$
$$L_\text{内} = 3 - 0.92 - 0.3 \times 2 = 1.48 \ (\text{m})$$
$$S_{1-1(2-2)} = (0.92 + 2 \times 0.3) \times 1.3 \approx 1.98 \ (\text{m}^2)$$
$$V = (37.8 + 1.48) \times 1.98 \approx 77.77 \ (\text{m}^3)$$

（3）挖基坑土方。

$$S_\text{下} = (2.3 + 0.3 \times 2)^2 = 8.41 \ (\text{m}^2)$$
$$S_\text{上} = (2.3 + 0.3 \times 2 + 2 \times 0.33 \times 1.55)^2 \approx 15.39 \ (\text{m}^2)$$
$$V = \frac{1}{3} \times h \times (S_\text{上} + S_\text{下} + \sqrt{S_\text{上} \ S_\text{下}})$$
$$= \frac{1}{3} \times 1.55 \times (8.41 + 15.39 + \sqrt{8.41 \times 15.39})$$
$$\approx 18.17 (\text{m}^3)$$
$$V_\text{挖总} = 77.77 + 18.17 = 95.94 \ (\text{m}^3)$$

（4）土方回填。

1）垫层。

$$V = (37.8 + 2.08) \times 0.92 \times 0.25 + 2.3 \times 2.3 \times 0.1$$
$$= 9.1724 + 0.529$$
$$\approx 9.7 \ (\text{m}^3)$$

2）埋在土下砖基础（含圈梁）。

$$V = (37.8 + 2.76) \times (1.05 \times 0.24 + 0.0625 \times 3 \times 0.126 \times 4)$$
$$= 40.56 \times (0.252 + 0.0945)$$
$$\approx 14.05 \ (\text{m}^3)$$

3）埋在土下的混凝土基础及柱。

$$V = \frac{1}{3} \times 0.25 \times (0.5^2 + 2.1^2 + 0.5 \times 2.1) + 1.05 \times 0.4 \times 0.4 + 2.1 \times 2.1 \times 0.15$$
$$= 0.476 + 0.168 + 0.6615$$
$$\approx 1.31 \ (\text{m}^3)$$

4）基坑回填。

$$V = 77.77 + 18.17 - 9.7 - 14.05 - 1.31 = 70.88 \ (\text{m}^3)$$

5）室内回填。

$$V = (3.36 \times 2.76 + 7.86 \times 6.96 - 0.4 \times 0.4) \times (0.45 - 0.13)$$
$$= (9.2736 + 54.7056 - 0.16) \times 0.32$$
$$\approx 20.42 \ (\text{m}^3)$$

$V_{回总} = 70.88 + 20.42 = 91.3$ （m^3）

（5）余方弃置。

$V = V_{挖总} - V_{回总}$

$\quad = 95.94 - 91.3$

$\quad = 4.64$ （m^3）

清单工程量见表 5-23。

表 5-23　第 5 章实例 13 清单工程量

项目编码	项目名称	项目特征描述	工程量合计	计量单位
010101001001	平整场地	1. 土壤类别：三类土 2. 弃土运距：5m 3. 取土运距：5m	73.71	m^2
010101003001	挖沟槽土方	1. 土壤类别：三类土 2. 挖土深度：1.3m 3. 弃土运距：40m	77.77	m^3
010101004001	挖基坑土方	1. 土壤类别：三类土 2. 挖土深度：1.55m 3. 弃土运距：40m	18.17	m^3
010103001001	回填土方	1. 土质要求：满足规范及设计 2. 密实度要求：满足规范及设计 3. 粒径要求：满足规范及设计 4. 夯填（碾压）：夯填 5. 运输距离：40m	91.3	m^3
010103002001	余方弃置	弃土运距：5km	4.64	m^3

第6章　地基处理与边坡支护工程

6.1　地基处理与边坡支护工程清单工程量计算规则

1. 地基处理

地基处理工程量清单项目设置、项目特征描述的内容、计量单位及工程量计算规则，应按表 6-1 的规定执行。

表 6-1　地基处理（010201）

项目编码	项目名称	项目特征	计量单位	工程量计算规则	工作内容
010201001	换填垫层	1. 材料种类及配合比 2. 压实系数 3. 掺加剂品种	m³	按设计图示尺寸以体积计算	1. 分层铺填 2. 碾压、振密或夯实 3. 材料运输
010201002	铺设土工合成材料	1. 部位 2. 品种 3. 规格		按设计图示尺寸以面积计算	1. 挖填锚固沟 2. 铺设 3. 固定 4. 运输
010201003	预压地基	1. 排水竖井种类、断面尺寸、排列方式、间距、深度 2. 预压方法 3. 预压荷载、时间 4. 砂垫层厚度	m²	按设计图示处理范围以面积计算	1. 设置排水竖井、盲沟、滤水管 2. 铺设砂垫层、密封膜 3. 堆载、卸载或抽气设备安拆、抽真空 4. 材料运输
010201004	强夯地基	1. 夯击能量 2. 夯击遍数 3. 夯击点布置形式、间距 4. 地耐力要求 5. 夯填材料种类			1. 铺设夯填材料 2. 强夯 3. 夯填材料运输
010201005	振冲密实（不填料）	1. 地层情况 2. 振密深度 3. 孔距			1. 振冲加密 2. 泥浆运输

(续)

项目编码	项目名称	项目特征	计量单位	工程量计算规则	工作内容
010201006	振冲桩 (填料)	1. 地层情况 2. 空桩长度、桩长 3. 桩径 4. 填充材料种类	1. m 2. m³	1. 以米计量,按设计图示尺寸以桩长计算 2. 以立方米计量,按设计桩截面面积乘以桩长以体积计算	1. 振冲成孔、填料、振实 2. 材料运输 3. 泥浆运输
010201007	砂石桩	1. 地层情况 2. 空桩长度、桩长 3. 桩径 4. 成孔方法 5. 材料种类、级配		1. 以米计量,按设计图示尺寸以桩长(包括桩尖)计算 2. 以立方米计量,按设计桩截面面积乘以桩长(包括桩尖)以体积计算	1. 成孔 2. 填充、振实 3. 材料运输
010201008	水泥粉煤灰碎石桩	1. 地层情况 2. 空桩长度、桩长 3. 桩径 4. 成孔方法 5. 混合料强度等级		按设计图示尺寸以桩长(包括桩尖)计算	1. 成孔 2. 混合料制作、灌注、养护 3. 材料运输
010201009	深层搅拌桩	1. 地层情况 2. 空桩长度、桩长 3. 桩截面尺寸 4. 水泥强度等级、掺量		按设计图示尺寸以桩长计算	1. 预搅下钻、水泥浆制作、喷浆搅拌提升成桩 2. 材料运输
010201010	粉喷桩	1. 地层情况 2. 空桩长度、桩长 3. 桩径 4. 粉体种类、掺量 5. 水泥强度等级、石灰粉要求	m		1. 预搅下站、喷粉搅拌提升成桩 2. 材料运输
010201011	夯实水泥土桩	1. 地层情况 2. 空桩长度、桩长 3. 桩径 4. 成孔方法 5. 水泥强度等级 6. 混合料配合比		按设计图示尺寸以桩长(包括桩尖)计算	1. 成孔、夯底 2. 水泥土拌和、填料、夯实 3. 材料运输
010201012	高压喷射注浆桩	1. 地层情况 2. 空桩长度、桩长 3. 桩截面 4. 注浆类型、方法 5. 水泥强度等级		按设计图示尺寸以桩长计算	1. 成孔 2. 水泥浆制作、高压喷射注浆 3. 材料运输

（续）

项目编码	项目名称	项目特征	计量单位	工程量计算规则	工作内容
010201013	石灰桩	1. 地层情况 2. 空桩长度、桩长 3. 桩径 4. 成孔方法 5. 掺和料种类、配合比	m	按设计图示尺寸以桩长（包括桩尖）计算	1. 成孔 2. 混合料制作、运输、夯填
010201014	灰土（土）挤密桩	1. 地层情况 2. 空桩长度、桩长 3. 桩径 4. 成孔方法 5. 灰土级配			1. 成孔 2. 灰土拌和、运输、填充、夯实
010201015	柱锤冲扩桩	1. 地层情况 2. 空桩长度、桩长 3. 桩径 4. 成孔方法 5. 桩体材料种类、配合比		按设计图示尺寸以桩长计算	1. 安、拔套管 2. 冲孔、填料、夯实 3. 桩体材料制作、运输
010201016	注浆地基	1. 地层情况 2. 空钻深度、注浆深度 3. 注浆间距 4. 浆液种类及配合比 5. 注浆方法 6. 水泥强度等级	1. m 2. m³	1. 以米计量，按设计图示尺寸以钻孔深度计算 2. 以立方米计量，按设计图示尺寸以加固体积计算	1. 成孔 2. 注浆导管制作、安装 3. 浆液制作、压浆 4. 材料运输
010201017	褥垫层	1. 厚度 2. 材料品种及比例	1. m² 2. m³	1. 以平方米计量，按设计图示尺寸以铺设面积计算 2. 以立方米计量，按设计图示尺寸以体积计算	材料拌和、运输、铺设、压实

注：1. 地层情况按表5-2和表5-8的规定，并根据岩土工程勘察报告按单位工程各地层所占比例（包括范围值）进行描述。对无法准确描述的地层情况，可注明由投标人根据岩土工程勘察报告自行决定报价。

2. 项目特征中的桩长应包括桩尖，空桩长度=孔深－桩长，孔深为自然地面至设计桩底的深度。

3. 高压喷射注浆类型包括旋喷、摆喷、定喷，高压喷射注浆方法包括单管法、双重管法、三重管法。

4. 如采用泥浆护壁成孔，工作内容包括土方、废泥浆外运，如采用沉管灌注成孔，工作内容包括桩尖制作、安装。

2. 基坑与边坡支护

工程量清单项目设置、项目特征描述的内容、计量单位及工程量计算规则，应按表6-2的规定执行。

表 6-2　基坑与边坡支护（编号：010202）

项目编码	项目名称	项目特征	计量单位	工程量计算规则	工作内容
010202001	地下连续墙	1. 地层情况 2. 导墙类型、截面 3. 墙体厚度 4. 成槽深度 5. 混凝土种类、强度等级 6. 接头形式	m^3	按设计图示墙中心线长乘以厚度乘以槽深以体积计算	1. 导墙挖填、制作、安装、拆除 2. 挖土成槽、固壁、清底置换 3. 混凝土制作、运输、灌注、养护 4. 接头处理 5. 土方、废泥浆外运 6. 打桩场地硬化及泥浆地、泥浆沟
010202002	咬合灌注桩	1. 地层情况 2. 桩长 3. 桩径 4. 混凝土种类、强度等级 5. 部位	1. m 2. 根	1. 以米计量，按设计图示尺寸以桩长计算 2. 以根计量，按设计图示数量计算	1. 成孔、固壁 2. 混凝土制作、运输、灌注、养护 3. 套管压拔 4. 土方、废泥浆外运 5. 打桩场地硬化及泥浆池、泥浆沟
010202003	圆木桩	1. 地层情况 2. 桩长 3. 材质 4. 尾径 5. 桩倾斜度	1. m 2. 根	1. 以米计量，按设计图示尺寸以桩长(包括桩尖)计算 2. 以根计量，按设计图示数量计算	1. 工作平台搭拆 2. 桩机移位 3. 桩靴安装 4. 沉桩
010202004	预制钢筋混凝土板桩	1. 地层情况 2. 送桩深度、桩长 3. 桩截面 4. 沉桩方法 5. 连接方式 6. 混凝土强度等级	1. m 2. 根	1. 以米计量，按设计图示尺寸以桩长(包括桩尖)计算 2. 以根计量，按设计图示数量计算	1. 工作平台搭拆 2. 桩机移位 3. 沉桩 4. 板桩连接
010202005	型钢桩	1. 地层情况或部位 2. 送桩深度、桩长 3. 规格型号 4. 桩倾斜度 5. 防护材料种类 6. 是否拔出	1. t 2. 根	1. 以吨计量，按设计图示尺寸以质量计算 2. 以根计量，按设计图示数量计算	1. 工作平台搭拆 2. 桩机移位 3. 打(拔)桩 4. 接桩 5. 刷防护材料
010202006	钢板桩	1. 地层情况 2. 桩长 3. 板桩厚度	1. t 2. m^2	1. 以吨计量，按设计图示尺寸以质量计算 2. 以平方米计量，按设计图示墙中心线长乘以桩长以面积计算	1. 工作平台搭拆 2. 桩机移位 3. 打拔钢板桩

（续）

项目编码	项目名称	项目特征	计量单位	工程量计算规则	工作内容
010202007	锚杆（锚索）	1. 地层情况 2. 锚杆（锚索）类型、部位 3. 钻孔深度 4. 钻孔直径 5. 杆体材料品种、规格、数量 6. 预应力 7. 浆液种类、强度等级	1. m 2. 根	1. 以米计量，按设计图示尺寸以钻孔深度计算 2. 以根计量，按设计图示数量计算	1. 钻孔、浆液制作、运输、压浆 2. 锚杆（锚索）制作、安装 3. 张拉锚固 4. 锚杆（锚索）施工平台搭设、拆除
010202008	土钉	1. 地层情况 2. 钻孔深度 3. 钻孔直径 4. 置入方法 5. 杆体材料品种、规格、数量 6. 浆液种类、强度等级			1. 钻孔、浆液制作、运输、压浆 2. 土钉制作、安装 3. 土钉施工平台搭设、拆除
010202009	喷射混凝土、水泥砂浆	1. 部位 2. 厚度 3. 材料种类 4. 混凝土（砂浆）类别、强度等级	m^2	按设计图示尺寸以面积计算	1. 修整边坡 2. 混凝土（砂浆）制作、运输、喷射、养护 3. 钻排水孔、安装排水管 4. 喷射施工平台搭设、拆除
010202010	钢筋混凝土支撑	1. 部位 2. 混凝土种类 3. 混凝土强度等级	m^3	按设计图示尺寸以体积计算	1. 模板（支架或支撑）制作、安装、拆除、堆放、运输及清理模内杂物、刷隔离剂等 2. 混凝土制作、运输、浇筑、振捣、养护
010202011	钢支撑	1. 部位 2. 钢材品种、规格 3. 探伤要求	t	按设计图示尺寸以质量计算。不扣除孔眼质量，焊条、铆钉、螺栓等不另增加质量	1. 支撑、铁件制作（摊销、租赁） 2. 支撑、铁件安装 3. 探伤 4. 刷漆 5. 拆除 6. 运输

注：1. 地层情况按表5-2和表5-8的规定，并根据岩土工程勘察报告按单位工程各地层所占比例（包括范围值）进行描述。对无法准确描述的地层情况，可注明由投标人根据岩土工程勘察报告自行决定报价。

2. 土钉置入方法包括钻孔置入、打入或射入等。

3. 混凝土种类：指清水混凝土、彩色混凝土等，如在同一地区既使用预拌（商品）混凝土，又允许现场搅拌混凝土时，也应注明（下同）。

4. 地下连续墙和喷射混凝土（砂浆）的钢筋网、咬合灌注桩的钢筋笼及钢筋混凝土支撑的钢筋制作、安装，按"9.1 混凝土及钢筋混凝土工程清单工程量计算规则"中相关项目列项。本分部未列的基坑与边坡支护的排桩按"7.1 桩基工程清单工程量计算规则"中相关项目列项。水泥土墙、坑内加固按表6-1中相关项目列项。砖、石挡土墙、护坡按"8.1 砌筑工程清单工程量计算规则"中相关项目列项。混凝土挡土墙按"9.1 混凝土及钢筋混凝土工程清单工程量计算规则"中相关项目列项。

6.2 地基处理与边坡支护工程定额工程量计算规则

6.2.1 定额说明

《房屋建筑与装饰工程消耗量》（TY 01—31—2021）中地基处理与边坡支护工程包括地基处理和基坑与边坡支护两节。

1. 地基处理

（1）换填地基。

1）换填地基项目适用于基坑开挖后对软弱土层或不均匀土层地基的加固处理。

2）换填地基夯填灰土子目，熟石灰含量按3∶7灰土编制，如设计规定与消耗量不同时，可调整换算。

3）换填地基不包括外购土的费用，发生时另行计算。

4）换填地基工作内容不包括挖除原土，发生时执行"土石方工程"相应项目。

5）复合地基褥垫层执行填铺相应项目。

（2）强夯。

1）强夯项目中每单位面积（100m²）夯点数指设计文件规定单位面积内的夯点数量，若设计文件中的夯点数量与消耗量不同时，采用内插法计算用量。

2）强夯的夯击击数指夯锤在同一夯点夯击的次数。

3）强夯工程量应区别不同夯击能级、夯点密度和夯击遍数，按设计图示夯击范围计算。

4）满夯项目按满夯一遍编制，设计遍数不同时，每增一遍按相应项目乘以系数0.75。

（3）填料桩复合地基。

1）碎石桩与砂石桩的充盈系数为1.30，损耗率为2%，实测砂石配合比及充盈系数不同时可以调整，其中灌注砂石桩除上述充盈系数和损耗率外，还包括级配密实系数1.334。

2）水泥粉煤灰碎石桩按照长螺旋钻中心压灌方式编制，设计采用其他方式成桩的，或采用材料不同时，可调整换算。

3）素土挤密桩执行灰土挤密桩项目，材料换算为素土，人工乘以系数0.80。

（4）搅拌桩复合地基。

1）深层搅拌水泥桩按1喷2搅施工编制，实际施工为2喷4搅时，相应项目的人工、机械乘以系数1.43，实际施工为2喷2搅、4喷4搅时分别按1喷2搅、2喷4搅计算。

2）水泥搅拌桩的水泥掺入量按加固土重（1800kg/m³）的13%考虑，如设计不同时，按每增减1%项目计算。

3）深层水泥搅拌桩空搅部分按相应项目的人工及搅拌桩机台班乘以系数0.50。

4）三轴水泥搅拌桩项目水泥掺入量按加固土重（1800kg/m³）的18%考虑，如设计不同时，按深层水泥搅拌桩每增减1%项目计算，按2搅2喷施工工艺考虑，设计不同时，每增（减）1搅1喷按相应项目人工和机械费增（减）40%计算，空搅部分按相应项目的人工、机械乘以系数0.50。

5）三轴水泥搅拌桩设计要求全断面套打时，相应项目的人工、机械乘以系数1.50。

（5）注浆桩复合地基。

1）高压旋喷桩项目已综合接头处的复喷工料，高压喷射注浆桩的水泥设计用量与消耗量不同时，应予以调整。

2）注浆桩复合地基所用的浆体材料用量应按照设计含量调整。

3）废浆处理及外运按处理方案另行计算。

（6）打桩与凿桩头。

1）打桩工程按陆地打垂直桩编制设计，要求打斜桩时斜度≤1：6时，相应项目的人工、机械乘以系数1.25。斜度>1：6时，相应项目的人工、机械乘以系数1.43。

2）桩间补桩或在地槽（坑）中及强夯后的地基上打桩时，相应项目的人工、机械乘以系数1.15。

3）单独打试桩、锚桩、试夯，按相应项目的人工、机械乘以系数1.50。

4）若单位工程的碎石桩、砂石桩的工程量≤60m³时，其相应项目的人工、机械乘以系数1.25。

5）凿水泥桩桩头适用于水泥粉煤灰碎石桩、深层水泥搅拌桩、三轴水泥搅拌桩、高压旋喷水泥桩等项目。

2. 基坑与边坡支护

1）地下连续墙未包括导墙挖土方、泥浆处理及外运、钢筋制作安装、成槽机下部路面硬化，发生时另行计算。锁口管吊拔已包括锁口管的摊销费用。

2）钢制桩。

① 现场制作的型钢桩、钢板桩，其制作执行"金属结构工程"中钢柱制作相应项目。

② 消耗量未包括型钢桩、钢板桩的制作、除锈、刷油。

③ 打拔钢板桩仅考虑施工费用和施工损耗，未包括钢板桩的使用费。

④ 拉森钢板桩打拔项目，按钢板桩项目，其人工、机械乘以系数1.10。

3）挡土板项目分为疏板和密板。疏板是指间隔支挡土板，且板间净空距离≤150cm；密板是指满堂支挡土板或板间净空距离≤30cm。

4）单位工程的钢板桩的工程量≤50t时，其相应项目的人工、机械乘以系数1.25。

5）内支撑项目按钢支撑编制。钢支撑仅适用于基坑开挖的大型支撑安装、拆除。钢支撑中各类钢构件按照摊销编制，采用租赁形式的可以另行换算。钢制内支撑按照水平支撑钢梁编制，设计有采用八字支撑钢梁、水平钢桁架、环形钢桁架、竖向钢斜撑、格构式钢柱、型钢柱、钢管柱等，发生时执行"金属结构工程"相应项目。混凝土支撑项目执行"混凝土及钢筋混凝土工程"相应项目。

6）注浆项目中注浆管用量为摊销量，若为一次性使用，可调整换算。

7）砂浆土钉（钻孔灌浆）和土层锚杆锚孔注浆按水泥砂浆编制，实际灌浆材料不同时，可调整换算。

8）喷射混凝土护坡中不含钢筋网、钢板网、钢丝网等，发生时执行"混凝土及钢筋混凝土工程"钢筋网片项目，材料不同时可调整换算。

9）消耗量中不包括复合地基、基坑与边坡的检测、变形观测等费用，发生时另行计算。

10）用于边坡支护工程的板桩围护墙结构中预制钢筋混凝土板桩，发生时执行"桩基工程"相应项目。

11）用于边坡支护工程的灌注桩排桩围护墙结构中的混凝土灌注桩，发生时执行"桩基工程"相应项目。

6.2.2　工程量计算规则

（1）地基处理。

1）换填地基按设计图示尺寸以体积计算。

2）加筋地基按设计图示尺寸以面积计算。

3）强夯按设计图示强夯处理范围以面积计算。设计无规定时，一般场地按建筑外围轴线每边各加3m计算；液化场地按外围轴线每边各加5m计算。

4）碎石桩、砂石桩、水泥粉煤灰碎石桩、灰土挤密桩均按设计桩长（包括桩尖）另加加灌长度乘以设计桩外径截面面积，以体积计算。加灌长度设计有规定者，按设计要求计算，无规定者，按0.5m计算。

5）搅拌桩复合地基。

① 深层水泥搅拌桩按设计桩长另加加灌长度乘以设计桩外径截面面积，以体积计算，加灌长度设计有规定者，按设计要求计算，无规定者，按0.5m计算。

② 三轴水泥搅拌桩单独成桩扣除重叠部分体积，不扣除每次成桩与群桩间的搭接部分体积，三轴水泥搅拌桩中的插、拔型钢工程量按设计图示型钢以质量计算。

6）高压旋喷水泥桩成孔按设计桩长另加加灌长度，以长度计算。喷浆按设计加固桩截面面积乘以设计桩长另加加灌长度，以体积计算。加灌长度设计有规定者，按设计要求计算，无规定者，按0.5m计算。

7）分层注浆钻孔按设计图示钻孔深度以长度计算。注浆按设计图示加固土体的体积计算。

8）压密注浆钻孔按设计图示钻孔深度以长度计算。注浆按下列规定计算：

① 设计图纸明确加固土体体积的，按设计图纸注明的体积计算。

② 设计图纸以布点形式图示土体加固范围的，按两孔间距的一半作为扩散半径，以布点边线，各加扩散半径，形成计算平面，计算注浆体积。

③ 如果设计图纸注浆点在钻孔灌注桩之间，按两注浆孔的一半作为每孔的扩散半径，依此圆柱体体积计算注浆体积。

9）凿桩头按凿桩长度乘以桩断面面积以体积计算。

（2）基坑与边坡支护。

1）地下连续墙。

① 现浇导墙混凝土按设计图示以体积计算，现浇导墙混凝土模板按混凝土与模板接触面的面积，以面积计算。

② 成槽工程量按设计长度乘以墙厚及成槽深度（设计室外地坪至连续墙底）以体积计算。

③ 锁口管以"段"为单位（段指槽壁单元槽段），锁口管吊拔按连续墙段数以数量计算。

④ 清底置换按设计图示段数（段指槽壁单元槽段）以数量计算。

⑤ 浇筑连续墙混凝土工程量按设计图示墙中心线长度乘以厚度乘以槽深另加加灌长度，以体积计算，加灌长度设计有规定者，按设计要求计算，无规定者，按0.5m计算。

⑥ 凿地下连续墙超灌混凝土按加灌混凝土体积计算。

2）圆木桩打桩按设计桩长（包括接桩）及梢径，按木材材积表计算，其预留长度的材积已考虑在内。送桩深度按设计桩顶标高至打桩前的交付地坪标高另加0.50m计算。接桩按设计图示以数量计算。

3）钢板桩。打拔钢板桩按设计桩体以质量计算。安装、拆除导向夹具按设计图示尺寸以长度计算。

4）土钉与锚喷联合支护。

① 砂浆土钉的钻孔灌浆按设计图示尺寸以长度计算。

② 土层锚杆钻孔、注浆按设计图示尺寸以长度计算。

③ 钢筋锚杆（土钉）和钢管锚杆（土钉）制作、安装按设计图示尺寸以质量计算。

④ 锚杆锚头制作、安装、张拉、锁定按设计图示以数量计算。

⑤ 锚索制作、安装、张拉按设计图示尺寸以质量计算。

⑥ 锚墩、承压板制作、安装按设计图示以数量计算。

⑦ 喷射混凝土护坡按设计图示尺寸以面积计算。

5）挡土板按设计图示尺寸以面积计算。

6）腰梁、冠梁混凝土按设计图示尺寸以体积计算；冠梁、腰梁模板按与混凝土的接触面积计算。

7）钢支撑按设计图示尺寸以质量计算，不扣除孔眼质量，焊条、铆钉、螺栓等也不另增加质量。

8）钢腰梁按设计图示尺寸以质量计算，不扣除孔眼质量，焊条、铆钉、螺栓等也不另增加质量。

6.3　地基处理与边坡支护工程工程量清单编制实例

实例1　某工程强夯处理地基的工程量计算

有一地基加固工程，采用强夯处理地基，夯击点布置如图6-1所示，夯击能量400t·m，每夯击数为4击，设计要求第一遍和第二遍为隔点夯击，第三遍为低锤满夯，试计算其清单工程量。

【解】

清单工程量=(2×12+3)×(2×12+3)=729（m²）

清单工程量见表6-3。

表6-3　第6章实例1清单工程量

项目编码	项目名称	项目特征描述	工程量合计	计量单位
010201004001	强夯地基	夯击能量:400t·m	729	m²

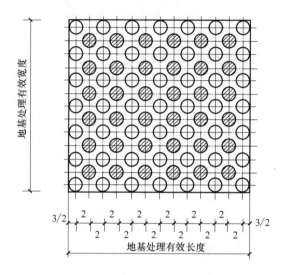

图 6-1　夯击点布置示意图（单位：m）

实例 2　某工程灌注砂石桩的工程量计算

现场灌注砂石桩如图 6-2 所示，已知灌注砂石桩的共 1350 根，试采用多种方法计算其工程量。

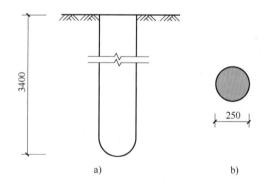

图 6-2　现场灌注砂石桩示意图

a）立面图　b）剖面图

【解】

（1）方法一。

砂石桩工程量 = 3.4×1350 = 4590（m）

（2）方法二。

砂石桩工程量 = $\pi \times \left(\dfrac{0.25}{2} \right)^2 \times 3.4 \times 1350 \approx 225.2$（m³）

实例 3　某工程粉喷桩的工程量计算

某工程粉喷桩如图 6-3 所示，试计算粉喷桩的清单工程量。

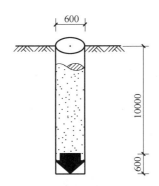

图 6-3　粉喷桩示意图

【解】

清单工程量按设计图示尺寸以桩长（包括桩尖）计算。

粉喷桩清单工程量 = 10+0.6 = 10.6（m）

清单工程量见表 6-4。

表 6-4　第 6 章实例 3 清单工程量

项目编码	项目名称	项目特征描述	工程量合计	计量单位
010201010001	粉喷桩	桩长 10.6m，桩截面为 $R=0.3$m 的圆形截面	10.6	m

实例 4　某工程灰土挤密桩的工程量计算

某工程建在湿陷性黄土上，设计采用冲击沉管挤密灌注粉煤灰混凝土短桩加固地区，如图 6-4 所示，设计打桩 2000 根，试计算其清单工程量。

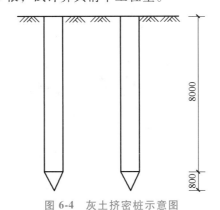

图 6-4　灰土挤密桩示意图

【解】

清单工程量 =（8+0.8）×2000 = 17600（m）

清单工程量见表 6-5。

表 6-5　第 6 章实例 4 清单工程量

项目编码	项目名称	项目特征描述	工程量合计	计量单位
010201014001	灰土（土）挤密桩	打桩 2000 根	17600	m

实例 5 某工程预制钢筋混凝土板桩的工程量计算

某工程预制钢筋混凝土板桩如图 6-5 所示，共有 206 根桩，试计算其清单工程量。

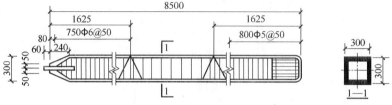

图 6-5 预制钢筋混凝土板桩示意图

【解】

清单工程量 = 8.5×206 = 1751（m）

清单工程量见表 6-6。

表 6-6 第 6 章实例 5 清单工程量

项目编码	项目名称	项目特征描述	工程量合计	计量单位
010202004001	预制钢筋混凝土板桩	桩长 8.5m，共 206 根，桩截面 300mm×300mm	1751	m

实例 6 某工程地下连续墙的工程量计算

某工程地基处理采用地下连续墙形式，如图 6-6 所示，墙体厚 200mm，埋深 5.5m，土质为二类土，试计算其清单工程量。

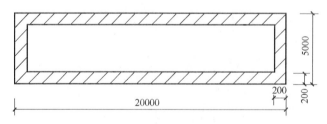

图 6-6 地下连续墙平面示意图

【解】

根据工程量清单规则，地下连续墙工程量按设计图示墙中心线长乘以厚度乘以槽深以体积计算。

清单工程量 = [（20-0.2）+（5-0.2）]×2×0.2×5.5 = 54.12（m³）

清单工程量见表 6-7。

表 6-7 第 6 章实例 6 清单工程量

项目编码	项目名称	项目特征描述	工程量合计	计量单位
010202001001	地下连续墙	1. 二类土 2. 墙体厚度 200mm 3. 成槽深度 5.5m 4. 混凝土强度等级 C30	54.12	m³

第7章 桩基工程

7.1 桩基工程清单工程量计算规则

1. 打桩

打桩工程量清单项目设置、项目特征描述的内容、计量单位及工程量计算规则，应按表 7-1 的规定执行。

表 7-1 打桩（编号：010301）

项目编码	项目名称	项目特征	计量单位	工程量计算规则	工作内容
010301001	预制钢筋混凝土方桩	1. 地层情况 2. 送桩深度、桩长 3. 桩截面 4. 桩倾斜度 5. 沉桩方法 6. 接桩方式 7. 混凝土强度等级	1. m 2. m³ 3. 根	1. 以米计量，按设计图示尺寸以桩长（包括桩尖）计算 2. 以立方米计量，按设计图示截面积乘以桩长（包括桩尖）以实体积计算 3. 以根计量，按设计图示数量计算	1. 工作平台搭拆 2. 桩机竖拆、移位 3. 沉桩 4. 接桩 5. 送桩
010301002	预制钢筋混凝土管桩	1. 地层情况 2. 送桩深度、桩长 3. 桩外径、壁厚 4. 桩倾斜度 5. 沉桩方法 6. 桩尖类型 7. 混凝土强度等级 8. 填充材料种类 9. 防护材料种类			1. 工作平台搭拆 2. 桩机竖拆、移位 3. 沉桩 4. 接桩 5. 送桩 6. 桩尖制作安装 7. 填充材料、刷防护材料
010301003	钢管桩	1. 地层情况 2. 送桩深度、桩长 3. 材质 4. 管径、壁厚 5. 桩倾斜度 6. 沉桩方法 7. 填充材料种类 8. 防护材料种类	1. t 2. 根	1. 以吨计量，按设计图示尺寸以质量计算 2. 以根计量，按设计图示数量计算	1. 工作平台搭拆 2. 桩机竖拆、移位 3. 沉桩 4. 接桩 5. 送桩 6. 切割钢管、精割盖帽 7. 管内取土 8. 填充材料、刷防护材料

（续）

项目编码	项目名称	项目特征	计量单位	工程量计算规则	工作内容
010301004	截（凿）桩头	1. 桩类型 2. 桩头截面、高度 3. 混凝土强度等级 4. 有无钢筋	1. m³ 2. 根	1. 以立方米计量，按设计桩截面乘以桩头长度以体积计算 2. 以根计量，按设计图示数量计算	1. 截（切割）桩头 2. 凿平 3. 废料外运

注：1. 地层情况按表5-2和表5-8的规定，并根据岩土工程勘察报告按单位工程各地层所占比例（包括范围值）进行描述。对无法准确描述的地层情况，可注明由投标人根据岩土工程勘察报告自行决定报价。
2. 项目特征中的桩截面、混凝土强度等级、桩类型等可直接用标准图代号或设计桩型进行描述。
3. 预制钢筋混凝土方桩、预制钢筋混凝土管桩项目以成品桩编制，应包括成品桩购置费，如果用现场预制，应包括现场预制桩的所有费用。
4. 打试验桩和打斜桩应按相应项目单独列项，并应在项目特征中注明试验桩或斜桩（斜率）。
5. 截（凿）桩头项目适用于"第6章 地基处理与边坡支护工程"及本章所列桩的桩头截（凿）。
6. 预制钢筋混凝土管桩桩顶与承台的连接构造按"第9章 混凝土及钢筋混凝土工程"相关项目列项。

2. 灌注桩

灌注桩工程量清单项目设置、项目特征描述的内容、计量单位及工程量计算规则，应按表7-2的规定执行。

表7-2　灌注桩（编号：010302）

项目编码	项目名称	项目特征	计量单位	工程量计算规则	工作内容
010302001	泥浆护壁成孔灌注桩	1. 地层情况 2. 空桩长度、桩长 3. 桩径 4. 成孔方法 5. 护筒类型、长度 6. 混凝土类别、强度等级	1. m 2. m³ 3. 根	1. 以米计量，按设计图示尺寸以桩长（包括桩尖）计算 2. 以立方米计量，按不同截面在桩上范围内以体积计算 3. 以根计量，按设计图示数量计算	1. 护筒埋设 2. 成孔、固壁 3. 混凝土制作、运输、灌注、养护 4. 土方、废泥浆外运 5. 打桩场地硬化及泥浆池、泥浆沟
010302002	沉管灌注桩	1. 地层情况 2. 空桩长度、桩长 3. 复打长度 4. 桩径 5. 沉管方法 6. 桩尖类型 7. 混凝土类别、强度等级			1. 打（沉）拔钢管 2. 桩尖制作、安装 3. 混凝土制作、运输、灌注、养护
010302003	干作业成孔灌注桩	1. 地层情况 2. 空桩长度、桩长 3. 桩径 4. 扩孔直径、高度 5. 成孔方法 6. 混凝土类别、强度等级			1. 成孔、扩孔 2. 混凝土制作、运输、灌注、振捣、养护

（续）

项目编码	项目名称	项目特征	计量单位	工程量计算规则	工作内容
010302004	挖孔桩土（石）方	1. 土（石）类别 2. 挖孔深度 3. 弃土（石）运距	m³	按设计图示尺寸（含护壁）截面积乘以挖孔深度以立方米计算	1. 排地表水 2. 挖土、凿石 3. 基底钎探 4. 运输
010302005	人工挖孔灌注桩	1. 桩芯长度 2. 桩芯直径、扩底直径、扩底高度 3. 护壁厚度、高度 4. 护壁混凝土类别、强度等级 5. 桩芯混凝土类别、强度等级	1. m³ 2. 根	1. 以立方米计量，按桩芯混凝土体积计算 2. 以根计量，按设计图示数量计算	1. 护壁制作 2. 混凝土制作、运输、灌注、振捣、养护
010302006	钻孔压浆桩	1. 地层情况 2. 空钻长度、桩长 3. 钻孔直径 4. 水泥强度等级	1. m 2. 根	1. 以米计量，按设计图示尺寸以桩长计算 2. 以根计量，按设计图示数量计算	钻孔、下注浆管、投放骨料、浆液制作、运输、压浆
010302007	桩底注浆	1. 注浆导管材料、规格 2. 注浆导管长度 3. 单孔注浆量 4. 水泥强度等级	孔	按设计图示以注浆孔数计算	1. 注浆导管制作、安装 2. 浆液制作、运输、压浆

注：1. 地层情况按表 5-2 和表 5-8 的规定，并根据岩土工程勘察报告按单位工程各地层所占比例（包括范围值）进行描述。对无法准确描述的地层情况，可注明由投标人根据岩土工程勘察报告自行决定报价。

2. 项目特征中的桩长应包括桩尖，空桩长度＝孔深－桩长，孔深为自然地面至设计桩底的深度。

3. 项目特征中的桩截面（桩径）、混凝土强度等级、桩类型等可直接用标准图代号或设计桩型进行描述。

4. 泥浆护壁成孔灌注桩是指在泥浆护壁条件下成孔，采用水下灌注混凝土的桩。其成孔方法包括冲击钻成孔、冲抓锥成孔、回旋钻成孔、潜水钻成孔、泥浆护壁的旋挖成孔等。

5. 沉管灌注桩的沉管方法包括锤击沉管法、振动沉管法、振动冲击沉管法、内夯沉管法等。

6. 干作业成孔灌注桩是指不用泥浆护壁和套管护壁的情况下，用钻机成孔后，下钢筋笼，灌注混凝土的桩，适用于地下水位以上的土层使用。其成孔方法包括螺旋钻成孔、螺旋钻成孔扩底、干作业的旋挖成孔等。

7. 混凝土种类：指清水混凝土、彩色混凝土、水下混凝土等，如在同一地区既使用预拌（商品）混凝土，又允许现场搅拌混凝土时，也应注明（下同）。

8. 混凝土灌注桩的钢筋笼制作、安装，按"第9章 混凝土及钢筋混凝土工程"中相关项目编码列项。

7.2 桩基工程定额工程量计算规则

1. 定额说明

（1）《房屋建筑与装饰工程消耗量》（TY 01—31—2021）中桩基工程包括预制桩、灌注桩两节。

（2）基桩工程适用于陆地上桩基工程，所列打桩机械的规格、型号按常规施工工艺和方法综合取定，施工场地的土质级别也进行了综合取定。

（3）桩基施工前场地平整、压实地表、地下障碍处理等均未考虑，发生时另行计算。

（4）探桩位已综合考虑在各类桩基内，不另行计算。

（5）单位工程的桩基工程量少于表7-3对应数量时，相应项目人工、机械乘以系数1.25。灌注桩单位工程的桩基工程量指按照工程量计算规则计算的工程量。

表7-3　单位工程的桩基工程量

项目	单位工程的工程量	项目	单位工程的工程量
预制钢筋混凝土方桩	200m³	回旋、旋挖、螺旋成孔灌注桩	150m³
预应力钢筋混凝土管桩	1000m³	冲击、冲孔、扩孔、沉管成孔灌注桩	100m³
预制钢筋混凝土板桩	100m³	钢管桩	50t

（6）预制桩。

1）单独打试桩、锚桩按相应打桩人工及机械乘以系数1.50。

2）预制桩工程按陆地打垂直桩编制。设计要求打斜桩时，斜度≤1∶6，相应项目人工、机械乘以系数1.25；斜度>1∶6，相应项目人工、机械乘以系数1.43。

3）预制桩工程以平地（坡度≤15°）打桩为准，坡度>15°打桩时，按相应项目人工、机械乘以系数1.15。如在基坑内（基坑深度>1.5m，基坑面积≤500m²）打桩或在地坪上打坑槽内（坑槽深度>1m）桩时，按相应项目人工、机械乘以系数1.11。

4）在桩间补桩或在强夯后的地基上打桩时，相应项目人工、机械乘以系数1.15。

5）预制桩工程，如遇送桩时，人工、机械可按打桩相应项目乘以表7-4中的系数。

表7-4　送桩深度系数

送桩深度/m	系数
≤2	1.25
>2且≤4	1.43
>4	1.67

6）打、压预制钢筋混凝土桩、预应力钢筋混凝土管桩，按购入成品构件考虑，已包含桩位半径在15m范围内的移动、起吊、就位；超过15m时的场内运输，按"混凝土及钢筋混凝土工程"构件运输1km以内的相应项目计算。

7）本章未包括预应力钢筋混凝土管桩钢桩尖制作安装项目，实际发生时按"混凝土及钢筋混凝土工程"中的预埋铁件项目执行。

8）预应力钢筋混凝土管桩，如设计要求加注填充材料时，填充部分另按钢管桩填芯相应项目执行。

（7）灌注桩。

1）回旋、旋挖、冲击、冲孔成孔等灌注桩设计要求进入岩石层时执行入岩项目，入岩指钻入"岩石分类表"中的较软岩、较硬岩或坚硬岩。

2）旋挖成孔、冲孔桩机带冲抓锤成孔灌注桩项目按湿作业成孔考虑，采用干作业成孔工艺时，则扣除项目中的黏土、水和机械中的泥浆泵。

3）各种灌注桩的材料用量中，均已包括了充盈系数和材料损耗率，见表7-5。

表 7-5　灌注桩充盈系数和材料损耗率

项目名称	充盈系数	损耗率(%)
冲孔、扩孔桩机成孔灌注混凝土桩	1.30	1
旋挖、冲击钻机成孔灌注混凝土桩	1.25	1
回旋、螺旋钻机钻孔灌注混凝土桩	1.20	1

4）桩孔空钻部分回填应根据施工组织设计要求套用相应项目，填土执行"土石方工程"松填土相应项目，填碎石执行"地基处理与边坡支护工程"填铺项目乘以系数0.70。

5）旋挖桩、螺旋桩等干作业成孔桩的土石方场内、场外运输，执行"土石方工程"相应的土石方装车、运输项目。

6）挤扩支盘钻孔未包括成孔项目，实际发生时按成孔方式执行相应项目。

7）本章未包括泥浆池制作，实际发生时执行"砌筑工程"的相应项目。

8）本章未包括泥浆场外运输，废浆处理及外运按处理方案另行计算。

9）本章未包括桩钢筋笼、铁件制作安装项目，实际发生时执行"混凝土及钢筋混凝土工程"中的相应项目。

10）本章未包括沉管灌注桩的预制桩尖制作安装项目，实际发生时执行"混凝土及钢筋混凝土工程"中的小型构件项目。

11）灌注桩后压浆注浆管、声测管埋设，注浆管、声测管如遇材质、规格不同时，可以换算，其余不变。

12）注浆管埋设按桩底注浆考虑，如设计采用侧向注浆，则人工、机械乘以系数1.20。

13）桩底（侧）后压浆已综合考虑了桩长、桩径不同因素，若水泥品种、强度等级与项目不同时，可以换算。

2. 工程量计算规则

（1）预制桩。

1）预制钢筋混凝土桩。打、压预制钢筋混凝土桩按设计桩长（包括桩尖）乘以桩截面面积，以体积计算。

2）预应力钢筋混凝土管桩。

①打、压预应力钢筋混凝土管桩按设计桩长（不包括桩尖），以长度计算。

②预应力钢筋混凝土管桩钢桩尖按设计图示尺寸，以质量计算。

③桩头灌芯按设计尺寸，以灌注体积计算。

3）钢管桩。

①钢管桩按设计尺寸，以桩体质量计算。

②钢管桩内切割、精割盖帽按设计尺寸，以数量计算。

③钢管桩管内钻孔取土、填芯，按设计桩长（包括桩尖）乘以填芯截面面积，以体积计算。

4）打桩工程的送桩均按设计桩顶标高至打桩前的自然地坪标高另加0.5m计算相应的送桩工程量。

5）预制混凝土桩、钢管桩电焊接桩，按设计尺寸，以接桩头的数量计算。

6）预制混凝土桩截桩按设计要求截桩的数量计算。截桩长度≤1m时，不扣减相应桩的打桩工程量；截桩长度>1m 时，其超过部分按实扣减打桩工程量，但桩体的价格不扣除。

7）预制混凝土桩凿桩头按设计图示桩截面面积乘以凿桩头长度，以体积计算。凿桩头长度设计无规定时，桩头长度按桩体高 40d（d 为桩体主筋直径，主筋直径不同时取大者）计算；回旋桩、旋挖桩、冲击桩、冲孔桩、扩孔桩灌注混凝土桩凿桩头按设计超灌高度（设计有规定按设计要求，设计无规定按 1m）乘以桩身设计截面面积，以体积计算；沉管桩、螺旋桩灌注混凝土桩凿桩头按设计超灌高度（设计有规定按设计要求，设计无规定按 0.5m）乘以桩身设计截面面积，以体积计算。

（2）灌注桩。

1）回旋桩、旋挖桩、冲击桩、螺旋桩成孔工程量按打桩前自然地坪标高至设计桩底标高的成孔长度乘以设计桩径截面面积，以体积计算。入岩增加项目工程量按实际入岩深度乘以设计桩径截面面积，以体积计算。

2）冲孔桩机带冲击（抓）锤冲孔工程量分别按进入土层、岩石层的成孔长度乘以设计桩径截面面积，以体积计算。

3）挤扩支盘钻孔按设计图示挤扩部分工程量，以体积计算。

4）回旋桩、旋挖桩、冲击桩、冲孔桩、扩孔桩、螺旋桩灌注混凝土工程量按设计桩径截面面积乘以设计桩长（包括桩尖）另加加灌长度，以体积计算。回旋桩、旋挖桩、冲击桩、冲孔桩、扩孔桩加灌长度设计有规定者，按设计要求计算，无规定者，按 1m 计算。螺旋桩加灌长度设计有规定者，按设计要求计算，无规定者，按 0.5m 计算。

5）沉管成孔工程量按打桩前自然地坪标高至设计桩底标高（不包括预制桩尖）的成孔长度乘以钢管外径截面面积，以体积计算。

6）沉管桩灌注混凝土工程量按设计桩外径截面面积乘以设计桩长（不包括预制桩尖）另加加灌长度，以体积计算。加灌长度设计有规定者，按设计要求计算，无规定者，按 0.5m 计算。

7）钻（冲）孔灌注桩设计要求扩底时，其扩底工程量按设计尺寸，以体积计算，并入相应的工程量内。

8）泥浆运输按成孔工程量，以体积计算。

9）桩孔回填工程量按打桩前自然地坪标高至桩加灌长度的顶面乘以桩孔截面积，以体积计算。

10）钻孔压浆桩工程量按设计桩长，以长度计算。

11）注浆管、声测管埋设工程量按打桩前的自然地坪标高至设计桩底标高的另加 0.5m，以长度计算。

12）桩底（侧）后压浆工程量按设计注入水泥用量，以质量计算。

7.3　桩基工程工程量清单编制实例

实例 1　某工程长螺旋钻孔灌注桩的工程量计算

如图 7-1 所示，桩基础采用长螺旋钻孔灌注混凝土桩，桩长 15m，土质为二级土，共计200 根，计算钻孔灌注桩工程量。

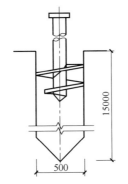

图 7-1 钻孔灌注桩示意图

【解】

（1）定额工程量。

$$V = \frac{1}{4} \times \pi \times 0.5^2 \times (15+0.25) \times 200 = 598.56 \ (\text{m}^3)$$

（2）清单工程量。

$$L = (15+0.25) \times 200 = 3050 \ (\text{m}) \text{或} 200 \text{根}$$

实例 2　某工程预制钢筋混凝土方桩的工程量计算

已知某工程用打桩机打入如图 7-2 所示预制钢筋混凝土方桩，共 50 根，试计算其清单工程量。

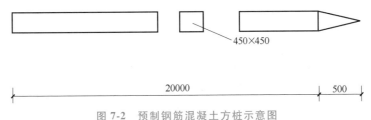

图 7-2 预制钢筋混凝土方桩示意图

【解】

清单工程量 = $0.45 \times 0.45 \times (20+0.5) \times 50 \approx 207.56 \ (\text{m}^3)$

清单工程量见表 7-6。

表 7-6　第 7 章实例 2 清单工程量

项目编码	项目名称	项目特征描述	工程量合计	计量单位
010301001001	预制钢筋混凝土方桩	1. 底层情况：三类土 2. 桩长：20m 3. 桩截面：450mm×450mm 4. 混凝土强度等级：C30 混凝土	207.56	m³

实例 3　某预制钢筋混凝土方桩的工程量计算

某预制钢筋混凝土方桩桩基如图 7-3 所示，已知木桩长 9000mm，有两根，请计算其清单工程量。

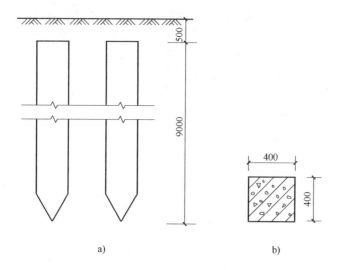

图 7-3   预制钢筋混凝土方桩桩基示意图
a）立面图   b）剖面图

【解】
（1）方法一。
$L = 9 \times 2 = 18$（m）
（2）方法二。
$V = 9 \times 0.4 \times 0.4 \times 2 = 2.88$（$m^3$）
（3）方法三。
$n = 2$（根）

实例 4   某工程预制钢筋混凝土管桩的工程量计算

某工程预制钢筋混凝土管桩尺寸如图 7-4 所示，桩长 27m，分别由桩长 9m 的 3 根桩接成，硫黄胶泥接头，每个承台下有 4 根桩，共有 20 个承台，试计算其工程量。

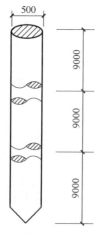

图 7-4   预制钢筋混凝土管桩示意图

【解】

（1）定额工程量。

定额工程量 $= 3.14 \times 0.25^2 \times 27 \times 4 \times 20 = 423.9$（$m^3$）

（2）清单工程量。

清单工程量 $= 27 \times 4 \times 20 = 2160$（m）

清单工程量见表 7-7。

表 7-7　第 7 章实例 4 清单工程量

项目编码	项目名称	项目特征描述	工程量合计	计量单位
010301002001	预制钢筋混凝土管桩	单桩长 27m，桩截面为 $R = 0.25m$ 的圆形截面	2160	m

实例 5　某工程采用人工挖孔桩基础的工程量计算

某工程采用人工挖孔桩基础，设计情况如图 7-5 所示，桩数 10 根，桩端进入中风化泥岩不少于 1.5m，护壁混凝土采用现场搅拌，强度等级为 C25，桩芯采用预拌混凝土，强度等级为 C25，土方采用场内转运。

地层情况自上而下为：卵石层（四类土）厚 5~7m，强风化泥岩（极软岩）厚 3~5m，以下为中风化泥岩（软岩）。试计算其清单工程量。

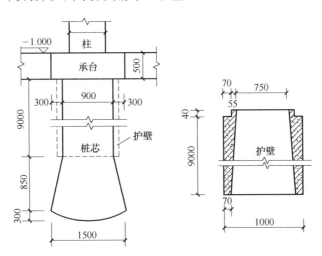

图 7-5　某桩基础工程示意图

【解】

（1）挖孔桩土（石）方。

1）直芯。

$$V_1 = \pi \times \left(\frac{1}{2}\right)^2 \times 9 \approx 7.07 \text{（} m^3 \text{）}$$

2）扩大头。

$$V_2 = \frac{1}{3} \times 0.85 \times （\pi \times 0.45^2 + \pi \times 0.75^2 + \pi \times 0.45 \times 0.75） \approx 0.98 \text{（} m^3 \text{）}$$

3）扩大头球冠。

$$V_3 = \pi \times 0.3^2 \times \left(R - \frac{0.3}{3} \right)$$

$$= \pi \times 0.3^2 \times \left(\frac{0.75^2 + 0.3^2}{2 \times 0.3} - \frac{0.3}{3} \right)$$

$$\approx 0.28 \ (m^3)$$

$$V = (V_1 + V_2 + V_3) \times 10$$

$$= (7.07 + 0.98 + 0.28) \times 10$$

$$= 83.3 \ (m^3)$$

（2）人工挖孔灌注桩。

1）护桩壁 C20 混凝土。

$$V = \pi \times \left[\left(\frac{1}{2} \right)^2 - \left(\frac{0.805}{2} \right)^2 \right] \times 9 \times 10 \approx 24.87 \ (m^3)$$

2）桩芯混凝土。

$$V = 83.3 - 24.87 = 58.43 \ (m^3)$$

清单工程量见表 7-8。

表 7-8　第 7 章实例 5 清单工程量

项目编码	项目名称	项目特征描述	工程量合计	计量单位
010302004001	挖孔桩土（石）方	地层情况自上而下为:卵石层（四类土）厚 5~7m,强风化泥岩（极软岩）厚 3~5m,以下为中风化泥岩（软岩）	83.3	m³
010302005001	人工挖孔灌注桩	护壁混凝土采用现场搅拌,强度等级为 C25,桩芯采用预拌混凝土,强度等级为 C25	58.43	m³

实例 6　某工程现场人工挖孔扩底桩的工程量计算

某工程现场人工挖孔扩底桩，形状大致如图 7-6 所示，试计算其工程量。

【解】

（1）圆台。

$$V_1 = \frac{1}{3} \times 3.14 \times 1 \times (0.6^2 + 0.75^2 + 0.6 \times 0.75) \times 7 \approx 10.06 \ (m^3)$$

（2）扩大圆台。

$$V_2 = \frac{1}{3} \times 3.14 \times 1.8 \times (0.75^2 + 1^2 + 0.75 \times 1) \approx 4.36 \ (m^3)$$

（3）圆柱。

$$V_3 = 3.14 \times 1^2 \times 0.1 \approx 0.31 \ (m^3)$$

（4）球缺。

$$V_4 = \frac{1}{6} \times 3.14 \times 0.9 \times (3 \times 1^2 + 0.75^2) \approx 1.68 \ (m^3)$$

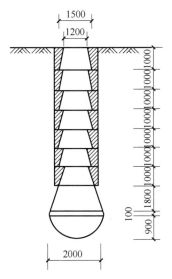

图 7-6　人工挖孔扩底桩示意图

（5）总工程量。

$$V = V_1 + V_2 + V_3 + V_4$$
$$= 10.06 + 4.36 + 0.31 + 1.68$$
$$= 16.41 \ (m^3)$$

第8章 砌 筑 工 程

8.1 砌筑工程清单工程量计算规则

1. 砖砌体

工程量清单项目设置、项目特征描述的内容、计量单位及工程量计算规则，应按表8-1的规定执行。

表8-1 砖砌体（编号：010401）

项目编码	项目名称	项目特征	计量单位	工程量计算规则	工作内容
010401001	砖基础	1. 砖品种、规格、强度等级 2. 基础类型 3. 砂浆强度等级 4. 防潮层材料种类	m³	按设计图示尺寸以体积计算 包括附墙垛基础宽出部分体积，扣除地梁（圈梁）、构造柱所占体积，不扣除基础大放脚T形接头处的重叠部分及嵌入基础内的钢筋、铁件、管道、基础砂浆防潮层和单个面积≤0.3m²的孔洞所占体积，靠墙暖气沟的挑檐不增加 基础长度：外墙按外墙中心线，内墙按内墙净长线计算	1. 砂浆制作、运输 2. 砌砖 3. 防潮层铺设 4. 材料运输
010401002	砖砌挖孔桩护壁	1. 砖品种、规格、强度等级 2. 砂浆强度等级		按设计图示尺寸以立方米计算	1. 砂浆制作、运输 2. 砌砖 3. 材料运输
010401003	实心砖墙	1. 砖品种、规格、强度等级 2. 墙体类型 3. 砂浆强度等级、配合比		按设计图示尺寸以体积计算 扣除门窗洞口、过人洞、空圈、嵌入墙内的钢筋混凝土柱、梁、圈梁、挑梁、过梁及凹进墙内的壁龛、管槽、暖气槽、消火栓箱所占体积，不扣除梁头、板头、檩头、垫木、木楞头、沿缘木、木砖、门窗走头、砖墙内加固钢筋、木筋、铁件、钢管及单个面积≤0.3m²的孔洞所占的体积。凸出墙面的腰线、挑檐、压顶、窗台线、虎头砖、门窗套的体积亦不增加。凸出墙面的砖垛并入墙体体积内计算	1. 砂浆制作、运输 2. 砌砖 3. 刮缝 4. 砖压顶砌筑 5. 材料运输
010401004	多孔砖墙				

（续）

项目编码	项目名称	项目特征	计量单位	工程量计算规则	工作内容
010401005	空心砖墙	1. 砖品种、规格、强度等级 2. 墙体类型 3. 砂浆强度等级、配合比	m³	1. 墙长度：外墙按中心线、内墙按净长计算 2. 墙高度： 1）外墙：斜（坡）屋面无檐口天棚者算至屋面板底；有屋架且室内外均有天棚者算至屋架下弦底另加200mm；无天棚者算至屋架下弦底另加300mm，出檐宽度超过600mm时按实砌高度计算；与钢筋混凝土楼板隔层者算至板顶。平屋顶算至钢筋混凝土板底 2）内墙：位于屋架下弦者，算至屋架下弦底无屋架者算至天棚底另加100mm；有钢筋混凝土楼板隔层者算至楼板顶；有框架梁时算至梁底 3）女儿墙：从屋面板上表面算至女儿墙顶面（如有混凝土压顶时算至压顶下表面） 4）内、外山墙：按其平均高度计算 3. 框架间墙：不分内外墙按墙体净尺寸以体积计算 4. 围墙：高度算至压顶上表面（如有混凝土压顶时算至压顶下表面），围墙柱并入围墙体积内	1. 砂浆制作、运输 2. 砌砖 3. 刮缝 4. 砖压顶砌筑 5. 材料运输
010401006	空斗墙			按设计图示尺寸以空斗墙外形体积计算。墙角、内外墙交接处、门窗洞口立边、窗台砖、屋檐处的实砌部分体积并入空斗墙体积内	1. 砂浆制作、运输 2. 砌砖 3. 装填充料 4. 刮缝 5. 材料运输
010401007	空花墙			按设计图示尺寸以空花部分外形体积计算，不扣除空洞部分体积	
010404008	填充墙	1. 砖品种、规格、强度等级 2. 墙体类型 3. 填充材料种类及厚度 4. 砂浆强度等级、配合比		按设计图示尺寸以填充墙外形体积计算	
010401009	实心砖柱	1. 砖品种、规格、强度等级 2. 柱类型 3. 砂浆强度等级、配合比		按设计图示尺寸以体积计算。扣除混凝土及钢筋混凝土梁垫、梁头、板头所占体积	1. 砂浆制作运输 2. 砌砖 3. 刮缝 4. 材料运输
010404010	多孔砖柱				

（续）

项目编码	项目名称	项目特征	计量单位	工程量计算规则	工作内容
010404011	砖检查井	1. 井截面、深度 2. 砖品种、规格、强度等级 3. 垫层材料种类、厚度 4. 底板厚度 5. 井盖安装 6. 混凝土强度等级 7. 砂浆强度等级 8. 防潮层材料种类	座	按设计图示数量计算	1. 砂浆制作、运输 2. 铺设垫层 3. 底板混凝土制作、运输、浇筑、振捣、养护 4. 砌砖 5. 刮缝 6. 井池底、壁抹灰 7. 抹防潮层 8. 材料运输
010404012	零星砌砖	1. 零星砌砖名称、部位 2. 砂浆强度等级、配合比 3. 砂浆强度等级、配合比	1. m³ 2. m² 3. m 4. 个	1. 以立方米计量,按设计图示尺寸截面积乘以长度计算 2. 以平方米计量,按设计图示尺寸水平投影面积计算 3. 以米计量,按设计图示尺寸长度计算 4. 以个计量,按设计图示数量计算	1. 砂浆制作、运输 2. 砌砖 3. 刮缝 4. 材料运输
010404013	砖散水、地坪	1. 砖品种、规格、强度等级 2. 垫层材料种类、厚度 3. 散水、地坪厚度 4. 面层种类、厚度 5. 砂浆强度等级	m²	按设计图示尺寸以面积计算	1. 土方挖、运、填 2. 地基找平、夯实 3. 铺设垫层 4. 砌砖散水、地坪 5. 抹砂浆面层
010404014	砖地沟、明沟	1. 砖品种、规格、强度等级 2. 沟截面尺寸 3. 垫层材料种类、厚度 4. 混凝土强度等级 5. 砂浆强度等级	m	以米计量,按设计图示以中心线长度计算	1. 土方挖、运、填 2. 铺设垫层 3. 底板混凝土制作、运输、浇筑、振捣、养护 4. 砌砖 5. 刮缝、抹灰 6. 材料运输

注：1. "砖基础"项目适用于各种类型砖基础：柱基础、墙基础、管道基础等。

2. 基础与墙（柱）身使用同一种材料时，以设计室内地面为界（有地下室者，以地下室室内设计地面为界），以下为基础，以上为墙（柱）身。基础与墙身使用不同材料时，位于设计室内地面高度≤±300mm时，以不同材料为分界线，高度>±300mm时，以设计室内地面为分界线。

3. 砖围墙以设计室外地坪为界，以下为基础，以上为墙身。

4. 框架外表面的镶贴砖部分，按零星项目编码列项。

5. 附墙烟囱、通风道、垃圾道应按设计图示尺寸以体积（扣除孔洞所占体积）计算并入所依附的墙体体积内。当设计规定孔洞内需抹灰时，应按《房屋建筑与装饰工程工程量计算规范》（GB 50854—2013）附录M中零星抹灰项目编码列项。

6. 空斗墙的窗间墙、窗台下、楼板下、梁下等的实砌部分，按零星砌砖项目编码列项。

7. "空花墙"项目适用于各种类型的空花墙，使用混凝土花格砌筑的空花墙，实砌墙体与混凝土花格应分别计算，混凝土花格按混凝土及钢筋混凝土中预制构件相关项目编码列项。

8. 台阶、台阶挡墙、梯带、锅台、炉灶、蹲台、池槽、池槽腿、砖胎模、花台、花池、楼梯栏板、阳台栏板、地垄墙、≤0.3m²的孔洞填塞等，应按零星砌砖项目编码列项。砖砌锅台与炉灶可按外形尺寸以个计算，砖砌台阶可按水平投影面积以平方米计算，小便槽、地垄墙可按长度计算，其他工程以立方米计算。

9. 砖砌体内钢筋加固，应按"混凝土及钢筋混凝土工程"中相关项目编码列项。

10. 砖砌体勾缝按"墙、柱面装饰与隔断幕墙工程"中相关项目编码列项。

11. 检查井内的爬梯按"混凝土及钢筋混凝土工程"中相关项目编码列项；井内的混凝土构件按"混凝土及钢筋混凝土工程"中混凝土及钢筋混凝土预制构件编码列项。

12. 如施工图设计标注做法见标准图集时，应在项目特征描述中注明标注图集的编码、页号及节点大样。

2. 砌块砌体

砌块砌体工程量清单项目设置、项目特征描述的内容、计量单位及工程量计算规则，应按表 8-2 的规定执行。

表 8-2 砌块砌体（编号：010402）

项目编码	项目名称	项目特征	计量单位	工程量计算规则	工作内容
010402001	砌块墙	1. 砌块品种、规格、强度等级 2. 墙体类型 3. 砂浆强度等级	m³	按设计图示尺寸以体积计算 　扣除门窗洞口、过人洞、空圈、嵌入墙内的钢筋混凝土柱、梁、圈梁、挑梁、过梁及凹进墙内的壁龛、管槽、暖气槽、消火栓箱所占体积，不扣除梁头、板头、檩头、垫木、木楞头、沿缘木、木砖、门窗走头、砌块墙内加固钢筋、木筋、铁件、钢管及单个面积 ≤0.3m² 的孔洞所占的体积。凸出墙面的腰线、挑檐、压顶、窗台线、虎头砖、门窗套的体积亦不增加。凸出墙面的砖垛并入墙体体积内计算 　1. 墙长度：外墙按中心线、内墙按净长计算 　2. 墙高度： 　1）外墙：斜（坡）屋面无檐口天棚者算至屋面板底；有屋架且室内外均有天棚者算至屋架下弦底另加 200mm；无天棚者算至屋架下弦底另加 300mm，出檐宽度超过 600mm 时按实砌高度计算；与钢筋混凝土楼板隔层者算至板顶；平屋面算至钢筋混凝土板底 　2）内墙：位于屋架下弦者，算至屋架下弦底；无屋架者算至天棚底另加 100mm；有钢筋混凝土楼板隔层者算至楼板顶；有框架梁时算至梁底 　3）女儿墙：从屋面板上表面算至女儿墙顶面（如有混凝土压顶时算至压顶下表面） 　4）内、外山墙：按其平均高度计算 　3. 框架间墙：不分内外墙按墙体净尺寸以体积计算 　4. 围墙：高度算至压顶上表面（如有混凝土压顶时算至压顶下表面），围墙柱并入围墙体积内	1. 砂浆制作、运输 2. 砌砖、砌块 3. 勾缝 4. 材料运输
010402002	砌块柱	1. 砖品种、规格、强度等级 2. 墙体类型 3. 砂浆强度等级		按设计图示尺寸以体积计算 　扣除混凝土及钢筋混凝土梁垫、梁头、板头所占体积	

注：1. 砌体内加筋、墙体拉结的制作、安装，应按"混凝土及钢筋混凝土工程"中相关项目编码列项。
　　2. 砌块排列应上、下错缝搭砌，如果搭错缝长度满足不了规定的压搭要求，应采取压砌钢筋网片的措施，具体构造要求按设计规定。若设计无规定时，应注明由投标人根据工程实际情况自行考虑；钢筋网片按"金属结构工程"中相关项目编码列项。
　　3. 砌体垂直灰缝宽>30mm 时，采用 C20 细石混凝土灌实。灌注的混凝土应按"混凝土及钢筋混凝土工程"相关项目编码列项。

3. 石砌体

工程量清单项目设置、项目特征描述的内容、计量单位及工程量计算规则，应按表 8-3 的规定执行。

表 8-3　石砌体（编号：010403）

项目编码	项目名称	项目特征	计量单位	工程量计算规则	工作内容
010403001	石基础	1. 石料种类、规格 2. 基础类型 3. 砂浆强度等级	m³	按设计图示尺寸以体积计算 包括附墙垛基础宽出部分体积，不扣除基础砂浆防潮层及单个面积≤0.3m² 的孔洞所占体积，靠墙暖气沟的挑檐不增加体积。基础长度：外墙按中心线，内墙按净长计算	1. 砂浆制作、运输 2. 吊装 3. 砌石 4. 防潮层铺设 5. 材料运输
010403002	石勒脚	1. 石料种类、规格 2. 石表面加工要求 3. 勾缝要求 4. 砂浆强度等级、配合比		按设计图示尺寸以体积计算，扣除单个面积>0.3m² 的孔洞所占的体积	1. 砂浆制作、运输 2. 吊装 3. 砌石 4. 石表面加工 5. 勾缝 6. 材料运输
010403003	石墙			按设计图示尺寸以体积计算 扣除门窗洞口、过人洞、空圈、嵌入墙内的钢筋混凝土柱、梁、圈梁、挑梁、过梁及凹进墙内的壁龛、管槽、暖气槽、消火栓箱所占体积，不扣除梁头、板头、檩头、垫木、木楞头、沿缘木、木砖、门窗走头、石墙内加固钢筋、木筋、铁件、钢管及单个面积≤0.3m² 的孔洞所占的体积。凸出墙面的腰线、挑檐、压顶、窗台线、虎头砖、门窗套的体积亦不增加。凸出墙面的砖垛并入墙体积内计算 1. 墙长度：外墙按中心线、内墙按净长计算 2. 墙高度： （1）外墙：斜（坡）屋面无檐口天棚者算至屋面板底；有屋架且室内外均有天棚者算至屋架下弦底另加200mm；无天棚者算至屋架下弦底另加300mm，出檐宽度超过600mm时按实砌高度计算；平屋顶算至钢筋混凝土板底 （2）内墙：位于屋架下弦者，算至屋架下弦底；无屋架者算至天棚底另加100mm；有钢筋混凝土楼板隔层者算至楼板顶；有框架梁时算至梁底 （3）女儿墙：从屋面板上表面算至女儿墙顶面（如有混凝土压顶时算至压顶下表面） （4）内、外山墙：按其平均高度计算 3. 围墙：高度算至压顶上表面（如有混凝土压顶时算至压顶下表面），围墙柱并入围墙体积内	

（续）

项目编码	项目名称	项目特征	计量单位	工程量计算规则	工作内容
010403004	石挡土墙	1. 石料种类、规格 2. 石表面加工要求 3. 勾缝要求 4. 砂浆强度等级、配合比	m³	按设计图示尺寸以体积计算	1. 砂浆制作、运输 2. 吊装 3. 砌石 4. 变形缝、泄水孔、压顶抹灰 5. 滤水层 6. 勾缝 7. 材料运输
010403005	石柱				1. 砂浆制作、运输 2. 吊装 3. 砌石 4. 石表面加工 5. 勾缝 6. 材料运输
010403006	石栏杆		m	按设计图示以长度计算	
010403007	石护坡	1. 垫层材料种类、厚度 2. 石料种类、规格 3. 护坡厚度、高度 4. 石表面加工要求 5. 勾缝要求 6. 砂浆强度等级、配合比	m³	按设计图示尺寸以体积计算	1. 铺设垫层 2. 石料加工 3. 砂浆制作、运输 4. 砌石 5. 石表面加工 6. 勾缝 7. 材料运输
010403008	石台阶				
010403009	石坡道		m²	按设计图示以水平投影面积计算	
010403010	石地沟、明沟	1. 沟截面尺寸 2. 土壤类别、运距 3. 垫层材料种类、厚度 4. 石料种类、规格 5. 石表面加工要求 6. 勾缝要求 7. 砂浆强度等级、配合比	m	按设计图示以中心线长度计算	1. 土方挖、运 2. 砂浆制作、运输 3. 铺设垫层 4. 砌石 5. 石表面加工 6. 勾缝 7. 回填 8. 材料运输

注：1. 石基础、石勒脚、石墙的划分：基础与勒脚应以设计室外地坪为界。勒脚与墙身应以设计室内地面为界。石围墙内外地坪标高不同时，应以较低地坪标高为界，以下为基础；内外标高之差为挡土墙时，挡土墙以上为墙身。

2. "石基础"项目适用于各种规格（粗料石、细料石等）、各种材质（砂石、青石等）和各种类型（柱基、墙基、直形、弧形等）基础。

3. "石勒脚""石墙"项目适用于各种规格（粗料石、细料石等）、各种材质（砂石、青石、大理石、花岗石等）和各种类型（直形、弧形等）勒脚和墙体。

4. "石挡土墙"项目适用于各种规格（粗料石、细料石、块石、毛石、卵石等）、各种材质（砂石、青石、石灰石等）和各种类型（直形、弧形、台阶形等）挡土墙。

5. "石柱"项目适用于各种规格、各种石质、各种类型的石柱。

6. "石栏杆"项目适用于无雕饰的一般石栏杆。

7. "石护坡"项目适用于各种石质和各种石料（粗料石、细料石、片石、块石、毛石、卵石等）。

8. "石台阶"项目包括石梯带（垂带），不包括石梯膀，石梯膀应按"桩基工程"中石挡土墙项目编码列项。

9. 如施工图设计标注做法见标准图集时，应在项目特征描述中注明标注图集的编码、页号及节点大样。

4. 垫层

工程量清单项目设置、项目特征描述的内容、计量单位及工程量计算规则，应按表8-4的规定执行。

表8-4　垫层（编号：010404）

项目编码	项目名称	项目特征	计量单位	工程量计算规则	工作内容
010404001	垫层	垫层材料种类、配合比、厚度	m³	按设计图示尺寸以立方米计算	1. 垫层材料的拌制 2. 垫层铺设 3. 材料运输

注：除混凝土垫层应按相关项目编码列项外，没有包括垫层要求的清单项目应按本表垫层项目编码列项。

8.2　砌筑工程定额工程量计算规则

1. 定额说明

《房屋建筑与装饰工程消耗量》（TY 01—31—2021）中砌筑工程包括砖砌体、砌块砌体、石砌体和轻质墙板四节。

（1）砖砌体、砌块砌体、石砌体。

1）砖、砌块和石料按标准或常用规格以常规品种编制，遇设计与消耗量不同时，涉及规格变化的，砖、砌块、石料及砌筑砂浆、砌筑胶粘剂的用量应做调整；涉及品种变化的，砖、砌块、石料的施工损耗率可做换算。砌筑砂浆按干混预拌砂浆考虑，若实际使用现拌砂浆或湿拌预拌砂浆的，按总说明相应规定进行调整。

2）砖（石）基础与墙（柱）身的划分。

① 基础与墙（柱）身使用相同种类及品种的材料时，有地下室者，以地下室室内设计地面为界；无地下室者，以设计室内地面为界。

② 基础与墙（柱）身使用不同种类及品种的材料时，材料界线位于设计室内地面的高度≤±300mm 的，以不同材料为界；材料界线位于设计室内地面的高度＞±300mm 的，按有、无地下室分别以地下室室内设计地面和设计室内地面为界。

③ 石基础与石墙之间遇有石勒脚时，基础与勒脚以设计室外地坪为界，勒脚与墙身以设计室内地面为界。

④ 围墙内、外地坪标高相同的，以设计室外地坪为界，以下为基础，以上为墙身；围墙内、外地坪标高不同的，以较低地坪标高为界，以下为基础，内、外地坪高差部分为挡土墙，挡土墙以上为墙身。

3）砖基础不分柱基础、墙基础、管道基础及砌筑宽度与有否大放脚，以砖品种及规格按相应项目执行；石基础不分柱基础、墙基础及砌筑宽度与截面形状，以石料成形规格及砌筑方法按相应项目执行。地下筏板基础下翻混凝土构件所用砖模、砖砌挡土墙及砖砌挖孔桩护壁套用砖基础项目。

4）砖（砌块）墙不分外墙、内墙及砌筑高度，以砖（砌块）品种、规格及墙体厚度与组砌方式（或胶结材料种类）按相应项目执行；石墙不分外墙、内墙及墙体厚度与砌筑高度，以石料成形规格及砌筑方法按相应项目执行。其中：

① 除空花墙外的砖墙项目已包括立门窗框的调直以及腰线、窗台线、挑檐等一般出线

用工；砌块墙、石墙项目均包括立门窗框的调直用工。

② 空斗墙项目未包括装填充料（空斗灌肚），遇设计有要求时，每 $10m^3$ 砌体增加普工 2.30 工日，填充（灌肚）材料就地取材或按设计要求另行计算。

③ 空花墙与实砌墙相连时，应按各自项目分别计算。遇设计采用预制混凝土镂空花格砌筑的空花墙，按"混凝土及钢筋混凝土工程"相关项目及规定进行计算。

④ 填充墙（夹心保温墙）按单侧墙厚套用墙相应项目，人工用量乘以系数 1.15，保温填充料按"保温、隔热、防腐工程"相应项目及规定另行计算。

⑤ 轻集料混凝土小型空心砌块墙项目已包括门、窗、洞口的同类实心砖镶砌，不单独另行计算。

⑥ 烧结空心砌块墙项目的砌筑砂浆用量已包括洞口侧边竖砌砌块的灌芯砂浆。

⑦ 女儿墙、围墙套用墙相应项目。

5）砌块砌体项目中的蒸压加气混凝土砌块分为蒸压粉煤灰加气混凝土砌块和蒸压砂加气混凝土砌块。其中：

① 蒸压砂加气混凝土砌块仅适用于胶粘剂砌筑。

② 蒸压加气混凝土砌块墙项目均已包括砌块零星切割改锯和拉结筋启槽的损耗及费用。

③ 轻质砌块 L 形专用连接件项目按蒸压加气混凝土砌块与混凝土柱（墙）间连接考虑，若为蒸压加气混凝土砌块间的连接，扣除射钉弹用量，水泥钉用量乘以系数 2.00，其余不变。

④ 蒸压加气混凝土砌块墙顶部与混凝土梁或楼板之间的缝隙，已按刚性材料嵌缝考虑，若实际采用柔性材料嵌缝，柔性材料嵌缝按规定另列项目计算，并扣除原消耗量中刚性材料嵌缝部分费用，具体调整方法如下：

a. 采用砂浆砌筑的，每 $10m^3$ 砌体扣除干混砌筑砂浆 $0.10m^3$，一般技工 0.60 工日，干混砂浆罐式搅拌机 0.005 台班。

b. 采用胶粘剂砌筑的，每 $10m^3$ 砌体扣除干混抹灰砂浆 $0.10m^3$，一般技工 0.60 工日，干混砂浆罐式搅拌机 0.005 台班。

⑤ 采用胶粘剂砌筑的蒸压加气混凝土砌块墙，其墙端与混凝土柱或墙等侧面交接处，已按胶粘剂胶结考虑，若实际需要以柔性材料嵌缝连接的，柔性材料嵌缝按规定另列项目计算，原消耗量每 $10m^3$ 砌体扣除蒸压加气混凝土砌块 $0.05m^3$，砌块砌筑胶粘剂 33.5kg。

⑥ 柔性材料嵌缝已包括两侧嵌缝所需用量，其中 PU 发泡剂的单侧嵌缝尺寸按 2.0×2.5（cm^2）考虑，如实际与消耗量不同时，PU 发泡剂用量按比例调整，其余用量不变。

6）砖（石）柱均不分截面大小及砌筑高度，砖柱以砖品种、规格与截面形状按相应项目执行；石柱以石料成形规格及砌筑方法按相应项目执行。其中：

① 砖（石）柱项目按独立柱编制，依附于砖（石）墙体砌筑的柱按墙垛考虑。

② 墙垛与墙体的材料种类、品种及组砌方式相同时，墙垛并入墙体计算，套用墙相应项目。

③ 墙垛与墙体的材料种类、品种及组砌方式不同时，墙垛应另行单独计算，套用柱相应项目。

④ 方柱包括矩形柱，圆形、半圆形及多边形柱等套用异型柱项目。

7）砖（砌块）墙、砖柱项目统一按混水砌筑编制，若为清水砌筑者，按相应墙、柱项目人工用量乘以系数调整，其中单面清水墙乘以系数 1.15，双面清水墙乘以系数 1.35，清水柱乘以系数 1.10。调整后的人工用量包括原浆勾缝用工，遇设计需加浆勾缝的，应按"墙、柱面装饰与隔断、幕墙工程"相应项目及规定另行计算。

8）砖碹项目按平碹编制。

9）零星砌砖系指台阶、台阶挡墙、梯带、锅台、炉灶、蹲台、小便槽、池槽、池槽腿、预制构件胎模、花台、花池、楼梯栏板、阳台栏板、地垄墙等体量较小且分散砌筑的砖砌体。墙体内遇有不同组砌方式或材料种类、品种时，按以下原则处理：

① 空斗墙的窗间墙、窗下墙、楼板下、梁头下等部位之中，遇设计有实砌要求的，实砌部分应另行单独计算，套用零星砌砖项目。

② 多孔砖、空心砖及砌块砌筑的墙体，遇有防水、防潮要求时，若以实心砖作为导墙砌筑的，导墙与墙身主体应分别计算，导墙部分套用零星砌砖项目。

③ 多孔砖、空心砖及砌块砌筑或空斗墙、空花墙组砌的围墙，以及采用预制混凝土、铁艺等成品栏杆（板）安装的围墙，如设计要求底部为实心砖实砌的，实砌部分应另行单独计算，套用零星砌砖项目。

④ 多孔砖、空心砖及砌块与石材砌筑的围墙，若为实心砖压顶的，实心砖压顶应另行单独计算，套用零星砌砖项目。

⑤ 除另有说明者外，多孔砖、空心砖及砌块与石墙项目未包括墙体顶缝及门窗洞口立边等的实心砖镶砌，发生时另行单独计算，套用零星砌砖项目。

10）贴砌砖墙项目适用于依附墙体或构件砌筑的贴砌砖。

11）石挡土墙、石护坡项目按垂直高度 4m 以内编制，垂直高度超过 4m 时，人工用量乘以系数 1.15。其中：

① 石挡土墙项目已综合考虑预留变形缝、泄水孔所需用工，未包括变形缝、泄水管安装及滤水层铺设，发生时应按市政相应项目及规定另行计算。

② 石护坡项目已综合考虑预留泄水孔所需用工，未包括泄水管安装，发生时应按市政相应项目及规定另行计算。

12）石台阶项目已包括石梯带（垂带），不包括石梯膀，石梯膀应另行单独计算，套用石挡土墙相应项目。

13）石砌体勾缝项目适用于毛石面、料石面的勾缝，方整石面遇设计需要勾缝时，按料石面勾缝相应项目人工用量乘以系数 0.85。

（2）轻质墙板及其他。

1）轻质墙板项目适用于框架、框剪结构中的内外墙或隔墙。

2）各砌体项目均按直形砌筑编制，如为圆弧形砌筑者，人工按相应砌体项目乘以系数 1.10，砖、砌块及石砌体及砂浆（胶粘剂）乘以系数 1.03。

3）除另有说明者外，本章均不包括土方、垫层、混凝土、钢筋、防潮、防水及抹灰，发生时应按其他相关章节的项目及规定执行。其中：

① 土方的挖、运、填应按"土石方工程"相应项目及规定另行计算。

② 垫层应按"楼地面装饰工程"相应项目及规定另行计算。

③ 砌体加固钢筋与拉接钢筋（丝）网片、墙体芯柱插筋与拉接钢筋及其植筋、检查井爬梯与井圈（盖）钢筋的制作、安装和砌体垂直灰缝（宽>30mm）、墙体芯柱等的细石混凝土灌注、浇灌，以及砖地沟的混凝土或钢筋混凝土底板、盖板，应按第九章"混凝土及钢

筋混凝土工程"相应项目及规定另行计算。

④ 墙（柱）基、墙（柱）身与砖地沟等的防潮、防水与抹灰，以及检查井井底、井壁的防潮层，应分别按"屋面及防水工程""墙、柱面装饰与隔断、幕墙工程"相应项目及规定另行计算。

2. 工程量计算规则

（1）砖砌体、砌块砌体。

1）砖基础按设计图示尺寸以包括大放脚在内的体积计算。其中：

① 基础长度：外墙基础按外墙中心线长度计算，内墙基础按内墙净长计算；独立柱基间的墙基础，不分内、外墙按墙体净长计算；围墙基础按围墙中心线长度计算；管道基础按管道长度计算。附墙垛（含围墙柱）基础宽出部分体积按折加长度合并计算。

② 独立柱砖基础按设计图示尺寸的体积计算。

③ 扣除钢筋混凝土地梁（圈梁）、构造柱所占体积，不扣除基础大放脚T形接头、附墙垛（含围墙柱）基础搭接、独立柱基础搭接等的重叠部分及嵌入基础内的钢筋、铁件、管道、基础砂浆防潮层和单个面积≤0.3m² 的孔洞所占体积，靠墙暖气沟的挑檐和附墙垛（含围墙柱）基础加深部分亦不增加。

2）砖墙、砌块墙按设计图示尺寸以体积计算。

① 墙长度：外墙按外墙中心线长度计算，内墙按内墙净长计算；框架间墙不分内、外墙按墙体净长计算；女儿墙、围墙按各自中心线长度计算。

② 墙高度。

a. 外墙：平屋面算至钢筋混凝土屋面板底。斜（坡）屋面有屋架时，无檐口天棚者不分出檐宽度及室内有无天棚算至屋面板底；室内外均有天棚者不分出檐宽度算至屋架下弦底另加200mm；有檐口天棚而无室内天棚者算至屋架下弦底另加300mm，若出檐宽度超过600mm 时按实际砌筑高度计算。斜（坡）屋面无屋架时，不分出檐宽度及室内、外有无天棚均算至屋面板底。遇有钢筋混凝土楼板隔层时算至楼板顶。

b. 内墙：位于屋架下方者，不分有无天棚算至屋架下弦底；未位于屋架下方或无屋架者，有天棚时算至天棚底另加100mm，无天棚时按实际砌筑高度计算。遇有钢筋混凝土楼板隔层时算至楼板底。

c. 内、外山墙：按其平均高度计算，其余部位的墙体遇墙顶设有坡度时参照执行。

d. 框架间墙：不分内、外墙按墙体净高计算。

e. 女儿墙：按屋面板上表面至女儿墙顶面的高度计算，如有混凝土（现浇或预制）压顶或砌块墙身设有砖压顶时算至压顶下表面。

f. 围墙：按设计室外地坪至压顶上表面的高度计算，如为混凝土（现浇或预制）压顶或砌块墙身设有砖压顶时算至压顶下表面。

③ 墙厚度。

a. 标准砖尺寸以 240mm×115mm×53mm 为准，标准砖砌体厚度应按表 8-5 计算。

表 8-5　标准砖砌体计算厚度

砖数（厚度）	$\frac{1}{4}$	$\frac{1}{2}$	$\frac{3}{4}$	1	$1\frac{1}{2}$	2	$2\frac{1}{2}$	3
计算厚度/mm	53	115	178	240	365	490	615	740

b. 非标准砖墙厚度按设计厚度计算，遇设计厚度与实际规格的厚度不符时，按实际规格厚度计算。

④ 遇墙身底部设有导墙时，砖砌导墙按设计图示尺寸的体积单独以零星砌砖计算，其中厚度与长度按墙身主体，高度以设计要求的砌筑高度确定，墙身主体的计算高度相应扣减。

⑤ 空斗墙按设计图示尺寸以空斗墙外形体积计算，空斗墙外形体积应包括墙角、内外墙交接处、门窗洞口立边、窗台砖、屋檐处等按砌筑规范要求的实砌部分体积。

⑥ 空花墙按设计图示尺寸以空花部分外形体积计算，不扣除空花镂空部分体积。

⑦ 填充墙（夹心保温墙）砌体按设计图示尺寸以砌体部分体积计算。

⑧ 砖碹按设计图示尺寸以砖碹外形体积计算。

⑨ 附墙烟囱、通风道、垃圾道按设计图示尺寸以扣除孔道空孔体积后的实体积并入所依附的实砌墙体积内计算；依附于空斗墙的，按其孔道侧壁厚度以实体积计入相同厚度的实砌墙工程量内。

⑩ 附墙垛按设计图示尺寸以凸出墙面部分体积并入所依附的实砌墙体积内计算；依附于空斗墙的，空斗墙与附墙垛按各自体积分别计算，其中附墙垛以含嵌入墙体部分在内的全部体积计入柱工程量内，空斗墙的体积相应扣减。

⑪ 实砌女儿墙、围墙的柱按设计图示尺寸以凸出墙面部分体积分别并入女儿墙、围墙体积内计算；遇女儿墙、围墙的墙体为部分实砌或非实砌（含非砌筑）者时，墙体与柱按各自体积分别计算，其中柱以含嵌入墙体部分在内的全部体积计入柱工程量内，墙体的体积相应扣减。

⑫ 扣除门窗、洞口及嵌入墙内的砖碹和钢筋混凝土柱、梁（含梯段梁）、圈梁、挑梁、过梁与凹进墙内壁龛、管槽、暖气槽、消火栓箱所占体积，不扣除梁头、板头、檩头、垫木（块）、木楞头、沿椽木、木砖、木楔卡固、门窗走头及墙内加固钢筋、木筋、铁件、钢管、刚（柔）性材料嵌缝和单个面积 ≤ 0.3m^2 的孔洞所占的体积，凸出墙面的腰线、挑檐、压顶、窗台线、虎头砖、门窗套的体积亦不增加。

3）砖柱按设计图示尺寸以体积计算，扣除混凝土及钢筋混凝土梁垫、梁头、板头所占体积。

4）零星砌砖按设计图示尺寸以体积计算。

5）砖散水、地坪按设计图示尺寸以面积计算。

6）砖地沟不分沟壁砖基础与砖砌沟壁，按设计图示尺寸以沟壁砖基础和砖砌沟壁体积之和合并计算。

7）贴砌砖墙按设计图示尺寸的贴砌面积乘以贴砌砖厚度（不含贴砌面砂浆厚度）以体积计算。

8）轻质砌块 L 形专用连接件按设计（规范）要求，以数量"个"计算。

9）柔性材料嵌缝按设计（规范）要求，以轻质砌块（加气砌块）隔墙与钢筋混凝土梁或楼板、柱或墙之间的缝隙长度计算。

（2）石砌体。

1）石基础按设计图示尺寸以体积计算。

① 基础长度：外墙基础按外墙中心线长度计算，内墙基础按内墙净长计算；独立柱基

间的墙基础，不分内、外墙按墙体净长计算；围墙基础按围墙中心线长度计算。附墙垛（含围墙柱）基础宽出部分体积按折加长度合并计算。

② 独立柱石基础按设计图示尺寸的体积计算。

③ 不扣除附墙垛（含围墙柱）基础搭接、独立柱基础搭接等的重叠部分及嵌入基础内的砂浆防潮层和单个面积 ≤0.3m² 的孔洞所占体积，靠墙暖气沟的挑檐和附墙垛（含围墙柱）基础加深部分亦不增加。

2）石勒脚按设计图示尺寸以体积计算，扣除单个面积>0.3m² 的孔洞所占的体积。

3）石墙按设计图示尺寸以体积计算。

① 墙长度：外墙按外墙中心线长度计算，内墙按内墙净长计算；女儿墙、围墙按各自中心线长度计算。

② 墙高度。

a. 外墙：平屋面算至钢筋混凝土屋面板底。斜（坡）屋面有屋架时，无檐口天棚者不分出檐宽度及室内有无天棚算至屋面板底；室内外均有天棚者不分出檐宽度算至屋架下弦底另加 200mm；有檐口天棚而无室内天棚者算至屋架下弦底另加 300mm，出檐宽度超过 600mm 时按实际砌筑高度计算。斜（坡）屋面无屋架时，不分出檐宽度及室内、外有无天棚均算至屋面板底。遇有钢筋混凝土楼板隔层时算至楼板顶。

b. 内墙：位于屋架下方者，不分有无天棚算至屋架下弦底；未位于屋架下方或无屋架者，有天棚时算至天棚底另加 100mm，无天棚时按实际砌筑高度计算。遇有钢筋混凝土楼板隔层时算至楼板底，有框架梁时算至梁底。

c. 内、外山墙：按其平均高度计算，其余部位的墙体遇墙顶设有坡度时参照执行。

d. 女儿墙：按屋面板上表面至女儿墙顶面的高度计算，如有混凝土（现浇或预制）及砖压顶时算至压顶下表面。

e. 围墙：按设计室外地坪至压顶上表面的高度计算，如为混凝土（现浇或预制）及砖压顶时算至压顶下表面。

内、外墙的砌筑高度应满足消防设计、施工、验收等规范的要求，遇本规则的计算高度与规范不符时，按规范要求的高度进行计算。

③ 墙厚度：按设计厚度计算。

④ 附墙垛按设计图示尺寸以凸出墙面部分体积并入所依附的墙体积内计算。

⑤ 女儿墙、围墙的柱按设计图示尺寸以凸出墙面部分体积分别并入女儿墙、围墙体积内计算；遇女儿墙、围墙的墙体为部分石砌或非石砌者时，墙体与柱按各自体积分别计算，其中柱以含嵌入墙体部分在内的全部体积计入柱工程量内，墙体的体积相应扣减。

⑥ 扣除门窗、洞口及嵌入墙内的钢筋混凝土柱、梁（含梯段梁）、圈梁、挑梁、过梁、配套砌砖与凹进墙内壁龛、管槽、暖气槽、消火栓箱所占体积，不扣除梁头、板头、檩头、垫木（块）、木楞头、沿椽木、木砖、门窗走头及墙内加固钢筋、木筋、铁件、钢管和单个面积 ≤0.3m² 的孔洞所占的体积，凸出墙面的腰线、挑檐、压顶、窗台线、虎头砖、门窗套的体积亦不增加。

4）石挡土墙按设计图示尺寸以体积计算。

5）石柱按设计图示尺寸以体积计算，扣除混凝土及钢筋混凝土梁垫、梁头、板头所占体积。

6）石护坡按设计图示尺寸以体积计算。

7）石台阶按设计图示尺寸以体积计算。

8）石坡道按设计图示以水平投影面积计算。

9）石砌体勾缝按设计图示尺寸以石砌体表面展开面积计算。

（3）轻质墙板。

轻质墙板按设计图示尺寸以面积计算，扣除门窗洞及单个面积>0.3m^{2}的孔洞所占的面积。

8.3 砌筑工程工程量清单编制实例

实例 1　某砖基础的工程量计算

某砖基础施工图的尺寸如图 8-1 所示，已知基础墙均为 250mm，试根据图中提供的已知条件，计算砖基础的长度。

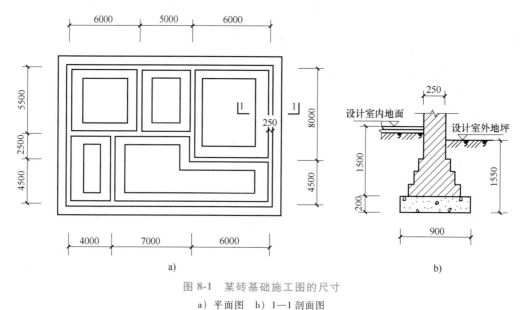

图 8-1　某砖基础施工图的尺寸

a）平面图　b）1—1 剖面图

【解】

$L_{外} = [(4.5+2.5+5.5)+(4+7+6)] \times 2$

$\quad = (12.5+17) \times 2$

$\quad = 59$（m）

$L_{内} = (5.5-0.25)+(8-0.25)+(4.5+2.5-0.25)+(6+5-0.25)+6$

$\quad = 5.25+7.75+6.75+10.75+6$

$\quad = 36.5$（m）

清单工程量 $= L_{外}+L_{内}$

$\quad\quad = 59+36.5$

$\quad\quad = 95.5$（m）

清单工程量见表8-6。

表8-6　第8章实例1清单工程量

项目编码	项目名称	项目特征描述	工程量合计	计量单位
010401001001	砖基础	1. 砖品种、规格、强度等级：烧结粘土砖，240mm×115mm×53mm，MU7.5 2. 基础类型：条形基础 3. 砂浆强度等级：M5水泥砂浆	95.5	m

实例2　某围墙砖墙的工程量计算

某围墙的空花墙如图8-2所示，请根据图中提供的已知条件，计算其清单工程量。

【解】

（1）实砌砖墙工程量。

$V_{实}=[2.5×0.25+0.062×2×0.25+$
$0.062×(0.062×2+0.25)]×135$

$=(0.625+0.031+0.023)×135$

$≈91.69（m^3）$

（2）空花墙部分工程量。

$V_{空}=0.25×0.25×135$

$=8.4375$

$≈8.44（m^3）$

清单工程量见表8-7。

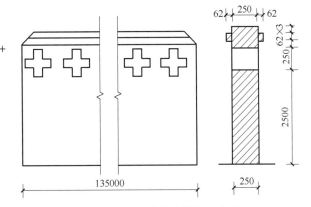

图8-2　某围墙的空花墙示意图

表8-7　第8章实例2清单工程量

项目编码	项目名称	项目特征描述	工程量合计	计量单位
010401003001	实心砖墙	1. 砖品种、规格、强度等级：烧结普通砖，240mm×115mm×53mm，MU10 2. 墙体类型：实心砖墙 3. 砂浆强度等级、配合比：M5水泥砂浆，水泥：中砂=1:5.23	91.69	m^3
010401007001	空花墙	1. 砖品种、规格、强度等级：烧结普通砖，240mm×115mm×53mm，MU10 2. 墙体类型：空花砖墙	8.44	m^3

实例3　某教学楼工程空心砖墙的工程量计算

某教学楼工程空心砖墙示意图，如图8-3所示。该空心砖墙内墙高为3.6m，厚为115mm，门尺寸均为1200mm×3000mm。门上有过梁，过梁截面面积为130mm×135mm，且两边各超过门250mm，计算空心砖墙的工程量。

【解】

内墙长=（5.5+1.5-0.24）+（5.5-0.12-0.115/2）+（1.5-0.115）+（3.5-0.12+0.115/2）

$=6.76+5.3225+1.385+3.4375$

$≈16.9（m）$

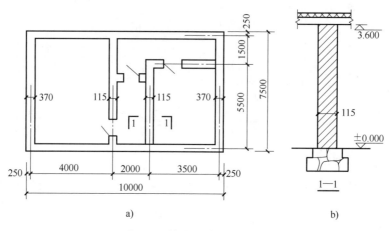

图 8-3 某空心砖墙示意图

a）平面图 b）1—1 剖面图

门洞口面积 = 1.2×3.0×3 = 10.80（m²）

过梁体积 = 0.13×0.135×（1.2+0.25×2）×3 = 0.09（m³）

砖墙的工程量 = 墙厚×（墙高×墙长 - 门窗洞口面积）- 埋件体积

$$= 0.115×（3.6×16.9 - 10.80）- 0.09$$

$$≈ 5.66（m³）$$

清单工程量见表 8-8。

表 8-8 第 8 章实例 3 清单工程量

项目编码	项目名称	项目特征描述	工程量合计	计量单位
010401005001	空心砖墙	空心砖墙	5.66	m³

实例 4 某一砖无眠空斗墙的工程量计算

某一砖无眠空斗墙如图 8-4 所示，试计算空斗墙的工程量。

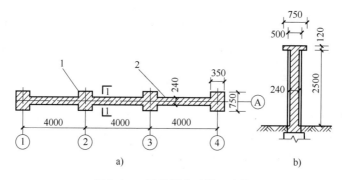

图 8-4 一砖无眠空斗墙示意图

a）平面图 b）1—1 剖面图

$1—2×1\frac{1}{2}$ 砖墙 2—一砖无眠空斗墙

【解】

空斗墙工程量=墙身工程量+砖压顶工程量

$$= (4-0.35)×3×2.5×0.24+(4-0.35)×3×0.12×0.5$$

$$= 6.57+0.657$$

$$≈ 7.23 \ （m^3）$$

清单工程量见表8-9。

表8-9 第8章实例4清单工程量

项目编码	项目名称	项目特征描述	工程量合计	计量单位
010401006001	空斗墙	一砖无眠空斗墙	7.23	m³

实例5 某公园空花墙的工程量计算

某公园空花墙如图8-5所示，已知混凝土镂空花格墙厚度为120mm，用M2.5水泥砂浆砌筑300mm×300mm×120mm的混凝土镂空花格砌块，试计算该空花墙的工程量。

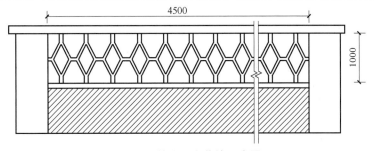

图8-5 某公园空花墙示意图

【解】

空花墙的工程量=1×4.5×0.12=0.54（m³）

清单工程量见表8-10。

表8-10 第8章实例5清单工程量

项目编码	项目名称	项目特征描述	工程量合计	计量单位
010401007001	空花墙	M2.5水泥砂浆砌筑300mm×300mm×120mm的混凝土镂空花格砌块，墙厚120mm	0.54	m³

实例6 某正六边形实心砖柱的工程量计算

某正六边形实心砖柱如图8-6所示，试计算实心砖柱的清单工程量。

【解】

清单工程量=截面面积×高度

$$=\frac{\sqrt{3}}{2}×0.6^2×\frac{1}{2}×6×6$$

$$≈ 5.61 \ （m^3）$$

清单工程量见表8-11。

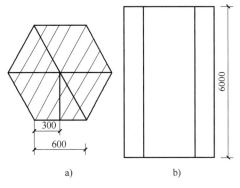

图8-6 正六边形实心砖柱示意图

a）剖面图 b）立面图

表 8-11　第 8 章实例 6 清单工程量

项目编码	项目名称	项目特征描述	工程量合计	计量单位
010401009001	实心砖柱	独立柱,正六边形截面,柱高 6m	5.61	m³

实例 7　某酒店雨篷下独立砖柱的工程量计算

某酒店雨篷下独立砖柱如图 8-7 所示,试计算其工程量。

【解】

独立砖基础工程量:

$$V_{基础} = 1.5 \times 1.5 \times 0.18 + (1.5 - 0.15 \times 2) \times (1.5 - 0.15 \times 2) \times$$
$$0.18 + (1.5 - 0.15 \times 4) \times (1.5 - 0.15 \times 4) \times 0.18 +$$
$$0.5 \times 0.5 \times (0.65 - 0.18 \times 3)$$
$$= 0.405 + 0.2592 + 0.1458 + 0.0275$$
$$= 0.8375$$
$$\approx 0.84 \ (m^3)$$

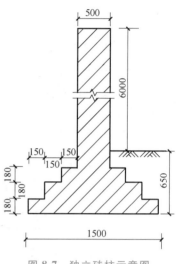

图 8-7　独立砖柱示意图

砖柱基础量:

$$V_{砖柱} = 0.5 \times 0.5 \times 6 = 1.5 \ (m^3)$$

清单工程量见表 8-12。

表 8-12　第 8 章实例 7 清单工程量

项目编码	项目名称	项目特征描述	工程量合计	计量单位
010401001001	砖基础	独立基础,基础深 650mm,实心砖柱	0.84	m³
010401009001	实心砖柱	柱截面 500mm×500mm,柱高 6000mm	1.5	m³

实例 8　某地砖台阶的工程量计算

某地有一砖台阶,如图 8-8 所示,试计算其清单工程量。

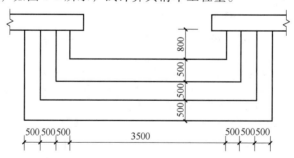

图 8-8　砖台阶示意图

【解】

清单工程量 $= (3.5 + 0.5 \times 6) \times (0.8 + 0.5 \times 3)$
$$= 6.5 \times 2.3$$
$$= 14.95 \ (m^2)$$

清单工程量见表 8-13。

表 8-13　第 8 章实例 8 清单工程量

项目编码	项目名称	项目特征描述	工程量合计	计量单位
010401012001	零星砌砖	零星砌砖名称、部位:砖台阶	14.95	m^2

实例 9　某砖地沟的工程量计算

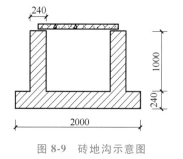

某砖地沟如图 8-9 所示,其地沟长度为 300m,试计算其清单工程量。

【解】

清单工程量 = 300（m）

清单工程量见表 8-14。

图 8-9　砖地沟示意图

表 8-14　第 8 章实例 9 清单工程量

项目编码	项目名称	项目特征描述	工程量合计	计量单位
010401014001	砖地沟、明沟	砖地沟	300	m

实例 10　某砌块柱的工程量计算

某砌块柱尺寸如图 8-10 所示,试计算该砌块柱的工程量。

【解】

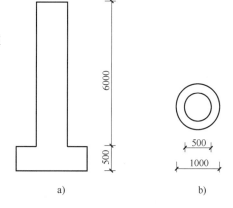

清单工程量 $= \frac{1}{4} \times \pi \times (1^2 \times 0.5 + 0.5^2 \times 6)$

$= \frac{1}{4} \times \pi \times 2$

$= 1.57$（m^3）

清单工程量见表 8-15。

图 8-10　砌块柱示意图
a）立面图　b）平面图

表 8-15　第 8 章实例 10 清单工程量

项目编码	项目名称	项目特征描述	工程量合计	计量单位
010402002001	砌块柱	柱高 6m,柱截面 $R = 0.5$m 的圆形截面	1.57	m^3

实例 11　某建筑石基础的工程量计算

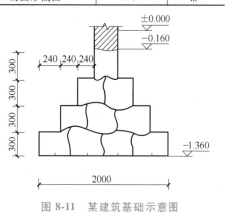

如图 8-11 所示,该砌体基础为某建筑外墙基础,其外墙中心线长度为 250m,试计算该基础砌体工程量。

【解】

根据清单中基础与墙身的划分,当基础与墙身使用不同材料时,位于设计地面±300mm 以内时,以不同材料分界线;超过±300mm 时,以设计室内地面

图 8-11　某建筑基础示意图

为分界线。据此，该基础高度为 1.2m。则：

$$V_{基础} = 砌体基础断面面积 \times 外墙中心线长度$$
$$= (2 \times 0.3 \times 4 - 0.24 \times 0.3 \times 12) \times 250$$
$$= (2.4 - 0.864) \times 250$$
$$= 384 \quad (m^3)$$

清单工程量见表 8-16。

表 8-16　第 8 章实例 11 清单工程量

项目编码	项目名称	项目特征描述	工程量合计	计量单位
010403001001	石基础	基础深 1.2m,条形基础	384	m^3

实例 12　某工程石墙的工程量计算

已知某石墙如图 8-12 所示，试计算该石墙清单工程量。

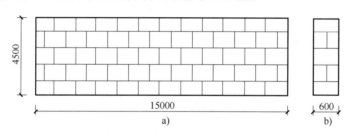

图 8-12　某石墙示意图

a）立面图　b）剖面图

【解】

清单工程量 = $15 \times 4.5 \times 0.6 = 40.5 \quad (m^3)$

清单工程量见表 8-17。

表 8-17　第 8 章实例 12 清单工程量

项目编码	项目名称	项目特征描述	工程量合计	计量单位
010403003001	石墙	墙厚 600mm	40.5	m^3

实例 13　某毛石挡土墙的工程量计算

某毛石挡土墙如图 8-13 所示，已知其用 M2.5 混合砂浆砌筑 250m，计算其工程量。

【解】

清单工程量 = $[(0.68+2) \times (2+5.5) - 0.68 \times (2+5.5-0.6) -$

$$\frac{1}{2} \times (2-1) \times 5.5] \times 250$$

$$= (20.1 - 4.692 - 2.75) \times 250$$

$$= 3164.5 \quad (m^3)$$

清单工程量见表 8-18。

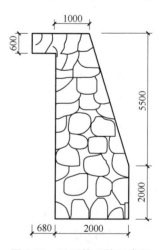

图 8-13　毛石挡土墙示意图

表 8-18　第 8 章实例 13 清单工程量

项目编码	项目名称	项目特征描述	工程量合计	计量单位
010403004001	石挡土墙	1. 石料种类:毛石 2. 砂浆强度等级、配合比:M2.5 混合砂浆	3164.5	m³

实例 14　某毛石石柱的工程量计算

某毛石石柱如图 8-14 所示,试计算该毛石石柱工程量。

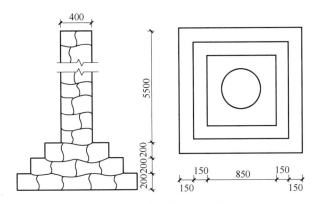

图 8-14　毛石石柱示意图

【解】

(1) 圆形毛石石柱基础工程量。

$$V_{基础} = (0.85+0.15\times4)\times(0.85+0.15\times4)\times0.2+(0.85+0.15\times2)\times$$
$$(0.85+0.15\times2)\times0.2+0.85\times0.85\times0.2$$
$$= 0.4205+0.2645+0.1445$$
$$\approx 0.83 \ (m^3)$$

(2) 圆形毛石石柱柱身工程量。

$$V_{石柱} = \pi\times0.2^2\times5.5 \approx 0.69 \ (m^3)$$

清单工程量见表 8-19。

表 8-19　第 8 章实例 14 清单工程量

项目编码	项目名称	项目特征描述	工程量合计	计量单位
010403001001	石基础	毛石基础,基础深 0.6m,独立基础	0.83	m³
010403005001	石柱	毛石柱	0.69	m³

实例 15　某工程毛石护坡的工程量计算

如图 8-15 所示,已知毛石护坡 250m,M5 水泥砂浆砌筑,水泥砂浆勾凸缝,毛石表面按整砌毛石处理,试计算其清单工程量。

【解】

清单工程量 = 0.44×250×8.6 = 946 (m³)

清单工程量见表 8-20。

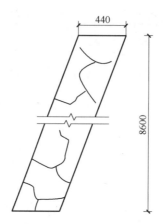

图 8-15　毛石护坡示意图

表 8-20　第 8 章实例 15 清单工程量

项目编码	项目名称	项目特征描述	工程量合计	计量单位
010403007001	石护坡	1. 石料种类:MU20 毛石 2. 护坡厚度:440mm 3. 石表面加工要求:毛石表面按整砌毛石处理 4. 勾缝要求:水泥砂浆勾凸缝 5. 砂浆强度等级:M5 水泥砂浆	946	m³

实例 16　某剁斧石花岗岩坡道的工程量计算

某剁斧石花岗岩坡道如图 8-16 所示,试求其清单工程量。

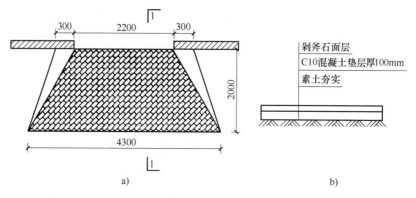

图 8-16　剁斧石花岗岩坡道示意图

a) 立面图　b) 1—1 剖面图

【解】

清单工程量 = (2.8+4.3)×2×0.5 = 7.1 (m²)

清单工程量见表 8-21。

表 8-21　第 8 章实例 16 清单工程量

项目编码	项目名称	项目特征描述	工程量合计	计量单位
010403009001	石坡道	剁斧石花岗岩坡道,C10 混凝土垫层厚 100mm	7.1	m²

第9章　混凝土及钢筋混凝土工程

9.1　混凝土及钢筋混凝土工程清单工程量计算规则

1. 现浇混凝土基础

现浇混凝土基础工程量清单项目设置、项目特征描述的内容、计量单位、工程量计算规则应按表9-1的规定执行。

表 9-1　现浇混凝土基础（编号：010501）

项目编码	项目名称	项目特征	计量单位	工程量计算规则	工程内容
010501001	垫层	1. 混凝土种类 2. 混凝土强度等级	m³	按设计图示尺寸以体积计算。不扣除伸入承台基础的桩头所占体积	1. 模板及支撑制作、安装、拆除、堆放、运输及清理模内杂物、刷隔离剂等 2. 混凝土制作、运输、浇筑、振捣、养护
010501002	带形基础				
010501003	独立基础				
010501004	满堂基础				
010501005	桩承台基础				
010501006	设备基础	1. 混凝土种类 2. 混凝土强度等级 3. 灌浆材料及其强度等级			

注：1. 有肋带形基础、无肋带形基础应按本表中相关项目列项，并注明肋高。
　　2. 箱式满堂基础中柱、梁、墙、板分别按表9-2、表9-3、表9-4、表9-5相关项目分别编码列项；箱式满堂基础底板按本表的满堂基础项目列项。
　　3. 框架式设备基础中柱、梁、墙、板分别按表9-2、表9-3、表9-4、表9-5相关项目编码列项；基础部分按本表相关项目编码列项。
　　4. 如为毛石混凝土基础，项目特征应描述毛石所占比例。

2. 现浇混凝土柱

现浇混凝土柱工程量清单项目设置、项目特征描述的内容、计量单位、工程量计算规则应按表9-2的规定执行。

3. 现浇混凝土梁

现浇混凝土梁工程量清单项目设置、项目特征描述的内容、计量单位、工程量计算规则应按表9-3的规定执行。

4. 现浇混凝土墙

现浇混凝土墙工程量清单项目设置、项目特征描述的内容、计量单位、工程量计算规则应按表9-4的规定执行。

表 9-2　现浇混凝土柱（编号：010502）

项目编码	项目名称	项目特征	计量单位	工程量计算规则	工作内容
010502001	矩形柱	1. 混凝土类别 2. 混凝土强度等级	m³	按设计图示尺寸以体积计算。不扣除构件内钢筋、预埋铁件所占体积。型钢混凝土柱扣除构件内型钢所占体积 柱高： 　1. 有梁板的柱高，应自柱基上表面（或楼板上表面）至上一层楼板上表面之间的高度计算 　2. 无梁板的柱高，应自柱基上表面（或楼板上表面）至柱帽下表面之间的高度计算 　3. 框架柱的柱高：应自柱基上表面至柱顶高度计算 　4. 构造柱按全高计算，嵌接墙体部分（马牙槎）并入柱身体积 　5. 依附柱上的牛腿和升板的柱帽，并入柱身体积计算	1. 模板及支架（撑）制作、安装、拆除、堆放、运输及清理模内杂物、刷隔离剂等 2. 混凝土制作、运输、浇筑、振捣、养护
010502002	构造柱				
010502003	异型柱	1. 柱形状 2. 混凝土类别 3. 混凝土强度等级			

注：混凝土种类指清水混凝土、彩色混凝土等，如在同一地区既使用预拌（商品）混凝土，又允许现场搅拌混凝土时，也应注明（下同）。

表 9-3　现浇混凝土梁（编号：010503）

项目编码	项目名称	项目特征	计量单位	工程量计算规则	工作内容
010503001	基础梁	1. 混凝土类别 2. 混凝土强度等级	m³	按设计图示尺寸以体积计算。伸入墙内的梁头、梁垫并入梁体积内 梁长： 　1. 梁与柱连接时，梁长算至柱侧面 　2. 主梁与次梁连接时，次梁长算至主梁侧面	1. 模板及支架（撑）制作、安装、拆除、堆放、运输及清理模内杂物、刷隔离剂等 2. 混凝土制作、运输、浇筑、振捣、养护
010503002	矩形梁				
010503003	异型梁				
010503004	圈梁				
010503005	过梁				
010503006	弧形、拱形梁				

表 9-4　现浇混凝土墙（编号：010504）

项目编码	项目名称	项目特征	计量单位	工程量计算规则	工作内容
010504001	直形墙	1. 混凝土类别 2. 混凝土强度等级	m³	按设计图示尺寸以体积计算 扣除门窗洞口及单个面积>0.3m² 的孔洞所占体积，墙垛及凸出墙面部分并入墙体体积内计算	1. 模板及支架（撑）制作、安装、拆除、堆放、运输及清理模内杂物、刷隔离剂等 2. 混凝土制作、运输、浇筑、振捣、养护
010504002	弧形墙				
010504003	短肢剪力墙				
010504004	挡土墙				

注：短肢剪力墙是指截面厚度不大于300mm、各肢截面高度与厚度之比的最大值大于4但不大于8的剪力墙；各肢截面高度与厚度之比的最大值不大于4的剪力墙按柱项目编码列项。

5. 现浇混凝土板

现浇混凝土板工程量清单项目设置、项目特征描述的内容、计量单位、工程量计算规则应按表 9-5 的规定执行。

表 9-5 现浇混凝土板（编号：010505）

项目编码	项目名称	项目特征	计量单位	工程量计算规则	工作内容
010505001	有梁板	1. 混凝土种类 2. 混凝土强度等级	m³	按设计图示尺寸以体积计算。不扣除构件内钢筋、预埋铁件及单个面积≤0.3m² 的柱、垛以及孔洞所占体积 压形钢板混凝土楼板扣除构件内压形钢板所占体积 有梁板（包括主、次梁与板）按梁、板体积之和计算，无梁板按板和柱帽体积之和计算，各类板伸入墙内的板头并入板体积内，薄壳板的肋、基梁并入薄壳体积内计算	1. 模板及支架（撑）制作、安装、拆除、堆放、运输及清理模内杂物、刷隔离剂等 2. 混凝土制作、运输、浇筑、振捣、养护
010505002	无梁板				
010505003	平板				
010505004	拱板				
010505005	薄壳板				
010505006	栏板				
010505007	天沟（檐沟）、挑檐板			按设计图示尺寸以体积计算	
010505008	雨篷、悬挑板、阳台板			按设计图示尺寸以墙外部分体积计算。包括伸出墙外的牛腿和雨篷反挑檐的体积	
010505009	空心板			按设计图示尺寸以体积计算。空心板（GBF高强薄壁蜂巢芯板等）应扣除空心部分体积	
010505010	其他板			按设计图示尺寸以体积计算	

注：现浇挑檐、天沟板、雨篷、阳台与板（包括屋面板、楼板）连接时，以外墙外边线为分界线；与圈梁（包括其他梁）连接时，以梁外边线为分界线。外边线以外为挑檐、天沟、雨篷或阳台。

6. 现浇混凝土楼梯

现浇混凝土楼梯工程量清单项目设置、项目特征描述的内容、计量单位、工程量计算规则应按表 9-6 的规定执行。

表 9-6 现浇混凝土楼梯（编号：010506）

项目编码	项目名称	项目特征	计量单位	工程量计算规则	工程内容
010506001	直形楼梯	1. 混凝土种类 2. 混凝土强度等级	1. m² 2. m³	1. 以平方米计量，按设计图示尺寸以水平投影面积计算。不扣除宽度≤500mm 的楼梯井，伸入墙内部分不计算 2. 以立方米计量，按设计图示尺寸以体积计算	1. 模板及支架（撑）制作、安装、拆除、堆放、运输及清理模内杂物、刷隔离剂等 2. 混凝土制作、运输、浇筑、振捣、养护
010506002	弧形楼梯				

注：整体楼梯（包括直形楼梯、弧形楼梯）水平投影面积包括休息平台、平台梁、斜梁和楼梯的连接梁。当整体楼梯与现浇楼梯板无梯梁连接时，以楼梯的最后一个踏步边缘加 300mm 为界。

7. 现浇混凝土其他构件

现浇混凝土其他构件工程量清单项目设置、项目特征描述的内容、计量单位、工程量计算规则应按表 9-7 的规定执行。

表 9-7　现浇混凝土其他构件（编号：010507）

项目编码	项目名称	项目特征	计量单位	工程量计算规则	工程内容
010507001	散水、坡道	1. 垫层材料种类、厚度 2. 面层厚度 3. 混凝土种类 4. 混凝土强度等级 5. 变形缝填塞材料种类	m²	以平方米计量，按设计图示尺寸以面积计算 不扣除单个 ≤ 0.3m² 的孔洞所占面积	1. 地基夯实 2. 铺设垫层 3. 模板及支撑制作、安装、拆除、堆放、运输及清理模内杂物、刷隔离剂等 4. 混凝土制作、运输、浇筑、振捣、养护 5. 变形缝填塞
010507002	室外地坪	1. 地坪厚度 2. 混凝土强度等级			
010507003	电缆沟、地沟	1. 土壤类别 2. 沟截面净空尺寸 3. 垫层材料种类、厚度 4. 混凝土类别 5. 混凝土强度等级 6. 防护材料种类	m	按设计图示以中心线长度计算	1. 挖填、运土石方 2. 铺设垫层 3. 模板及支撑制作、安装、拆除、堆放、运输及清理模内杂物、刷隔离剂等 4. 混凝土制作、运输、浇筑、振捣、养护 5. 刷防护材料
010507004	台阶	1. 踏步高、宽 2. 混凝土种类 3. 混凝土强度等级	1. m² 2. m³	1. 以平方米计量，按设计图示尺寸水平投影面积计算 2. 以立方米计量，按设计图示尺寸以体积计算	1. 模板及支撑制作、安装、拆除、堆放、运输及清理模内杂物、刷隔离剂等 2. 混凝土制作、运输、浇筑、振捣、养护
010507005	扶手、压顶	1. 断面尺寸 2. 混凝土种类 3. 混凝土强度等级	1. m 2. m³	1. 以米计量，按设计图示的中心线延长米计算 2. 以立方米计量，按设计图示尺寸以体积计算	1. 模板及支架（撑）制作、安装、拆除、堆放、运输及清理模内杂物、刷隔离剂等 2. 混凝土制作、运输、浇筑、振捣、养护
010507006	化粪池、检查井	1. 断面尺寸 2. 混凝土强度等级 3. 防水、抗渗要求	1. m³ 2. 座	1. 按设计图示尺寸以体积计算 2. 以座计量，按设计图示数量计算	
010507007	其他构件	1. 构件的类型 2. 构件规格 3. 部位 4. 混凝土种类 5. 混凝土强度等级			

注：1. 现浇混凝土小型池槽、垫块、门框等，应按本表其他构件项目编码列项。
　　2. 架空式混凝土台阶，按现浇楼梯计算。

8. 后浇带

后浇带工程量清单项目设置、项目特征描述的内容、计量单位、工程量计算规则应按表 9-8 的规定执行。

表 9-8　后浇带（编号：010508）

项目编码	项目名称	项目特征	计量单位	工程量计算规则	工程内容
010508001	后浇带	1. 混凝土种类 2. 混凝土强度等级	m³	按设计图示尺寸以体积计算	1. 模板及支架（撑）制作、安装、拆除、堆放、运输及清理模内杂物、刷隔离剂等 2. 混凝土制作、运输、浇筑、振捣、养护及混凝土交接面、钢筋等的清理

9. 预制混凝土柱

预制混凝土柱工程量清单项目设置、项目特征描述的内容、计量单位、工程量计算规则应按表 9-9 的规定执行。

表 9-9　预制混凝土柱（编号：010509）

项目编码	项目名称	项目特征	计量单位	工程量计算规则	工程内容
010509001	矩形柱	1. 图代号 2. 单件体积 3. 安装高度 4. 混凝土强度等级 5. 砂浆（细石混凝土）强度等级、配合比	1. m³ 2. 根	1. 以立方米计量，按设计图示尺寸以体积计算 2. 以根计量，按设计图示尺寸以数量计算	1. 模板制作、安装、拆除、堆放、运输及清理模内杂物、刷隔离剂等 2. 混凝土制作、运输、浇筑、振捣、养护 3. 构件运输、安装 4. 砂浆制作、运输 5. 接头灌缝、养护
010509002	异型柱				

注：以根计量，必须描述单件体积。

10. 预制混凝土梁

预制混凝土梁工程量清单项目设置、项目特征描述的内容、计量单位、工程量计算规则应按表 9-10 的规定执行。

表 9-10　预制混凝土梁（编号：010510）

项目编码	项目名称	项目特征	计量单位	工程量计算规则	工程内容
010510001	矩形梁	1. 图代号 2. 单件体积 3. 安装高度 4. 混凝土强度等级 5. 砂浆（细石混凝土）强度等级、配合比	1. m³ 2. 根	1. 以立方米计量，按设计图示尺寸以体积计算 2. 以根计量，按设计图示尺寸以数量计算	1. 模板制作、安装、拆除、堆放、运输及清理模内杂物、刷隔离剂等 2. 混凝土制作、运输、浇筑、振捣、养护 3. 构件运输、安装 4. 砂浆制作、运输 5. 接头灌缝、养护
010510002	异型梁				
010510003	过梁				
010510004	拱形梁				
010510005	鱼腹式吊车梁				
010510006	其他梁				

注：以根计量，必须描述单件体积。

11. 预制混凝土屋架

预制混凝土屋架工程量清单项目设置、项目特征描述的内容、计量单位、工程量计算规则应按表 9-11 的规定执行。

表 9-11　预制混凝土屋架（编号：010511）

项目编码	项目名称	项目特征	计量单位	工程量计算规则	工程内容
010511001	折线型	1. 图代号 2. 单件体积 3. 安装高度 4. 混凝土强度等级 5. 砂浆（细石混凝土）强度等级、配合比	1. m³ 2. 榀	1. 以立方米计量，按设计图示尺寸以体积计算 2. 以榀计量，按设计图示尺寸以数量计算	1. 模板制作、安装、拆除、堆放、运输及清理模内杂物、刷隔离剂等 2. 混凝土制作、运输、浇筑、振捣、养护 3. 构件运输、安装 4. 砂浆制作、运输 5. 接头灌缝、养护
010511002	组合屋架				
010511003	薄腹				
010511004	门式刚架				
010511005	天窗架				

注：1. 以榀计量，必须描述单件体积。
　　2. 三角形屋架应按本表中折线型屋架项目编码列项。

12. 预制混凝土板

预制混凝土板工程量清单项目设置、项目特征描述的内容、计量单位、工程量计算规则应按表 9-12 的规定执行。

表 9-12　预制混凝土板（编号：010512）

项目编码	项目名称	项目特征	计量单位	工程量计算规则	工程内容
010512001	平板	1. 图代号 2. 单件体积 3. 安装高度 4. 混凝土强度等级 5. 砂浆（细石混凝土）强度等级、配合比	1. m³ 2. 块	1. 以立方米计量，按设计图示尺寸以体积计算。不扣除单个面积≤300mm×300mm 的孔洞所占体积，扣除空心板空洞体积 2. 以块计量，按设计图示尺寸以数量计算	1. 模板制作、安装、拆除、堆放、运输及清理模内杂物、刷隔离剂等 2. 混凝土制作、运输、浇筑、振捣、养护 3. 构件运输、安装 4. 砂浆制作、运输 5. 接头灌缝、养护
010512002	空心板				
010512003	槽形板				
010512004	网架板				
010512005	折线板				
010512006	带肋板				
010512007	大型板				
010512008	沟盖板、井盖板、井圈	1. 单件体积 2. 安装高度 3. 混凝土强度等级 4. 砂浆强度等级、配合比	1. m³ 2. 块（套）	1. 以立方米计量，按设计图示尺寸以体积计算 2. 以块计量，按设计图示尺寸以数量计算	

注：1. 以块、套计量，必须描述单件体积。
　　2. 不带肋的预制遮阳板、雨篷板、挑檐板、拦板等，应按本表平板项目编码列项。
　　3. 预制 F 形板、双 T 形板、单肋板和带反挑檐的雨篷板、挑檐板、遮阳板等，应按本表带肋板项目编码列项。
　　4. 预制大型墙板、大型楼板、大型屋面板等，应按本表中大型板项目编码列项。

13. 预制混凝土楼梯

预制混凝土楼梯工程量清单项目设置及工程量计算规则，应按表 9-13 的规定执行。

14. 其他预制构件

其他预制构件工程量清单项目设置、项目特征描述的内容、计量单位、工程量计算规则应按表 9-14 的规定执行。

表 9-13 预制混凝土楼梯 (编号: 010513)

项目编码	项目名称	项目特征	计量单位	工程量计算规则	工程内容
010513001	楼梯	1. 楼梯类型 2. 单件体积 3. 混凝土强度等级 4. 砂浆(细石混凝土)强度等级	1. m³ 2. 段	1. 以立方米计量,按设计图示尺寸以体积计算。扣除空心踏步板空洞体积 2. 以段计量,按设计图示数量计算	1. 模板制作、安装、拆除、堆放、运输及清理模内杂物、刷隔离剂等 2. 混凝土制作、运输、浇筑、振捣、养护 3. 构件运输、安装 4. 砂浆制作、运输 5. 接头灌缝、养护

注: 以块计量,必须描述单件体积。

表 9-14 其他预制构件 (编号: 010514)

项目编码	项目名称	项目特征	计量单位	工程量计算规则	工程内容
010514001	垃圾道、通风道、烟道	1. 单件体积 2. 混凝土强度等级 3. 砂浆强度等级	1. m³ 2. m² 3. 根(块、套)	1. 以立方米计量,按设计图示尺寸以体积计算。不扣除单个面积≤300mm×300mm的孔洞所占体积,扣除烟道、垃圾道、通风道的孔洞所占体积 2. 以平方米计量,按设计图示尺寸以面积计算。不扣除单个面积≤300mm×300mm的孔洞所占面积 3. 以根计量,按设计图示尺寸以数量计算	1. 模板制作、安装、拆除、堆放、运输及清理模内杂物、刷隔离剂等 2. 混凝土制作、运输、浇筑、振捣、养护 3. 构件运输、安装 4. 砂浆制作、运输 5. 接头灌缝、养护
010514002	其他构件	1. 单件体积 2. 构件的类型 3. 混凝土强度等级 4. 砂浆强度等级			

注: 1. 以块、根计量,必须描述单件体积。
　　2. 预制钢筋混凝土小型池槽、压顶、扶手、垫块、隔热板、花格等,按本表中其他构件项目编码列项。

15. 钢筋工程

钢筋工程工程量清单项目设置、项目特征描述的内容、计量单位、工程量计算规则应按表 9-15 的规定执行。

表 9-15 钢筋工程 (编号: 010515)

项目编码	项目名称	项目特征	计量单位	工程量计算规则	工程内容
010515001	现浇混凝土钢筋	钢筋种类、规格	t	按设计图示钢筋(网)长度(面积)乘单位理论质量计算	1. 钢筋制作、运输 2. 钢筋安装 3. 焊接
010515002	预制构件钢筋				
010515003	钢筋网片				1. 钢筋网制作、运输 2. 钢筋网安装 3. 焊接
010515004	钢筋笼				1. 钢筋笼制作、运输 2. 钢筋笼安装 3. 焊接

（续）

项目编码	项目名称	项目特征	计量单位	工程量计算规则	工程内容
010515005	先张法预应力钢筋	1. 钢筋种类、规格 2. 锚具种类		按设计图示钢筋长度乘单位理论质量计算	1. 钢筋制作、运输 2. 钢筋张拉
010515006	后张法预应力钢筋			按设计图示钢筋（丝束、绞线）长度乘单位理论质量计算 1. 低合金钢筋两端均采用螺杆锚具时，钢筋长度按孔道长度减 0.35m 计算，螺杆另行计算 2. 低合金钢筋一端采用镦头插片，另一端采用螺杆锚具时，钢筋长度按孔道长度计算，螺杆另行计算	
010515007	预应力钢丝	1. 钢筋种类、规格 2. 钢丝种类、规格 3. 钢绞线种类、规格 4. 锚具种类 5. 砂浆强度等级	t	3. 低合金钢筋一端采用镦头插片，另一端采用帮条锚具时，钢筋增加 0.15m 计算；两端均采用帮条锚具时，钢筋长度按孔道长度增加 0.3m 计算 4. 低合金钢筋采用后张混凝土自锚时，钢筋长度按孔道长度增加 0.35m 计算 5. 低合金钢筋（钢绞线）采用 JM、XM、QM 型锚具，孔道长度≤20m 时，按钢筋长度增加 1m 计算，孔道长度>20m 时，按钢筋长度增加 1.8m 计算	1. 钢筋、钢丝、钢绞线制作、运输 2. 钢筋、钢丝、钢绞线安装 3. 预埋管孔道铺设 4. 锚具安装 5. 砂浆制作、运输 6. 孔道压浆、养护
010515008	预应力钢绞线			6. 碳素钢丝采用锥形锚具，孔道长度≤20m 时，钢丝束长度按孔道长度增加 1m 计算，孔道长度>20m 时，钢丝束长度按孔道长度增加 1.8m 计算 7. 碳素钢丝采用镦头锚具时，钢丝束长度按孔道长度增加 0.35m 计算	
010515009	支撑钢筋（铁马）	1. 钢筋种类 2. 规格		按钢筋长度乘单位理论质量计算	钢筋制作、焊接、安装
010515010	声测管	1. 材质 2. 规格型号		按设计图示尺寸质量计算	1. 检测管截断、封头 2. 套管制作、焊接 3. 定位、固定

注：1. 现浇构件中伸出构件的锚固钢筋应并入钢筋工程量内。除设计（包括规范规定）标明的搭接外，其他施工搭接不计算工程量，在综合单价中综合考虑。

2. 现浇构件中固定位置的支撑钢筋、双层钢筋用的"铁马"在编制工程量清单时，如果设计未明确，其工程数量可为暂估量，结算时按现场签证数量计算。

16. 螺栓、铁件

螺栓、铁件工程量清单项目设置及工程量计算规则，应按表9-16的规定执行。

表 9-16　螺栓、铁件（编号：010516）

项目编码	项目名称	项目特征	计量单位	工程量计算规则	工程内容
010516001	螺栓	1. 螺栓种类 2. 规格	t	按设计图示尺寸以质量计算	1. 螺栓、铁件制作、运输 2. 螺栓、铁件安装
010516002	预埋铁件	1. 钢材种类 2. 规格 3. 铁件尺寸			
010516003	机械连接	1. 连接方式 2. 螺纹套筒种类 3. 规格	个	按数量计算	1. 钢筋套丝 2. 套筒连接

注：编制工程量清单时，如果设计未明确，其工程数量可为暂估量，实际工程量按现场签证数量计算。

9.2　混凝土及钢筋混凝土工程定额工程量计算规则

1. 定额说明

《房屋建筑与装饰工程消耗量》（TY 01—31—2021）中混凝土及钢筋混凝土工程包括混凝土、钢筋、模板、预制混凝土构件安装及接头灌缝、装配式预制混凝土构件安装以及装配式后浇混凝土浇捣共六节。

（1）混凝土。

1）混凝土按预拌混凝土编制。采用现场搅拌时，执行相应的预拌混凝土项目（混凝土按照现场拌和配合比调整），再执行现场搅拌混凝土调整费项目。现场搅拌混凝土调整费项目中，仅包含了冲洗搅拌机用水量；石子、砂子含泥量超过规范要求需现场冲洗时，用水量及冲洗设施另行计算。

2）预拌混凝土已综合考虑了混凝土厂集中搅拌、混凝土罐车运输至施工现场、输送高度150m以内的泵送入模等内容；输送高度超过150m时，另行计算泵送增加费。

圈过梁及构造柱项目中已综合考虑了因施工条件限制不能直接入模的因素。

现浇混凝土泵送项目适用于预拌混凝土运输到施工现场未入模和现场搅拌混凝土泵送入模的情况。

3）混凝土按某强度等级列入，使用时设计强度等级不同应换算；混凝土配合比中应考虑添加外加剂因素，使用时混凝土含量不扣除添加外加剂用量，图纸设计要求增加特殊的外加剂另行计算。

4）毛石混凝土按毛石占混凝土体积的20%计算，如设计要求毛石比例不同时可以换算。

5）对于规范要求大体积混凝土进行温度测定和控制时，按照批准的专项施工方案另行计算。

6）桩承台基础、独立基础（含柱墩）与筏形基础（满堂基础）按设计的构件类型分别执行相应项目，带形桩承台执行条形基础相应项目，与筏形基础（满堂基础）相连的桩承台执行筏形基础相应项目。

7）斜柱项目适用于柱竖向中心线与其在水平面投影线的夹角≥70°且<90°的各种截面形状的斜柱。

8）钢管混凝土柱采用顶升法浇筑混凝土，所增加的措施另行计算。

9）挡土墙墙体的平均厚度≤300mm 时，执行薄壁式挡土墙项目，>300mm 时执行重力式挡土墙项目。

10）斜梁（板）按坡度>10°且≤30°综合考虑；斜梁（板）坡度≤10°的执行梁、板项目；坡度>30°且≤45°时人工乘以系数 1.05；坡度>45°且≤60°时人工乘以系数 1.10。

11）钢筋桁架楼承板、压型钢板上浇捣混凝土，执行平板项目，人工乘以系数 1.10。

12）挑檐壁、天沟壁高度≤400mm，执行挑檐项目；挑檐壁、天沟壁高度>400mm，板面以上全高执行栏板项目。

13）阳台板包括板和梁，不包含阳台栏板及压顶。

14）预制板间补现浇板缝，适用于需支模才能浇筑的混凝土板缝。

15）楼梯按建筑物一个自然层双跑楼梯考虑，单坡直行楼梯按相应项目乘以系数 1.20；三跑楼梯按相应项目乘以系数 0.90；四跑楼梯按相应项目乘以系数 0.75。

当图纸设计板式楼梯梯段底板（不含踏步三角部分）厚度大于 150mm、梁式楼梯梯段底板（不含踏步三角部分）厚度大于 80mm 时，超过部分执行平板子目。

弧形楼梯是指一个自然层旋转弧度小于 180°的楼梯，螺旋楼梯是指一个自然层旋转弧度大于 180°的楼梯。

16）散水混凝土按厚度 60mm 编制，设计厚度不同时，除混凝土消耗量可以换算外，其余均已考虑，不再换算；散水包括了混凝土浇筑、表面压实抹光内容，未包括基础夯实、垫层及嵌缝内容。

17）台阶混凝土含量是按 $1.22m^3/10m^2$ 综合编制的，如设计含量不同时，除混凝土用量可以换算外，其余均已考虑，不再换算。

18）厨房、卫生间等砌体墙下的现浇混凝土坎台执行圈梁项目。

19）独立现浇门框、抱框柱按构造柱项目执行。

20）凸出混凝土外墙面、阳台梁、栏板外侧的混凝土线条，宽度≤300mm 时执行扶手、压顶项目，宽度>300mm 时执行悬挑板项目。

21）外形尺寸体积≤$1m^3$ 的现浇独立池槽执行小型构件项目，体积>$1m^3$ 的现浇独立池槽及与建筑物相连的梁、板、墙现浇结构式水池，分别执行梁、板、墙相应项目。

22）小型构件是指单件体积 $0.1m^3$ 以内且本节未列项目的小型构件。

23）施工现场预制的小型构件执行相应项目；其他预制构件执行装配式相应项目。

24）屋面混凝土女儿墙的高度（高度包括压顶扶手及翻沿部分）≤1.2m 且墙厚≤100mm，执行栏板项目；高度>1.2m 或墙厚>100mm 时执行相应墙项目，压顶扶手及翻沿执行相应项目。

25）设备基础项目按块体考虑。单构件超过 $20m^3$ 的设备基础执行有梁式筏形基础项目；框架式设备基础分别执行基础、柱、墙、梁、板等相应项目。

26）混凝土部分关于异型柱（梁）、拱形梁、悬挑梁、短肢剪力墙的混凝土定义同模板，计量规则以混凝土部分为准。

27）现浇梁、板的区分见图 9-1。

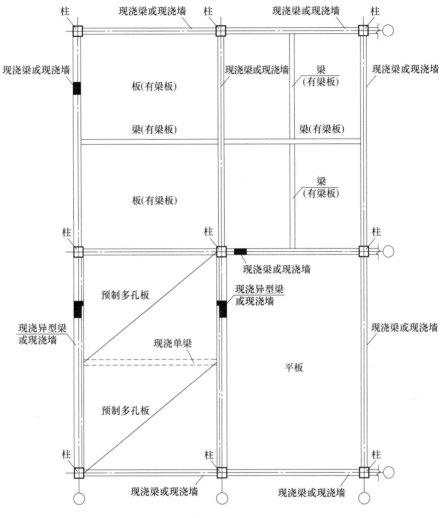

图 9-1　现浇梁、板区分示意图

28）拱板是指在垂直方向成弧的板，拱板子目适用于半径≤12m 的拱板，半径>12m 的拱板执行平板项目。

（2）钢筋。

1）钢筋工程按钢筋的不同品种和规格以现浇构件、预制构件、预应力构件、箍筋及其他分别列项，钢筋的品种、规格比例按常规工程设计综合考虑。

2）钢筋制作、安装按绑扎连接和焊接连接（电阻点焊、电弧焊、闪光对焊）考虑，实际不论采用绑扎连接或焊接连接，均不调整消耗量。机械连接、电焊压力焊接、气压焊接另外计算。

3）钢筋工程中措施钢筋按设计图纸规定及施工验收规范要求计算，按品种、规格执行相应项目。如采用其他材料时，另行计算。

4）现浇构件冷拔钢丝按 $\phi 10$ 以内钢筋制作安装项目执行。

5）型钢混凝土构件中，钢筋执行现浇构件钢筋相应项目，人工乘以系数 1.50，机械乘以系数 1.15；钢筋与型钢连接按不同方式执行相应项目。

6）弧形构件钢筋执行钢筋相应项目，人工乘以系数 1.05。

7）混凝土空心楼板（ADS 空心板）中钢筋网片执行现浇构件钢筋相应项目，人工乘以系数 1.30，机械乘以系数 1.15。

8）预应力混凝土构件中的非预应力钢筋按钢筋相应项目执行。

9）非预应力钢筋未包括冷加工，如设计要求冷加工时，应另行计算。

10）后张法钢筋的锚固是按钢筋帮条焊、U 形插垫编制的，如采用其他方法锚固时，应另行计算。

11）预应力钢丝束、钢绞线综合考虑了一端、两端张拉；锚具按单锚、群锚分别列项，单锚按单孔锚具列入，群锚按 3 孔列入。预应力钢丝束、钢绞线长度>50m 时，应采用分段张拉。

12）植筋中不含植入的钢筋，植筋≤ϕ14 按构造植筋编制，植筋>ϕ14 按结构加固编制。

13）地下连续墙钢筋笼指通过焊接或绑扎，将一整幅地下连续墙纵、横各排钢筋按设计间距尺寸制作成一幅整体的钢筋笼，地下连续墙钢筋笼安放不包括钢筋笼制作，钢筋笼制作按现浇钢筋制作安装相应项目执行。若为单片钢筋网，执行钢筋网片项目。

14）预埋铁件（螺栓）项目固定按焊接考虑，固定方式不同时，另行计算。

15）缓粘结预应力钢绞线按成品材料考虑；无粘结钢丝（钢绞线）的涂包费在材料中考虑。

（3）模板。

1）模板分组合钢模板、大钢模板、复合模板、组合铝合金模板，未注明模板类型的，均按复合模板考虑。

2）除小构件考虑木支撑外，其余未注明构件均为钢支撑（钢支撑已综合考虑各种支撑体系）。

3）复合模板适用于竹胶板、木胶合板等品种的复合板。

4）组合钢模板、大钢模板、复合模板、组合铝合金模板均按企业自有编制，组合钢模板、大钢模板包括回库维修耗量。

5）组合铝合金模板支撑体系均按成套钢支撑考虑，消耗量按照标准板考虑。消耗量中未考虑铝合金非标准板模板增加用量，实际使用时另行考虑。

6）墙厚超过 300mm 未考虑定位支撑。

7）圆弧形条形基础模板执行条形基础相应项目，用量乘以系数 1.15。

8）地下室底板模板执行筏形基础。

9）施工现场使用砖胎模时，砖胎模中砌体执行第四章"砌筑工程"砖基础相应项目，抹灰执行装饰工程抹灰的相应项目。

10）独立桩承台执行独立基础项目；带形桩承台执行条形基础项目；除条形基础（有肋式）钢筋混凝土外的其他形式条形基础均执行条形基础无筋混凝土项目。

11）杯形基础指上部成杯形状的混凝土，杯形在基础顶部，杯口模板采用吊模的施工工艺，高杯基础杯口高度大于杯口大边长度 3 倍以上时，杯口高度部分执行柱项目，杯口高度以下部分执行独立基础项目。

12）设备基础按块体考虑，单个构件超过 20m³ 的设备基础执行有梁式筏形基础项目；

水平截面非矩形的设备基础人工乘以系数1.30，材料乘以系数1.15。

13）现浇混凝土柱（不含构造柱）、墙、梁（不含圈梁、过梁）、板按高度（结构板面或地面、垫层面至上层结构板底的高度）3.6m综合考虑。超过3.6m时，超过部分增套相应的超高支模增加项目，不足1m按1m计算。超过8m时，按照施工技术方案计算。

14）使用组合铝合金模板的现浇混凝土柱、墙、梁、板按高度（结构板面或地面、垫层面至上层结构板底的高度）3.6m综合考虑。高度超过3.6m时，超过部分增套相应3.6~5m的超高支模增加项目，高度超过5m后，按照施工技术方案据实调整。楼梯、窗台使用组合铝合金模板时，已包含梯面、窗台的铝合金盖板。构造柱、圈梁、过梁执行复合模板相应项目。

15）异型柱、梁，是指截面形状为非矩形的梁、柱，断面形状为梯形、L形、十字形、T形、Z形等。

16）柱竖向中心线与其在水平面投影线的夹角≥70°且<90°的各种截面形状的斜柱模板均执行异型柱项目，柱竖向中心线与其在水平面投影线的夹角<70°的斜柱模板按方案另行计算。

17）型钢混凝土构件模板按构件对应的相应项目执行，人工、机械乘以系数1.15。

18）独立现浇门框、抱框柱按构造柱模板项目执行。

19）柱帽、柱脚、牛腿模板执行相应柱模板项目，人工乘以系数1.50，材料乘以系数1.15。

20）基础连系梁是指位于地基或垫层上，连接独立基础、条形基础或桩承台的梁。适用于无底模矩形基础梁，有底模时执行现浇梁相应项目。

21）折梁、变截面梁等梁断面形状为矩形的梁执行矩形梁项目。

22）截面形式为圆形的梁按小型构件执行。

23）小型构件包括洞口上的非直线形过梁；厨房、卫生间等砌体墙下的现浇混凝土坎台执行圈梁项目。

24）弧形梁指沿梁长度在水平方向成弧的梁。弧形梁项目适用于半径≤12m的弧形梁，半径>12m的弧形梁执行矩形梁项目；有梁板中的弧形梁按弧形梁项目执行；梁断面为异型的弧形梁执行弧形梁项目，人工、材料乘以系数1.15。

25）拱形梁是指在垂直方向成弧的梁，拱形梁项目适用于半径≤12m的拱形梁，半径>12m的拱形梁执行矩形梁项目；拱板是指在垂直方向成弧的板，拱板子目适用于半径≤12m的拱板，半径>12m的拱板执行平板项目。

26）斜梁项目适用于坡度>10°且≤30°的现浇构件；坡度≤10°的执行相应梁项目；坡度>30°且≤45°时人工乘以系数1.05；坡度>45°且≤60°时人工乘以系数1.10。

27）悬挑梁是指一端埋在或者浇筑在支撑物上，另一端挑出支撑物的梁，可为固定、简支或自由端。

28）短肢剪力墙（轻型框剪墙）系短肢剪力墙结构的简称，由墙柱、墙身、墙梁三种构件构成。墙柱即短肢剪力墙，也称边缘构件（又分为约束边缘构件和构造边缘构件），呈"十""T""Y""L""一"字等形状，柱式配筋。墙身为一般剪力墙。墙柱与墙身相连，还可能形成"工""匚""Z"字等形状。墙梁处于填充墙大洞口或其他洞口上方，梁式配筋。通常情况下，墙柱、墙身、墙梁厚度（≤300mm）相同，构造上没有明显的区分界限。

各肢截面高度与厚度之比的最大值≤4 的剪力墙执行柱项目；各肢截面高度与厚度之比>4 且≤8 的剪力墙执行短肢剪力墙项目。

29）对拉螺栓按照常规周转使用考虑，采用止水螺栓或螺栓一次性摊销时，其用量按对拉螺栓数量乘以系数 12.00，并将对拉螺栓材料更换为实际使用的螺栓。

30）柱面对拉螺栓堵眼增加费执行墙面螺栓堵眼增加费项目，人工、机械乘以系数 0.30；梁面螺栓堵眼增加费执行墙面螺栓堵眼增加费项目，人工、机械乘以系数 0.35。

31）爬模项目的用量已包括架体系统的设计、拼装、调试费用等，架体系统的场外运输、特殊设计增加费应另行计算。

32）斜板按坡度>10°且≤30°综合考虑。斜板坡度≤10°的执行板项目；坡度>30°且≤45°时人工乘以系数 1.05；坡度>45°且≤60°时人工乘以系数 1.10。

33）混凝土板适用于厚度≤250mm；板厚>250mm 支模时，按总说明中的相关规定执行。

34）现浇空心板执行平板项目，内模需在空心楼板底模上抗浮固定时，模板增加费用另行计算。

35）薄壳板指跨度比较大，而板厚比较薄，主要采用弧线模板支撑的板，模板不分筒式、球形、双曲形等，均执行薄壳板项目；膜壳板模板执行平板项目，膜壳的安装与连接执行预制构件的相关安装项目。

36）混凝土栏板、屋面混凝土女儿墙的高度（含压顶扶手及翻沿）≤1.2m 且厚度≤100mm 时执行栏板项目；高度>1.2m 或厚度>100mm 时执行相应墙项目，压顶扶手及翻沿执行压顶项目。

37）阳台板系指主体结构外的阳台底板，以外墙外边线为分界线。主体结构内的阳台底板按梁、板等套取。如一面为弧形且半径≤12m 时，执行圆弧形阳台板项目；阳台板按图示外挑部分尺寸投影面积计算，项目内已考虑高度≤300mm 的翻沿，翻沿高度>300mm 时，翻沿按全高执行栏板项目。

38）雨篷适用于不以柱支撑的结构且雨篷挑出墙面（或梁面）≤1.5m 的雨篷。一面为弧形且半径≤12m 时，执行圆弧形雨篷项目；工程量以设计图示雨篷板水平投影面积计算，项目内已考虑高度≤300mm 翻沿，翻沿高度>300mm 时，翻沿按全高执行栏板项目。以柱支撑的雨篷，或者虽不以柱支撑，但雨篷挑出墙面（或梁面）>1.5m 的雨篷，应按设计尺寸分别计算柱、梁、板、栏板工程量，分别执行相应项目。

39）挑檐壁、天沟壁高度≤400mm，按外挑部分尺寸投影面积执行挑檐、天沟项目；挑檐壁、天沟壁高度>400mm 时，拆分成底板和侧壁分别套用悬挑板、栏板项目。现浇挑檐板、天沟板与板（包括屋面板、楼板）连接时，以外墙外边线为分界线；与圈梁（包括其他梁）连接时，以梁外边线为分界线，外边线以外为挑檐、天沟。

40）预制板间补现浇板缝是指因设计模数与房间净距不一致出现缝隙需要支底模的部分，模板执行平板项目。压型板未考虑支撑，如需支撑时，另行计算。

41）楼梯是按建筑物一个自然层双跑楼梯考虑，单坡直行楼梯按相应项目人工、材料、机械乘以系数 1.20；三跑楼梯按相应项目人工、材料、机械乘以系数 0.90；四跑楼梯按相应项目人工、材料、机械乘以系数 0.75。剪刀楼梯执行单坡直行楼梯相应系数。

42）地沟项目适用于内截面宽×深≤1200mm×1200mm 的各种沟槽，当内截面宽或深>1200mm 时分解计算，分别套用相应构件项目。

43）散水模板执行垫层相应项目。

44）凸出混凝土柱、梁、墙面的线条，宽度≤300mm 并入相应构件内计算，再按凸出的线条道数执行模板增加费项目；单独窗台板、栏板扶手、墙上的压顶不另计算模板增加费；凸出宽度>300mm 的执行悬挑板项目（包括空调板、飘窗板）。

45）小型构件是指单件体积 0.1m³ 以内且本节未列项目的小型构件。

46）当设计要求为清水混凝土模板时，执行相应模板项目，并做如下调整：将模板材料修改为实际使用的模板材料，其人工按表 9-17 增加工日。

表 9-17 每 100m² 清水混凝土模板增加工日

项目	柱			梁			墙		有梁板、无梁板、平板
	矩形柱	圆形柱	异型柱	矩形梁	异型梁	弧形、拱形梁	直形墙、弧形墙、电梯井壁墙	短肢剪力墙	
工日	4	5.2	6.2	5	5.2	5.8	3	2.4	4

47）后浇带梁、板、墙模板项目按正常施工考虑，因特殊原因造成的支模期延长，其延长部分执行每增加一个月项目，不足一个月按一个月计算。

48）快收口钢板网指后浇带或者不同混凝土强度等级之间分隔使用的成品网片。

（4）预制混凝土构件安装及接头灌缝。

1）预制构件均按现场预制考虑，其模板已包含地模的摊销量。

2）预制混凝土隔板执行预制混凝土架空隔热板项目。

（5）装配式预制混凝土构件安装。

1）装配式预制混凝土构件均按外购成品考虑。装配式预制混凝土构件安装不分构件外形尺寸、截面类型以及是否带有保温，除另有规定者外，均按构件种类执行相应消耗量。

2）装配式预制混凝土构件安装已包括构件固定所需临时支撑的搭设及拆除，支撑（含支撑用预埋铁件）种类数量及搭设方式综合考虑。

3）柱、墙板、女儿墙等构件安装中，构件底部坐浆按砌筑砂浆铺筑考虑，设计采用灌浆料时，将坐浆材料换算成灌浆材料并扣除干混砂浆罐式搅拌机台班，每 10m³ 构件安装另行增加人工 0.7 工日，其余不变。

4）外挂墙板、女儿墙构件安装设计要求接缝处填充保温板时相应保温板消耗量按设计要求增加计算，其余不变。

5）墙板安装不分是否带有门窗洞口，均按相应消耗量执行。凸（飘）窗安装适用于单独预制的凸（飘）窗安装，依附于外墙板制作的凸（飘）窗，并入外墙板内计算，相应人工和机械用量乘以系数 1.20。

6）外挂墙板安装已综合考虑了不同的连接方式，按构件不同类型及厚度套用相应消耗量。

7）楼梯休息平台安装按平台板结构类型不同，分别套用整体楼板或叠合楼板相应消耗量，相应人工、机械，以及除预制混凝土楼板外的材料用量乘以系数 1.30。

8）阳台板安装不分板式或梁式，均套用同一消耗量。空调板安装适用于单独预制的空调板安装，依附于阳台板制作的栏板、翻沿、空调板，并入阳台板内计算。非悬挑的阳台板安装，分别按梁、板安装有关规则计算并套用相应消耗量。

9）女儿墙安装按构件净高以 0.6m 以内和 1.4m 以内分别编制，1.4m 以上时套用外墙板安装消耗量。压顶安装适用于单独预制的压顶安装，依附于女儿墙制作的压顶，并入女儿墙计算。

10）套筒注浆不分部位、方向，按入套筒内的钢筋直径不同，以 $\phi8$ 以内及 $\phi8$ 以上分别编制。

11）外墙嵌缝、打胶中注胶缝的断面按 20mm×15mm 编制。若设计断面与消耗量不同时，密封胶用量按比例调整，其余不变。密封胶按硅酮耐候胶考虑，遇设计采用的种类与消耗量不同时，材料单价进行换算。

（6）装配式后浇混凝土浇捣。

1）后浇混凝土指装配整体式结构中，用于与预制混凝土构件连接形成整体构件的现场浇筑混凝土。

2）墙板或柱等预制垂直构件之间设计采用现浇混凝土墙连接的，当连接墙的长度在 2m 以内时，套用后浇混凝土连接墙、柱消耗量，长度超过 2m 的，按本章现浇混凝土相应项目及规定执行。

3）叠合楼板或整体楼板之间设计采用现浇混凝土板带拼缝的，板带混凝土浇捣并入后浇混凝土叠合梁、板内计算。

4）后浇混凝土钢筋按钢筋部分的相应项目及规定执行。

5）后浇混凝土模板消耗量中已包含了伸出后浇混凝土与预制构件抱合部分模板的用量。

2. 工程量计算规则

（1）混凝土。

1）现浇混凝土。

① 混凝土工程量除另有规定者外，均按设计图示尺寸以体积计算。应扣除型钢所占体积，不扣除构件内钢筋、预埋铁件及墙、板中 0.3m² 以内的孔洞所占体积。型钢所占体积按 7850kg/m³ 计算。

② 基础：按设计图示尺寸以体积计算。

a. 条形基础：不分有肋式与无肋式均按条形基础项目计算，有肋式条形基础，肋高（指基础扩大顶面至梁顶面的高度）≤1.2m 时，合并计算；肋高>1.2m 时，扩大顶面以下的基础部分，按条形基础项目计算，扩大顶面以上部分，按墙项目计算，如图 9-2 所示。

b. 筏形基础：无梁式筏形基础有扩大或角锥形柱墩时，并入无梁式筏形基础内计算；有梁式筏形基础梁高（从板面或板底计算，梁高不含板厚）≤1.2m 时，基础和梁合并计算，梁高>1.2m 时，底板按无梁式筏形基础混凝土项目计算，梁按混凝土墙项目计算。箱式基础分别按基础、柱、墙、梁、板等有

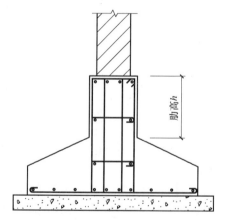

图 9-2 有肋式条形（带形）基础肋高示意图

关规定计算。

c. 设备基础：块体设备基础按不同体积，分别计算；框架式设备基础分别按基础、柱、墙、梁、板等有关规定计算；如同一设备基础部分为块体，部分为框架时，应分别计算。

③ 柱：按设计图示尺寸以体积计算。

a. 有梁板的柱高，应自柱基上表面（或楼板上表面）至上一层楼板上表面之间的高度计算。

b. 无梁板的柱高，应自柱基上表面（或楼板上表面）至柱帽下表面之间的高度计算。

c. 框架柱的柱高，应自柱基上表面至柱顶面高度计算。

d. 构造柱按全高计算，嵌接墙体部分（马牙槎）并入柱身体积。

e. 依附柱上的牛腿，并入柱身体积内计算。

f. 钢管混凝土柱以钢管高度按照钢管内径计算。

g. 斜柱按柱截面面积乘以柱中心斜长计算。

④ 墙：按设计图示尺寸以体积计算，扣除门窗洞口及 $0.3m^2$ 以外孔洞所占体积，墙垛及凸出部分并入墙体积内计算。直形墙中洞口上的梁并入墙体积计算；短肢剪力墙的暗梁、暗柱并入墙体积内计算。

墙与柱连接时墙算至柱边；墙与梁连接时墙算至梁底；墙与板连接时板算至墙侧。

大模内置保温板墙、叠合板现浇混凝土复合墙按设计图示尺寸以体积计算，扣除内置保温板及各种形式叠合板体积。

⑤ 梁：按设计图示尺寸以体积计算。

a. 梁与柱连接时，梁长算至柱侧面。

b. 主梁与次梁连接时，次梁长算至主梁侧面。

⑥ 板：按设计图示尺寸以体积计算，不扣除单个面积 $0.3m^2$ 以内的柱垛及孔洞所占体积，伸入砖墙内的板头并入板体积计算。

a. 有梁板包括梁与板，按梁、板体积之和计算。

b. 无梁板包括板与柱帽，按板和柱帽体积之和计算。

c. 薄壳板的肋、基梁并入薄壳体积内计算。

d. 复合空心板按设计图示尺寸以体积（扣除空心部分）计算。

e. 空心楼板筒芯（箱体）安装项目按筒芯（箱体）外形体积计算。

f. 钢筋桁架楼承板上浇筑混凝土，按设计图示尺寸以体积计算，扣除钢筋桁架楼承板所占体积。

⑦ 栏板、扶手按设计图示尺寸以体积计算。

⑧ 飘窗板指建筑物窗洞口周边凸出外墙面的混凝土板，按设计图示尺寸以伸出外墙部分体积计算，飘窗水平、竖向板均执行飘窗板子目。

⑨ 挂板指水平板面一侧边缘下垂部分的混凝土板，按设计图示尺寸以体积计算。

⑩ 挑檐、天沟按设计图示尺寸以墙外部分体积计算。挑檐、天沟板与板（包括屋面板）连接时，以外墙外边线为分界线；与梁（包括圈梁等）连接时，以梁外边线为分界线；外墙外边线以外为挑檐、天沟。

⑪ 凸阳台（凸出外墙外侧的阳台）按阳台项目，包括梁、板的体积，按梁板之和计算体积；凹进墙内的阳台，按梁、板分别计算；高度≤300mm 的翻沿并入相应项目计算，高

度>300mm 的翻沿按全高并入栏板项目计算；压顶按压顶项目规则计算。

⑫ 雨篷梁、板，以体积计算，高度≤400mm 的栏板并入雨篷体积内计算，栏板高度>400mm 时，全高按栏板计算。

⑬ 楼梯（包括休息平台，平台梁、斜梁及楼梯的连接梁）按设计图示尺寸以水平投影面积计算，不扣除宽度小于 500mm 的楼梯井，伸入墙内部分不计算。当整体楼梯与现浇楼板无梯梁连接时，以楼梯的最后一个踏步边缘加 300mm 为界。

⑭ 散水、台阶按设计图示尺寸，以水平投影面积计算。台阶与平台连接时其投影面积应以最上层踏步外沿加 300mm 计算。

⑮ 场馆看台、地沟、混凝土后浇带按设计图示尺寸以体积计算，地沟不包括垫层体积。

⑯ 二次灌浆按照实际灌注体积计算。

2）预制混凝土。预制混凝土均按图示尺寸以体积计算，不扣除构件内钢筋、铁件及小于 0.3m² 以内孔洞所占体积。

（2）钢筋。

1）现浇、预制构件钢筋，按设计图示钢筋中心线长度乘以单位理论质量以质量计算。

2）钢筋搭接长度及搭接（接头）数量应按设计要求计算；设计要求未标明搭接（接头）位置的，按以下规则计算：

① ϕ10 以内的长钢筋按每 12m 计算一个钢筋搭接（接头）。

② ϕ10 以上的长钢筋按每 9m 计算一个搭接（接头）。

3）先张法预应力钢筋按设计图示钢筋长度乘以单位理论质量计算。

4）后张法预应力钢筋按设计图示钢筋（绞线、丝束）长度乘以单位理论质量计算。

① 低合金钢筋两端均采用螺杆锚具时，钢筋长度按孔道长度减 0.35m 计算，螺杆另行计算。

② 低合金钢筋一端采用镦头插片，另一端采用螺杆锚具时，钢筋长度按孔道长度计算，螺杆另行计算。

③ 低合金钢筋一端采用镦头插片，另一端采用帮条锚具时，钢筋按增加 0.15m 计算；两端均采用帮条锚具时，钢筋长度按孔道长度增加 0.3m 计算。

④ 低合金钢筋采用后张混凝土自锚时，钢筋长度按孔道长度增加 0.35m 计算。

⑤ 低合金钢筋（钢绞线）采用 JM、XM、QM 型锚具，孔道长度≤20m 时，钢筋长度按孔道长度增加 1m 计算；孔道长度>20m 时，钢筋长度按孔道长度增加 1.8m 计算。

⑥ 碳素钢丝采用锥形锚具，孔道长度≤20m 时，钢丝束长度按孔道长度增加 1m 计算；孔道长度>20m 时，钢丝束长度按孔道长度增加 1.8m 计算。

⑦ 碳素钢丝采用墩头锚具时，钢丝束长度按孔道长度增加 0.35m 计算。

5）预应力钢丝束、钢绞线锚具安装按套数计算。

6）当设计要求钢筋接头采用机械连接时，按数量计算，不再计算该处的钢筋搭接长度。

7）植筋按数量计算，植入钢筋按外露和植入部分之和长度乘以单位理论质量计算。

8）型钢混凝土结构中，结构钢筋需穿过型钢时，采用钢筋端头与型钢固定或型钢钻孔钢筋穿过型钢，按照采用方式不同分别执行相应子目，箍筋、主筋、套筒与型钢焊接工程量按焊接接头个数计算，型钢柱（梁）钻孔工程量按钻孔个数计算。

9）地下连续墙钢筋网片、混凝土灌注桩钢筋笼、地下连续墙钢筋笼按设计图示钢筋中心线长度乘以单位理论质量计算。

10）混凝土构件预埋铁件、螺栓按设计图示尺寸，以质量计算。

（3）模板。

1）现浇混凝土构件模板。

① 现浇混凝土构件模板，除另有规定者外，均按模板与混凝土的接触面积计算。

② 基础。

a. 条形基础是指肋高（指基础扩大顶面至梁顶面的高度）≤1.2m 的基础；肋高>1.2m 时，基础底板模板按无肋条形基础项目计算，扩大顶面以上部分模板按混凝土墙项目计算。

b. 独立基础：高度从垫层上表面计算到柱基上表面。

c. 筏形基础：无梁式筏形基础有扩大或角锥形柱墩时，并入无梁式筏形基础内计算，有梁式筏形基础梁高（从板面或板底计算，梁高不含板厚）≤1.2m 时，基础和梁合并计算，梁高>1.2m 时，底板按无梁式筏形基础模板项目计算，梁按混凝土墙模板项目计算。箱式基础应分别按无梁式筏形基础、柱、墙、梁、板的有关规定计算。

d. 设备基础按模板接触面计算。

e. 设备基础地脚螺栓套孔按不同深度以数量计算。

③ 现浇混凝土柱（不含构造柱）、墙的计算高度按结构板面或地面、垫层面至上层结构板面的高度计算；构造柱按图示外露部分面积计算。

④ 有梁板及平板的区分同混凝土部分说明，梁与柱连接时，梁长算至柱侧面；主梁与次梁连接时，次梁长算至主梁侧面。

⑤ 现浇混凝土墙、板上单孔面积在 0.3m² 以内的孔洞，不予扣除，洞侧壁模板亦不增加；单孔面积在 0.3m² 以外时，应予扣除，洞侧壁模板面积并入墙、板模板工程量计算。

⑥ 对拉螺栓堵眼增加费按墙面、柱面、梁面模板接触面计算。

⑦ 墙与柱连接时墙算至柱边；墙与梁连接时墙算至梁底；墙与板连接时板算至墙侧；与剪力墙平齐的暗梁、暗柱并入墙内工程量计算；柱、墙、梁、板、栏板相互连接的重叠部分，应扣除重叠部分的模板面积。

⑧ 现浇混凝土悬挑板、雨篷、阳台按图示外挑部分尺寸的水平投影面积计算，项目内已考虑高度≤300mm 翻沿，翻沿高度>300mm 时，翻沿按全高执行栏板项目。栏板、挂板的定义同混凝土，挂板按照栏板项目乘以系数 1.20。

⑨ 现浇混凝土楼梯（包括休息平台、平台梁、斜梁和楼层板连接的梁）按水平投影面积计算，不扣除宽度小于 500mm 的楼梯井所占面积，楼梯的踏步、踏步板、平台梁等侧面模板不另行计算，伸入墙内部分亦不增加。当整体楼梯与现浇楼板无梯梁连接时，以楼梯的最后一个踏步边缘加 300mm 为界。

⑩ 混凝土台阶不包括梯带，按图示台阶尺寸的水平投影面积计算，台阶端头两侧不另计算模板面积；架空式混凝土台阶按现浇楼梯计算。

⑪ 场馆看台按设计图示尺寸，以水平投影面积计算。

⑫ 凸出混凝土柱、梁、墙面的线条模板增加费以突出楼线的道数按长度计算，圆弧形线条乘以系数 1.20。

⑬ 板或拱形结构的支模高度按板顶平均高度计算。

⑭ 爬模工程量按照爬升设备模板系统与混凝土构件的接触面积以"m²"计算。

⑮ 混凝土地沟按模板与混凝土的实际接触面积计算。

⑯ 大模内置保温板墙、叠合板现浇混凝土复合墙按模板接触面积计算，不扣除 $0.3m^2$ 以内的孔洞。

⑰ 悬挑梁的长度按悬挑支撑物的外边线以外计算。

⑱ 薄壳板、膜壳板均按模板与混凝土的实际接触面积计算，不扣除 $0.3m^2$ 以内的孔洞。

⑲ 后浇带支撑增加费按后浇带的水平投影面积计算。

⑳ 快收口钢板网按实际铺设面积计算，不扣除 $0.3m^2$ 以内的孔洞。

2）现场预制混凝土构件模板。现场预制混凝土构件模板按模板与混凝土的接触面积计算；地模不计算接触面积。

（4）现场预制混凝土构件安装及接头灌缝。

1）预制混凝土构件现场运输及安装，除另有规定外，均按构件设计图示尺寸，以体积计算。

2）预制混凝土构件接头灌缝均按预制混凝土构件体积计算。

（5）装配式预制混凝土构件安装。

1）装配式构件安装工程量按成品构件设计图示尺寸的实体积以"m³"计算，依附于构件制作的各类保温层且饰面层的体积并入相应构件安装中计算，不扣除构件内钢筋、预埋铁件、配管、套管、线盒及单个面积≤ $0.3m^2$ 的孔洞、线箱等所占体积，构件外露钢筋体积亦不再增加。

2）套筒注浆按设计数量以"个"计算。

3）外墙嵌缝、打胶按构件外墙接缝的设计图示尺寸的长度以"m"计算。

（6）装配式后浇混凝土浇捣。

1）装配式构件后浇混凝土浇捣工程量按设计图示尺寸以实体积计算，不扣除混凝土内钢筋、预埋铁件及单个面积≤ $0.3m^2$ 的孔洞等所占体积。

2）装配式构件后浇混凝土钢筋工程量按设计图示钢筋的长度、数量乘以钢筋单位理论质量计算，套用本章相应的钢筋消耗量。

3）装配式构件后浇混凝土模板工程量按后浇混凝土与模板接触面的面积以"m²"计算，伸出后浇混凝土与预制构件咬合部分的模板面积不增加计算。不扣除后浇混凝土墙板上单孔面积≤ $0.3m^2$ 的孔洞，洞侧壁模板亦不增加；应扣除单孔面积≥ $0.3m^2$ 的孔洞，孔洞侧壁模板面积并入相应的墙、板模板工程量内计算。

9.3 混凝土及钢筋混凝土工程工程量清单编制实例

实例1 某现浇钢筋混凝土独立基础的工程量计算

某现浇钢筋混凝土独立基础如图9-3所示，混凝土强度等级为C30，试计算独立基础工程量。

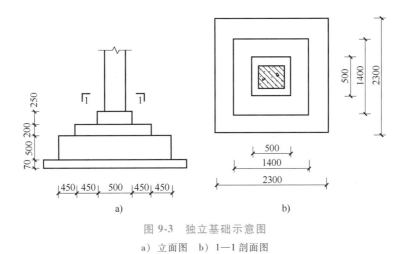

图 9-3　独立基础示意图

a) 立面图　b) 1—1 剖面图

【解】

现浇钢筋混凝土独立基础工程量，应按图示尺寸计算其体积。

$$V = 2.3 \times 2.3 \times 0.5 + 1.4 \times 1.4 \times 0.2 + 0.5 \times 0.5 \times 0.25$$

$$= 2.645 + 0.392 + 0.0625$$

$$\approx 3.1 \ (\text{m}^3)$$

清单工程量见表 9-18。

表 9-18　第 9 章实例 1 清单工程量

项目编码	项目名称	项目特征描述	工程量合计	计量单位
010501003001	独立基础	混凝土强度等级为 C30	3.1	m³

实例 2　某教学楼工程现浇混凝土满堂基础的工程量计算

某教学楼工程现浇混凝土满堂基础如图 9-4 所示，混凝土强度等级为 C30，试计算现浇钢筋混凝土满堂基础的工程量。

【解】

满堂基础的工程量＝底板体积＋墙下部凸出部分体积

$$= (36 + 1 \times 2) \times 11 \times 0.3 + (0.24 + 0.44) \times \frac{1}{2} \times 0.1 \times$$

$$\left[(36 + 9) \times 2 + (36 - 0.24) + (6.6 - 0.24 + 0.24 - 0.24) \times 9 \right]$$

$$= 125.4 + 6.222$$

$$\approx 131.62 \ (\text{m}^3)$$

清单工程量见表 9-19。

表 9-19　第 9 章实例 2 清单工程量

项目编码	项目名称	项目特征描述	工程量合计	计量单位
010501004001	满堂基础	混凝土强度等级为 C30	131.62	m³

实例 3　某独立承台的工程量计算

某独立承台如图 9-5 所示，混凝土强度等级为 C25，试计算独立承台的清单工程量。

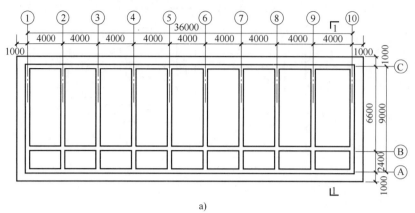

a)

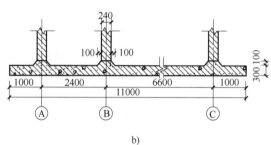

b)

图 9-4 满堂基础示意图

a) 基础平面图 b) 1—1 剖面图

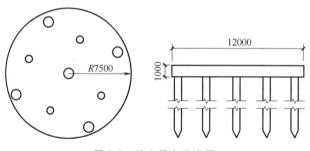

图 9-5 独立承台示意图

【解】

清单工程量 $V = 3.14 \times 7.5^2 \times 1 \approx 176.63$ （m³）

清单工程量见表 9-20。

表 9-20 第 9 章实例 3 清单工程量

项目编码	项目名称	项目特征描述	工程量合计	计量单位
010501005001	桩承台基础	混凝土强度等级为 C25	176.63	m³

实例 4 某现浇混凝土构造柱的工程量计算

如图 9-6 所示为某现浇混凝土构造柱，已知柱高 5m，断面尺寸 400mm×400mm，与砖墙咬接 50mm，试计算其清单工程量。

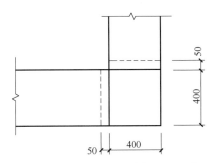

图 9-6　某现浇混凝土构造柱平面示意图

【解】

混凝土构造柱工程量 $V = (0.4 \times 0.4 + 0.05 \times 0.4 \times 2) \times 5 = 1$（$m^3$）

清单工程量见表 9-21。

表 9-21　第 9 章实例 4 清单工程量

项目编码	项目名称	项目特征描述	工程量合计	计量单位
010502002001	构造柱	1. 混凝土种类:现浇混凝土 2. 混凝土强度等级:C20	1	m^3

实例 5　某异型构造柱的工程量计算

某异型构造柱如图 9-7 所示，总高为 20m，共有 30 根，混凝土强度等级为 C25，试计算其工程量。

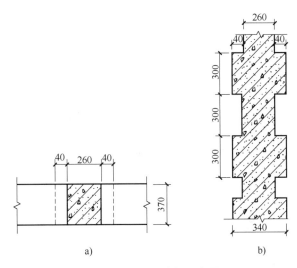

图 9-7　异型构造柱示意图
a）平面图　b）剖面图

【解】

异型柱的工程量 = (图示柱宽度 + 咬口宽度) × 厚度 × 图示高度 × 数量

$\qquad = (0.26 + 0.04) \times 0.37 \times 20 \times 30$

$\qquad = 66.6$（m^3）

清单工程量见表 9-22。

表 9-22　第 9 章实例 5 清单工程量

项目编码	项目名称	项目特征描述	工程量合计	计量单位
010502003001	异型柱	混凝土强度等级为 C25	66.6	m³

实例 6　某工程现浇混凝土花篮梁的工程量计算

某工程有现浇混凝土花篮梁 10 根，如图 9-8 所示，强度等级为 C25，梁端有现浇梁垫，混凝土强度等级为 C25。预拌混凝土，运距为 2.8km（混凝土搅拌站为 25m³/h），试计算其工程量。

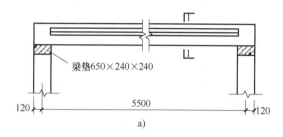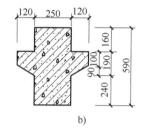

图 9-8　花篮梁尺寸示意图

a）立面图　b）1—1 剖面图

【解】

10 根现浇混凝土异型梁工程量 =（图示断面面积×梁长+梁垫体积）×数量

$$= \left[0.25×0.59×(5.5+0.12×2) + \frac{1}{2}×(0.1+0.19)× \right.$$

$$\left. 0.12×2×(5.5-0.12×2) + 0.65×0.24×0.24×2 \right]×10$$

$$= (0.84665+0.183048+0.07488)×10$$

$$\approx 11.05 \ (m^3)$$

清单工程量见表 9-23。

表 9-23　第 9 章实例 6 清单工程量

项目编码	项目名称	项目特征描述	工程量合计	计量单位
010503003001	异型梁	混凝土强度等级为 C25	11.05	m³

实例 7　某工程挡土墙的工程量计算

组合钢模板、钢支撑挡土墙如图 9-9 所示，长 30m，试计算其清单工程量。

【解】

清单工程量 = 30×0.6×2.5 = 45（m³）

清单工程量见表 9-24。

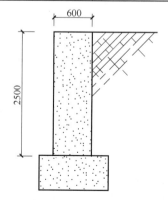

图 9-9　挡土墙示意图

表 9-24　第 9 章实例 7 清单工程量

项目编码	项目名称	项目特征描述	工程量合计	计量单位
010504004001	挡土墙	挡土墙墙厚 600mm	45	m³

实例 8　某工程现浇钢筋混凝土无梁板的工程量计算

某工程现浇钢筋混凝土无梁板尺寸如图 9-10 所示，试计算现浇钢筋混凝土无梁板混凝土的工程量。

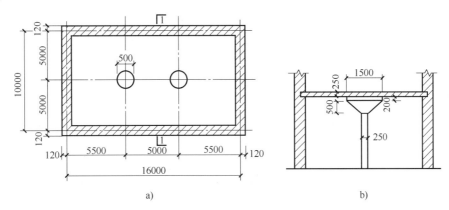

图 9-10　现浇钢筋混凝土无梁板尺寸示意图

a）平面图　b）1—1 剖面图

【解】

无梁板混凝土的工程量 $= 16 \times 10 \times 0.25 + (1.5/2)^2 \times 3.14 \times 0.2 \times 2 + 1/3 \times 3.14 \times$

$$0.5 \times (0.25^2 + 0.75^2 + 0.25 \times 0.75) \times 2$$

$$= 40 + 0.7065 + 0.8504$$

$$\approx 41.56 \ (\text{m}^3)$$

清单工程量见表 9-25。

表 9-25　第 9 章实例 8 清单工程量

项目编码	项目名称	项目特征描述	工程量合计	计量单位
010505002001	无梁板	无梁板	41.56	m³

实例 9　某工程阳台板的工程量计算

某阳台板的剖面图及尺寸图如图 9-11 所示，试计算其工程量。

【解】

（1）定额工程量。

定额工程量 $= 1.8 \times 3.5 = 6.3 \ (\text{m}^2)$

（2）清单工程量。

清单工程量 $= 1.8 \times 3.5 \times 0.155 \approx 0.98 \ (\text{m}^3)$

清单工程量见表 9-26。

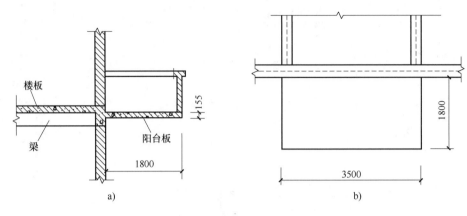

图 9-11　阳台板示意图

a）阳台板剖面图　b）阳台板尺寸图

表 9-26　第 9 章实例 9 清单工程量

项目编码	项目名称	项目特征描述	工程量合计	计量单位
010505008001	雨篷、悬挑板、阳台板	阳台板	0.98	m³

实例 10　某预制混凝土矩形梁的工程量计算

某预制混凝土矩形梁如图 9-12 所示，试计算其工程量。

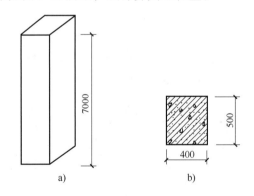

图 9-12　预制混凝土矩形梁示意图

a）立面图　b）剖面图

【解】

清单工程量 = $0.4 \times 0.5 \times 7 = 1.4$（m³）

清单工程量见表 9-27。

表 9-27　第 9 章实例 10 清单工程量

项目编码	项目名称	项目特征描述	工程量合计	计量单位
010510001001	矩形梁	矩形梁	1.4	m³

实例 11 某工程预制混凝土组合屋架的工程量计算

某工程预制混凝土组合屋架如图 9-13 所示,设计采用 C25 混凝土,试计算其工程量。

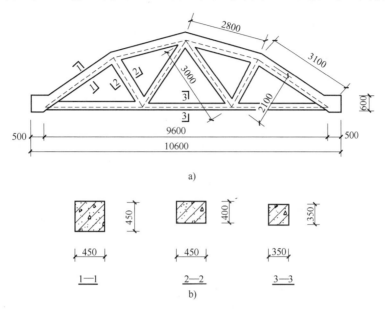

图 9-13 组合屋架示意图

a)立面图 b)剖面图

【解】

清单工程量 = (2.8+3.1)×2×0.45×0.45+(3+2.1)×2×0.45×0.4+10.6×0.35×0.35

$\qquad$ = 2.3895+1.836+1.2985

$\qquad$ ≈ 5.52(m³)

清单工程量见表 9-28。

表 9-28 第 9 章实例 11 清单工程量

项目编码	项目名称	项目特征描述	工程量合计	计量单位
010511002001	组合屋架	混凝土强度等级为 C25	5.52	m³

实例 12 某工程预制槽形板的工程量计算

某工程采用预制槽形板,如图 9-14 所示,混凝土强度等级为 C30,试计算其清单工程量。

【解】

清单工程量 = 0.2×0.08×(4.16×2+1×2)+0.07×1.16×4

$\qquad$ = 0.16512+0.3248

$\qquad$ ≈ 0.49(m³)

清单工程量见表 9-29。

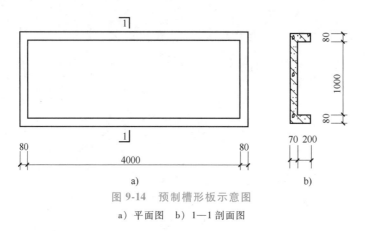

图 9-14　预制槽形板示意图

a）平面图　b）1—1剖面图

表 9-29　第 9 章实例 12 清单工程量

项目编码	项目名称	项目特征描述	工程量合计	计量单位
010512003001	槽形板	混凝土强度等级为 C30	0.49	m³

实例 13　某预制折线板的工程量计算

某工程采用预制折线板，如图 9-15 所示，其混凝土强度等级为 C30，试计算其工程量。

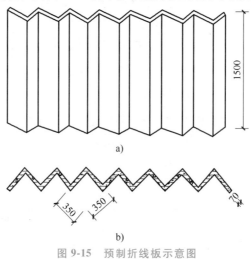

图 9-15　预制折线板示意图

a）立面图　b）剖面图

【解】

清单工程量 $=[(0.35-0.07)\times14+0.07]\times0.07\times1.5\approx0.42$（m³）

清单工程量见表 9-30。

表 9-30　第 9 章实例 13 清单工程量

项目编码	项目名称	项目特征描述	工程量合计	计量单位
010512005001	折线板	混凝土强度等级为 C30	0.42	m³

实例 14　某工程钢筋混凝土框架柱、梁的工程量计算

某工程钢筋混凝土框架（KJ₁）2 根，尺寸如图 9-16 所示，混凝土强度等级柱为 C40，

梁为 C30，混凝土采用泵送预拌混凝土，由施工企业自行采购，根据招标文件要求，现浇混凝土构件实体项目包含模板工程。试计算该钢筋混凝土框架（KJ_1）柱、梁的工程量。

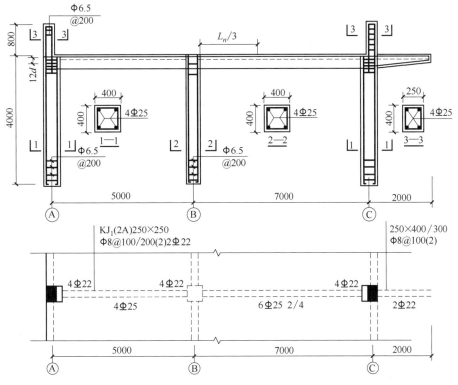

图 9-16　某工程钢筋混凝土框架尺寸示意图

【解】

根据规范规定，梁与柱连接时，梁长算至柱侧面；不扣除构件内钢筋所占体积。

（1）矩形柱。

$V = (0.4 \times 0.4 \times 4 \times 3 + 0.4 \times 0.25 \times 0.8 \times 2) \times 2 = 4.16$（$m^3$）

（2）矩形梁。

$V_1 = (4.6 \times 0.25 \times 0.5 + 6.6 \times 0.25 \times 0.5) \times 2 = 2.8$（$m^3$）

$V_2 = \dfrac{1}{3} \times 1.8 \times (0.4 \times 0.25 + 0.25 \times 0.3 + \sqrt{0.4 \times 0.25 \times 0.25 \times 0.3}) \times 2 \approx 0.31$（$m^3$）

$V = V_1 + V_2$

$\quad = 2.8 + 0.31$

$\quad = 3.11$（m^3）

清单工程量见表 9-31。

表 9-31　第 9 章实例 14 清单工程量

项目编码	项目名称	项目特征描述	工程量合计	计量单位
010502001001	矩形柱	1. 混凝土种类：预拌混凝土 2. 混凝土强度等级：C40	4.16	m^3
010503002001	矩形梁	1. 混凝土种类：预拌混凝土 2. 混凝土强度等级：C30	3.11	m^3

第10章 金属结构工程

10.1 金属结构工程清单工程量计算规则

1. 钢网架

钢网架工程量清单项目设置、项目特征描述、计量单位及工程量计算规则应按表 10-1 的规定执行。

表 10-1 钢网架（编号：010601）

项目编码	项目名称	项目特征描述	计量单位	工程量计算规则	工程内容
010601001	钢网架	1. 钢材品种、规格 2. 网架节点形式、连接方式 3. 网架跨度、安装高度 4. 探伤要求 5. 防火要求	t	按设计图示尺寸以质量计算。不扣除孔眼的质量，焊条、铆钉、螺栓等不另增加质量	1. 拼装 2. 安装 3. 探伤 4. 补刷油漆

2. 钢屋架、钢托架、钢桁架、钢架桥

钢屋架、钢托架、钢桁架、钢架桥工程量清单项目设置、项目特征描述、计量单位及工程量计算规则应按表 10-2 的规定执行。

表 10-2 钢屋架、钢托架、钢桁架、钢架桥（编号：010602）

项目编码	项目名称	项目特征描述	计量单位	工程量计算规则	工程内容
010602001	钢屋架	1. 钢材品种、规格 2. 单榀质量 3. 屋架跨度、安装高度 4. 螺栓种类 5. 探伤要求 6. 防火要求	1. 榀 2. t	1. 以榀计量，按设计图示数量计算 2. 以吨计量，按设计图示尺寸以质量计算。不扣除孔眼的质量，焊条、铆钉、螺栓等不另增加质量	1. 拼装 2. 安装 3. 探伤 4. 补刷油漆
010602002	钢托架	1. 钢材品种、规格 2. 单榀质量 3. 安装高度 4. 螺栓种类 5. 探伤要求 6. 防火要求	t	按设计图示尺寸以质量计算。不扣除孔眼的质量，焊条、铆钉、螺栓等不另增加质量	
010602003	钢桁架				
010602004	钢架桥	1. 桥类型 2. 钢材品种、规格 3. 单榀质量 4. 安装高度 5. 螺栓种类 6. 探伤要求			

注：以榀计量，按标准图设计的应注明标准图代号，按非标准图设计的项目特征必须描述单榀屋架的质量。

3. 钢柱

钢柱工程量清单项目设置、项目特征描述、计量单位及工程量计算规则应按表10-3的规定执行。

表 10-3 钢柱（编号：010603）

项目编码	项目名称	项目特征描述	计量单位	工程量计算规则	工程内容
010603001	实腹钢柱	1. 柱类型 2. 钢材品种、规格 3. 单根柱质量 4. 螺栓种类 5. 探伤要求 6. 防火要求	t	按设计图示尺寸以质量计算。不扣除孔眼的质量，焊条、铆钉、螺栓等不另增加质量，依附在钢柱上的牛腿及悬臂梁等并入钢柱工程量内	1. 拼装 2. 安装 3. 探伤 4. 补刷油漆
010603002	空腹钢柱				
010603003	钢管柱	1. 钢材品种、规格 2. 单根柱重量 3. 螺栓种类 4. 探伤要求 5. 防火要求		按设计图示尺寸以质量计算。不扣除孔眼的质量，焊条、铆钉、螺栓等不另增加质量，钢管柱上的节点板、加强环、内衬管、牛腿等并入钢管柱工程量内	

注：1. 实腹钢柱类型指十字、T、L、H形等。
　　2. 空腹钢柱类型指箱形、格构等。
　　3. 型钢混凝土柱浇筑钢筋混凝土，其混凝土和钢筋应按"混凝土及钢筋混凝土工程"中相关项目编码列项。

4. 钢梁

钢梁工程量清单项目设置、项目特征描述、计量单位及工程量计算规则应按表10-4的规定执行。

表 10-4 钢梁（编号：010604）

项目编码	项目名称	项目特征描述	计量单位	工程量计算规则	工程内容
010604001	钢梁	1. 梁类型 2. 钢材品种、规格 3. 单根重量 4. 螺栓种类 5. 安装高度 6. 探伤要求 7. 防火要求	t	按设计图示尺寸以质量计算。不扣除孔眼的质量，焊条、铆钉、螺栓等不另增加质量，制动梁、制动板、制动桁架、车挡并入钢吊车梁工程量内	1. 拼装 2. 安装 3. 探伤 4. 补刷油漆
010604002	钢吊车梁	1. 钢材品种、规格 2. 单根质量 3. 螺栓种类 4. 安装高度 5. 探伤要求 6. 防火要求			

注：1. 梁类型指H形、L形、T形、箱形、格构式等。
　　2. 型钢混凝土梁浇筑钢筋混凝土，其混凝土和钢筋应按"混凝土及钢筋混凝土工程"中相关项目编码列项。

5. 钢板楼板、墙板

钢板楼板、墙板工程量清单项目设置、项目特征描述、计量单位及工程量计算规则应按表10-5的规定执行。

表 10-5　钢板楼板、墙板（编号：010605）

项目编码	项目名称	项目特征描述	计量单位	工程量计算规则	工程内容
010605001	钢板楼板	1. 钢材品种、规格 2. 钢板厚度 3. 螺栓种类 4. 防火要求	m²	按设计图示尺寸以铺设水平投影面积计算。不扣除单个面积≤0.3m²的柱、垛及孔洞所占面积	1. 制作 2. 运输 3. 安装 4. 刷油漆
010605002	钢板墙板	1. 钢材品种、规格 2. 钢板厚度、复合板厚度 3. 螺栓种类 4. 复合板夹芯材料种类、层数、型号、规格 5. 防火要求		按设计图示尺寸以铺挂面积计算。不扣除单个面积≤0.3m²的梁、孔洞所占面积，包角、包边、窗台泛水等不另加面积	

注：1. 钢板楼板上浇筑钢筋混凝土，其混凝土和钢筋应按"混凝土及钢筋混凝土工程"中相关项目编码列项。
　　2. 压型钢楼板按本表中钢板楼板项目编码列项。

6. 钢构件

钢构件工程量清单项目设置、项目特征描述、计量单位及工程量计算规则应按表 10-6 的规定执行。

表 10-6　钢构件（编号：010606）

项目编码	项目名称	项目特征描述	计量单位	工程量计算规则	工程内容
010606001	钢支撑、钢拉条	1. 钢材品种、规格 2. 构件类型 3. 安装高度 4. 螺栓种类 5. 探伤要求 6. 防火要求	t	按设计图示尺寸以质量计算。不扣除孔眼的质量，焊条、铆钉、螺栓等不另增加质量	1. 拼装 2. 安装 3. 探伤 4. 补刷油漆
010606002	钢檩条	1. 钢材品种、规格 2. 构件类型 3. 单根质量 4. 安装高度 5. 螺栓种类 6. 探伤要求 7. 防火要求			
010606003	钢天窗架	1. 钢材品种、规格 2. 单榀质量 3. 安装高度 4. 螺栓种类 5. 探伤要求 6. 防火要求			

（续）

项目编码	项目名称	项目特征描述	计量单位	工程量计算规则	工程内容
010606004	钢挡风架	1. 钢材品种、规格 2. 单榀质量 3. 螺栓种类 4. 探伤要求 5. 防火要求		按设计图示尺寸以质量计算。不扣除孔眼的质量，焊条、铆钉、螺栓等不另增加质量	1. 拼装 2. 安装 3. 探伤 4. 补刷油漆
010606005	钢墙架				
010606006	钢平台	1. 钢材品种、规格 2. 螺栓种类 3. 防火要求			
010606007	钢走道				
010606008	钢梯	1. 钢材品种、规格 2. 钢梯形式 3. 螺栓种类 4. 防火要求	t		
010606009	钢栏杆	1. 钢材品种、规格 2. 防火要求			
010606010	钢漏斗	1. 钢材品种、规格 2. 漏斗、天沟形式 3. 安装高度 4. 探伤要求		按设计图示尺寸以质量计算。不扣除孔眼的质量，焊条、铆钉、螺栓等不另增加质量，依附漏斗或天沟的型钢并入漏斗或天沟工程量内	
010606011	钢板天沟				
010606012	钢支架	1. 钢材品种、规格 2. 安装高度 3. 防火要求		按设计图示尺寸以质量计算。不扣除孔眼的质量，焊条、铆钉、螺栓等不另增加质量	
010606013	零星钢构件	1. 构件名称 2. 钢材品种、规格			

注：1. 钢墙架项目包括墙架柱、墙架梁和连接杆件。
   2. 钢支撑、钢拉条类型指单式、复式；钢檩条类型指型钢式、格构式；钢漏斗形式指方形、圆形；天沟形式指矩形沟或半圆形沟。
   3. 加工铁件等小型构件，按本表中零星钢构件项目编码列项。

7. 金属制品

金属制品工程量清单项目设置、项目特征描述、计量单位及工程量计算规则应按表10-7的规定执行。

表 10-7 金属制品（编号：010607）

项目编码	项目名称	项目特征描述	计量单位	工程量计算规则	工程内容
010607001	成品空调金属百叶护栏	1. 材料品种、规格 2. 边框材质	m²	按设计图示尺寸以框外围展开面积计算	1. 安装 2. 校正 3. 预埋铁件及安螺栓
010607002	成品栅栏	1. 材料品种、规格 2. 边框及立柱型钢品种、规格			1. 安装 2. 校正 3. 预埋铁件 4. 安螺栓及金属立柱

（续）

项目编码	项目名称	项目特征描述	计量单位	工程量计算规则	工程内容
010607003	成品雨篷	1. 材料品种、规格 2. 雨篷宽度 3. 晾衣杆品种、规格	1. m 2. m²	1. 以米计量，按设计图示接触边以米计算 2. 以平方米计量，按设计图示尺寸以展开面积计算	1. 安装 2. 校正 3. 预埋铁件及安螺栓
010607004	金属网栏	1. 材料品种、规格 2. 边框及立柱型钢品种、规格	m²	按设计图示尺寸以框外围展开面积计算	1. 安装 2. 校正 3. 安螺栓及金属立柱
010607005	砌块墙钢丝网加固	1. 材料品种、规格 2. 加固方式		按设计图示尺寸以面积计算	1. 铺贴 2. 铆固
010607006	后浇带金属网				

注：抹灰钢丝网加固按本表中砌块墙钢丝网加固项目编码列项。

10.2 金属结构工程定额工程量计算规则

1. 定额说明

《房屋建筑与装饰工程消耗量》（TY 01—31—2021）中金属结构工程包括预制钢构件安装、围护体系安装、钢构件现场制作及除锈三节。

（1）预制钢构件安装。

1）预制钢构件均按购入成品到场考虑，不再考虑场外运输。

2）预制钢构件安装包括钢网架安装、厂（库）房钢结构安装、高层钢结构安装等内容。大卖场、物流中心等钢结构安装工程可参照厂（库）房钢结构安装的相应消耗量；高层商务楼、商住楼、医院、教学楼等钢结构安装工程可参照高层钢结构安装相应消耗量。

3）钢构件安装已包含现场施工发生的零星油漆破坏的修补、节点焊接或切割需要的除锈及补漆。预制钢构件的除锈、油漆及防火涂料费用应在成品价格内包含，若成品价格中未包括除锈、油漆及防火涂料等费用，另按"油漆、涂料、裱糊工程"的规定执行。

4）构件安装场内转运水平距离按300m考虑。

5）钢构件安装中预制钢构件以外购成品编制，不考虑施工损耗。

6）钢构件安装项目按檐高20m以内、跨内吊装编制。

7）预制钢结构构件安装按构件种类、重量不同分别套用消耗量。

8）钢构件安装中已包括了施工企业按照质量验收规范要求所需的超声波探伤费用，如设计要求X光拍片检测，费用另行计取。

9）不锈钢螺栓球网架安装套用螺栓球节点网架安装消耗量，同时扣减消耗量中油漆及稀释剂含量，人工乘以系数0.95。

10）钢支座适用于单独成品支座安装。

11）厂（库）房钢结构的柱间支撑、屋面支撑、系杆、撑杆、隔撑、檩条、墙梁、钢天窗架、通风器支架、钢天沟支架、钢板天沟等安装套用"钢支撑等其他构件"安装消耗量。钢墙架柱、钢墙架梁和配套连接杆件套用钢墙架（挡风架）安装消耗量。

12）零星钢构件安装消耗量适用于本章未列项目且单件重量在 50kg 以内的小型构件。高层钢结构的钢平台、钢走道及零星钢构件安装套用厂（库）房钢结构的钢平台、钢走道及零星钢构件安装消耗量，同时汽车式起重机消耗量乘以系数 0.20。

13）组合钢板剪力墙安装套用住宅钢结构 3t 以内钢柱安装消耗量，相应人工、机械及除预制钢柱外的材料用量乘以系数 1.50。

14）钢网架安装按平面网格网架安装考虑，设计为筒壳、球壳及其他曲面结构时，安装人工、机械乘以系数 1.20。

15）钢桁架安装按直线形桁架安装考虑，如设计为曲线、折线形或其他非直线形桁架，安装人工、机械乘以系数 1.20。

16）型钢混凝土组合结构中钢构件安装套用本章相应消耗量，人工、机械乘以系数 1.15。

17）螺旋形楼梯安装套用踏步式楼梯安装消耗量，人工、机械乘以系数 1.30。

18）钢构件安装已考虑现场拼装费用，但未考虑分块或整体吊装的钢网架、钢桁架等施工现场地面平台拼装摊销，如发生，套用现场拼装平台摊销项目。

19）厂（库）房钢结构安装机械按常规方案综合考虑，除另有规定或特殊要求者外，实际发生不同时均按消耗量执行，不做调整。

20）厂（库）房钢构件安装的垂直运输已包括在相应消耗量内，不另行计算。高层钢结构安装的汽车式起重机台班用量为钢构件场内转运用量，垂直运输按措施项目执行。

21）基坑围护中的格构柱安装套用相应项目乘以系数 0.50。同时考虑钢格构柱的拆除及回收残值等因素。

22）螺栓（高强螺栓、剪力栓钉、花篮螺栓）安装，设计使用的材料强度等级、规格与消耗量不同时，可按设计图纸进行调整换算，用量不变。

（2）围护体系安装。

1）钢楼（承）板上混凝土浇捣所需收边板的用量，均已包含在消耗量中，不单独计算。

2）屋面板、墙面板安装需要的包角、包边、窗台泛水等用量，均已包含在相应的消耗量中，不单独计算。

3）墙面板安装按竖装考虑，如发生横向铺设，按相应人工、机械乘以系数 1.20。

4）屋面保温棉已考虑铺设需要的钢丝网费用，如不发生，扣除不锈钢丝含量，同时按 1 工日/100m^2 予以扣减人工用量。

5）屋面墙面保温棉铺设按 50mm 列入，实际铺设厚度不同时可以换算。

6）硅酸钙板灌浆墙面板施工需要的包角、包边、窗台泛水等硅酸钙板用量，均已包含在相应的消耗量中，不单独计算。

7）硅酸钙板墙面板项目中双面隔墙墙体厚度按 180mm、镀锌钢龙骨按 15kg/m^2 编制，设计与消耗量不同时材料调整换算。

8）蒸压砂加气保温块贴面按 60mm 考虑，如发生厚度变化，相应保温块用量调整。

9）钢楼（承）板如因天棚施工需要拆除，增加拆除用工 0.15 工日/m^2。

10）钢楼（承）板安装需要增设的临时支撑用量未考虑，如有发生另行计算。

11）围护体系适用于金属结构屋面工程，如为其他屋面，套用"屋面及防水工程"相应消耗量。

12）保温岩棉铺设仅限于硅酸钙板墙面板配套使用，蒸压砂加气保温块贴面项目仅用于组合钢板墙体配套使用，屋面墙面玻纤保温棉项目配合钢结构围护体系使用，如为其他形式保温套用"保温、隔热、防腐工程"相应消耗量。硅酸钙板包梁包柱仅用于钢结构配套使用。

13）不锈钢天沟、彩钢板天沟展开宽度为600mm，若实际展开宽度与消耗量不同时，板材按比例调整，其他不变。

（3）钢构件现场制作及除锈。

1）适用于非工厂制作的构件，除钢柱、钢梁、钢屋架外的钢构件均套用其他构件消耗量。本消耗量按直线形构件编制，弧形、曲线形构件制作人工、机械乘以系数1.30。

2）现场制作钢构件项目中包含了一般除锈工艺和一遍防锈漆，如采用喷砂除锈，另行套用相应项目。喷砂除锈项目按Sa2.5除锈等级编制。

3）现场制作的钢构件安装套用厂（库）房钢结构安装消耗量。

4）现场制作钢构件的工程，其围护体系套用围护体系安装消耗量。

2. 工程量计算规则

（1）预制钢构件安装。

1）构件安装工程量按成品构件的设计图示尺寸以质量计算，不扣除单个面积≤0.3m² 的孔洞质量，焊缝、铆钉、螺栓等不另增加质量。

2）钢网架安装工程量不扣除孔眼的质量，焊缝、铆钉等不另增加质量。焊接空心球网架质量包括连接钢管杆件、连接球、支托和网架支座等零件的质量；螺栓球节点网架质量包括连接钢管杆件（含高强螺栓、销子、套筒、锥头或封板）、螺栓球、支托和网架支座等零件的质量。

3）依附在钢柱上的牛腿及悬臂梁的质量等并入钢柱的质量内，钢柱上的柱脚板、加劲板、柱顶板、隔板和肋板并入钢柱工程量内。

4）钢管柱上的节点板、加强环、内衬板（管）、牛腿等并入钢管柱的质量内。

5）钢吊车梁工程量包含吊车梁、制动梁、制动板、车挡等。

6）钢平台的工程量包括钢平台的柱、梁、板、斜撑等的质量，依附于钢平台上的钢格栅、钢扶梯及平台栏杆，并入钢平台工程量内。

7）钢楼梯的工程量包括楼梯平台、楼梯梁、楼梯踏步等的质量，钢楼梯上的扶手、栏杆并入钢楼梯工程量内。钢平台、钢楼梯上不锈钢、铸铁或其他非钢材类栏杆、扶手套用装饰部分相应消耗量。

8）钢构件现场拼装平台摊销工程量按现场在平台上实施拼装构件的工程量计算。

9）高强螺栓、栓钉、花篮螺栓等安装配件工程量按设计图示节点工程量计算。

（2）围护体系安装。

1）钢楼（承）板、屋面板按设计图示尺寸以铺设面积计算，不扣除单个面积≤0.3m² 的柱、垛及孔洞所占面积，屋面玻纤保温棉面积同单层压型钢板屋面板面积。

2）压型钢板、彩钢夹芯板、采光板墙面板、墙面玻纤保温棉按设计图示尺寸以铺挂面积计算，不扣除单个面积≤0.3m²孔洞所占面积，墙面玻纤保温棉面积同单层压型钢板墙面板面积。

3）硅酸钙板墙面板按设计图示尺寸的墙体面积以"m^2"计算，不扣除单个面积≤$0.3m^2$的孔洞所占面积。

4）保温岩棉铺设、EPS混凝土浇灌按设计图示尺寸的铺设或浇灌体积以"m^3"计算，不扣除单个面积≤$0.3m^2$的孔洞所占体积。

5）硅酸钙板包柱、包梁及蒸压砂加气保温块贴面工程量按钢构件设计断面周长乘以构件长度，以"m^2"计算。

6）钢板天沟按设计图示尺寸以质量计算，依附天沟的型钢并入天沟的质量内计算；不锈钢天沟、彩钢板天沟按设计图示尺寸以长度计算。

（3）钢构件现场制作及除锈。

构件制作工程量按设计图示尺寸以质量计算，不扣除单个面积≤$0.3m^2$的孔洞质量，焊缝、铆钉、螺栓等不另增加质量。

10.3 金属结构工程工程量清单编制实例

实例1 某钢网架结构的工程量计算

钢网架结构如图10-1所示，试计算其清单工程量。

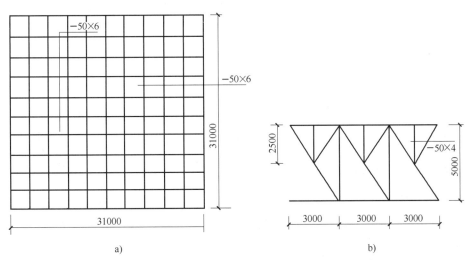

图10-1 钢网架结构示意图
a）网架的总平面布置图 b）每个网格的正立面（侧立面图）

【解】

6mm厚钢板的理论质量为$47.1kg/m^2$；4mm厚钢板的理论质量为$31.4kg/m^2$。

横向上下弦杆件工程量 = $47.1×0.05×31×2×11 = 1606.11$（kg）

横向腹杆工程量 = $31.4×0.05×[(\sqrt{5^2+3^2}+2.5+\sqrt{2.5^2+1.5^2})×10+5×11]×10$
　　　　　　　$≈2629.2$（kg）

纵向上下弦杆件工程量 = $47.1×0.05×31×2×11 = 1606.11$（kg）

纵向腹杆工程量 $= 31.4 \times 0.05 \times [(\sqrt{5^2+3^2} + 2.5 + \sqrt{2.5^2+1.5^2}) \times 10 + 5 \times 11] \times 10$

≈ 2629.2（kg）

总工程量 $= 1606.11 + 2629.2 + 1606.11 + 2629.2 = 8470.62$（kg）$\approx 8.471$（t）

清单工程量见表 10-8。

表 10-8　第 10 章实例 1 清单工程量

项目编码	项目名称	项目特征描述	工程量合计	计量单位
010601001001	钢网架	6mm、4mm 厚钢板	8.471	t

实例 2　某厂房钢屋架的工程量计算

某厂房金属结构工程钢屋架，如图 10-2 所示，上弦钢材单位理论质量为 7.398kg，下弦钢材单位理论质量为 1.58kg，立杆钢材、斜撑钢材和檩托钢材单位理论质量为 3.77kg，连接板单位理论质量为 62.80kg，计算该钢屋架的工程量。

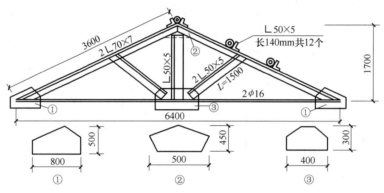

图 10-2　钢屋架示意图

【解】

杆件质量 = 杆件设计图示长度×单位理论质量

上弦质量 $= 3.60 \times 2 \times 2 \times 7.398 = 106.53$（kg）

下弦质量 $= 6.40 \times 2 \times 1.58 = 20.22$（kg）

立杆质量 $= 1.70 \times 3.77 = 6.41$（kg）

斜撑质量 $= 1.50 \times 2 \times 2 \times 3.77 = 22.62$（kg）

檩托质量 $= 0.14 \times 12 \times 3.77 = 6.33$（kg）

多边形钢板质量 = 最大对角线长度×最大宽度×面密度

①号连接板质量 $= 0.8 \times 0.5 \times 2 \times 62.80 = 50.24$（kg）

②号连接板质量 $= 0.5 \times 0.45 \times 62.80 = 14.13$（kg）

③号连接板质量 $= 0.4 \times 0.3 \times 62.80 = 7.54$（kg）

钢屋架的工程量 $= 106.53 + 20.22 + 6.41 + 22.62 + 6.33 + 50.24 + 14.13 + 7.54$

$= 234.02$（kg）

$= 0.234$（t）

清单工程量见表 10-9。

表 10-9　第 10 章实例 2 清单工程量

项目编码	项目名称	项目特征描述	工程量合计	计量单位
010602001001	钢屋架	钢材品种、规格：详见图 10-2	0.234	t

实例 3　某工程钢托架的工程量计算

某工程钢托架如图 10-3 所示。试计算其清单工程量。

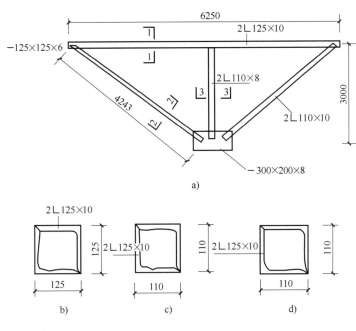

图 10-3　钢托架示意图

a）立面图　b）1—1 剖面图　c）2—2 剖面图　d）3—3 剖面图

【解】

∟125×10 角钢的理论质量为 19.1kg/m。

上弦杆工程量 = 19.1×6.25×2 = 238.75（kg）

∟110×10 角钢的理论质量为 16.7kg/m。

斜向支撑杆工程量 = 16.7×4.243×4 ≈ 283.43（kg）

∟110×8 角钢的理论质量为 13.5kg/m。

竖向支撑杆工程量 = 13.5×3×2 = 81（kg）

8mm 厚钢板的理论质量为 62.8kg/m²。

连接板工程量 = 62.8×0.2×0.3 = 3.768（kg）

6mm 厚钢板的理论质量为 47.1kg/m²。

塞板工程量 = 47.1×0.125×0.125×2 ≈ 1.472（kg）

总工程量 = 238.75+283.43+81+3.768+1.472 = 608.42（kg）≈ 0.608（t）

清单工程量见表 10-10。

表 10-10　第 10 章实例 3 清单工程量

项目编码	项目名称	项目特征描述	工程量合计	计量单位
010602002001	钢托架	∟125×10、∟110×10、∟110×8 角钢，8mm、6mm 厚钢板	0.608	t

实例 4　某 H 形实腹钢柱的工程量计算

某 H 形实腹钢柱如图 10-4 所示，其长度为 5m，试计算其工程量。

【解】

8mm 厚钢板的理论质量为 62.8kg/m^2。

翼缘板工程量 $=62.8×0.12×5×2=75.36$（kg）

6mm 厚钢板的理论质量为 47.1kg/m^2。

腹翼板工程量 $=47.1×5×(0.25-0.008×2)$

$≈55.11$（kg）

总工程量 $=75.36+55.11=130.47$（kg）$≈0.130$（t）

清单工程量见表 10-11。

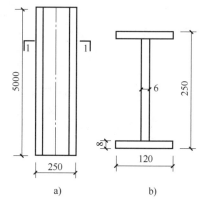

图 10-4　H 形实腹钢柱示意图
a）立面图　b）1—1 剖面图

表 10-11　第 10 章实例 4 清单工程量

项目编码	项目名称	项目特征描述	工程量合计	计量单位
010603001001	实腹钢柱	8mm、6mm 厚钢板	0.130	t

实例 5　某工程空腹钢柱的工程量计算

某工程空腹钢柱如图 10-5 所示（最底层钢板为 12mm 厚），共 2 根，加工厂制作，运输到现场拼装、安装、超声波探伤、耐火极限为二级。钢材单位理论质量见表 10-12，试计算其工程量。

表 10-12　钢材单位理论质量

规格	单位质量	备注
⊏100b×(320×90)	43.1kg/m	槽钢
∟100×100×8	12.3kg/m	角钢
∟140×140×10	21.5kg/m	角钢
−12	94.2kg/m^2	钢板

【解】

⊏100b×(320×90)钢板工程量 $=2.97×2×43.1×2=512.028$（kg）

∟100×100×8 钢板工程量 $=(0.29×6+\sqrt{0.8^2+0.29^2}×6)×12.3×2≈168.40$（kg）

∟140×140×10 钢板工程量 $=(0.32+0.14×2)×4×21.5×2=103.2$（kg）

−12 钢板工程量 $=0.75×0.75×94.2×2=105.975$（kg）

总工程量 $=512.028+168.40+103.2+105.975=889.603$（kg）$≈0.890$（t）

清单工程量见表 10-13。

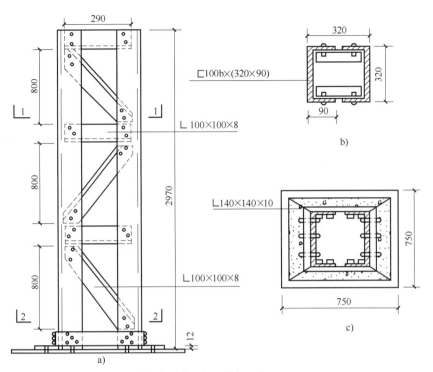

图 10-5　空腹钢柱示意图

a）立面图　b）1—1 剖面图　c）2—2 剖面图

表 10-13　第 10 章实例 5 清单工程量

项目编码	项目名称	项目特征描述	工程量合计	计量单位
010603002001	空腹钢柱	1. 柱类型:简易箱形 2. 钢材品种、规格:槽钢、角钢、钢板,规格详图 3. 单根柱质量:0.45t 4. 螺栓种类:普通螺栓 5. 探伤要求:超声波探伤 6. 防火要求:耐火极限为二级	0.890	t

实例 6　某钢管柱的工程量计算

某钢管柱如图 10-6 所示，试计算该柱的工程量。

【解】

8mm 厚钢板的理论质量为 62.8kg/m²。

上、下底板工程量 = 62.8×0.52×0.52×2 ≈ 33.96（kg）

φ180×8.5 圆柱的理论质量为 35.95kg/m。

φ180×8.5 圆柱工程量 = 35.95×(3.62−0.008×2) ≈ 129.56（kg）

支撑板工程量 = 62.8×0.12×0.3×4×2 ≈ 18.09（kg）

总工程量 = 33.96+129.56+18.09 = 181.61（kg）≈ 0.182（t）

清单工程量见表 10-14。

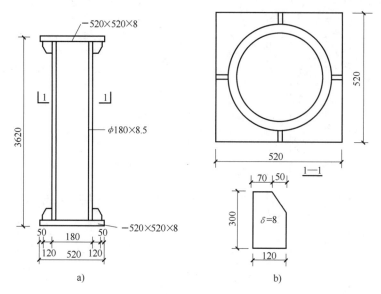

图 10-6　钢管柱示意图

a）柱立面图　b）支撑板详图

表 10-14　第 10 章实例 6 清单工程量

项目编码	项目名称	项目特征描述	工程量合计	计量单位
010603003001	钢管柱	8mm 厚钢板，$\phi180\times8.5$ 圆钢	0.182	t

实例 7　某工程槽形钢梁的工程量计算

某工程槽形钢梁如图 10-7 所示，已知该钢梁长为 5600mm。试计算其清单工程量。

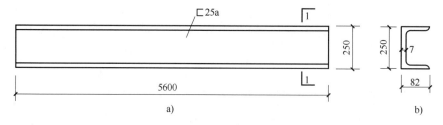

图 10-7　槽形钢梁示意图

a）立面图　b）1—1 剖面图

【解】

[25a 槽钢的理论质量为 27.4kg/m。

清单工程量 = 27.4×5.6 = 153.44（kg）= 0.153（t）

清单工程量见表 10-15。

表 10-15　第 10 章实例 7 清单工程量

项目编码	项目名称	项目特征描述	工程量合计	计量单位
010604001001	钢梁	槽形钢梁，长为 5600mm	0.153	t

实例8 某工程工字梁的工程量计算

某工程梁Ⅰ32a如图10-8所示，长度为5m，试计算其工程量。

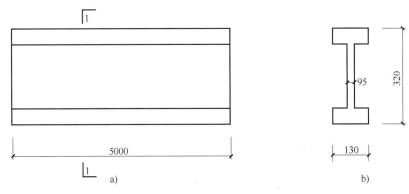

图10-8 工字梁示意图

a) 立面图 b) 1—1剖面图

【解】

Ⅰ32a工字梁的理论质量为52.7kg/m。

清单工程量 = 52.7×5 = 263.5(kg) ≈ 0.264(t)

清单工程量见表10-16。

表10-16 第10章实例8清单工程量

项目编码	项目名称	项目特征描述	工程量合计	计量单位
010604001001	钢梁	Ⅰ32a工字梁	0.264	t

实例9 某工程钢支撑的工程量计算

某工程钢支撑如图10-9所示，钢屋架刷一遍防锈漆，一遍防火漆，试计算其工程量。

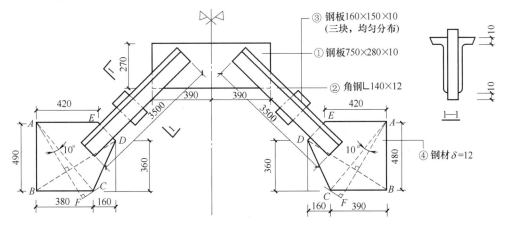

图10-9 某工程钢支撑示意图

【解】

10mm厚钢板的理论质量为78.5kg/m²。

① 钢板工程量 = 0.75×0.28×78.5 = 16.485（kg）

角钢∟140×12 的理论质量为 25.5kg/m。

② 角钢工程量 = 3.5×2×2×25.5 = 357（kg）

③ 钢板工程量 = 0.16×0.15×3×2×78.5 = 11.304（kg）

12mm 厚钢板的理论质量为 94.2kg/m²。

④ 钢板工程量 = (0.16+0.39)×0.48×2×94.2 = 49.738（kg）

总工程量 = ①+②+③+④

= 16.485+357+11.304+49.738

= 434.527（kg）

≈ 0.435（t）

清单工程量见表 10-17。

表 10-17　第 10 章实例 9 清单工程量

项目编码	项目名称	项目特征描述	工程量合计	计量单位
010606001001	钢支撑	钢材品种、规格：钢板 750mm×280mm×10mm；角钢∟140×12；钢板 160mm×150mm×10mm；钢板 δ=12mm；钢屋架刷一遍防锈漆，一遍防火漆	0.435	t

实例 10　某装饰大棚型钢檩条的工程量计算

某装饰大棚型钢檩条尺寸如图 10-10 所示，共 60 根，∟50×32×4 的线密度为 2.49kg/m，试计算其工程量。

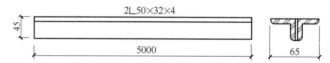

图 10-10　钢檩条尺寸示意图

【解】

钢檩条工程量 = 5×2×2.49×60 = 1494（kg）= 1.494（t）

清单工程量见表 10-18。

表 10-18　第 10 章实例 10 清单工程量

项目编码	项目名称	项目特征描述	工程量合计	计量单位
010606002001	钢檩条	装饰大棚型钢檩条,2∟50×32×4	1.494	t

实例 11　某工程钢直梯的工程量计算

某工程钢直梯如图 10-11 所示，试计算其工程量。

【解】

6mm 厚钢板的理论质量为 47.1kg/m²。

扶手工程量 = 47.1×(0.05×2+0.06×2)×4.6×2 = 95.3304（kg）

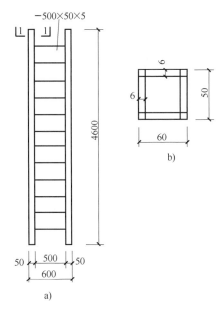

图 10-11　钢直梯示意图

a) 立面图　b) 1—1 剖面图

5mm 厚钢板的理论质量为 $39.2kg/m^2$。

梯板工程量 = $39.2×0.5×0.05×12 = 11.76$（kg）

总工程量 = $95.3304+11.76 = 107.0904$（kg）$≈0.107$（t）

清单工程量见表 10-19。

表 10-19　第 10 章实例 11 清单工程量

项目编码	项目名称	项目特征描述	工程量合计	计量单位
010606008001	钢梯	1. 钢材品种、规格:5mm、6mm 厚钢板 2. 钢梯形式:钢直梯	0.107	t

实例 12　某窗钢栏杆的工程量计算

试计算如图 10-12 所示的窗钢护栏工程量。

【解】

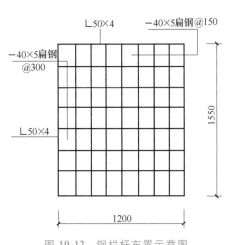

图 10-12　钢栏杆布置示意图

角钢∟50×4 的理论质量为 3.06kg/m。

∟50×4 角钢工程量 = $3.06×(1.2×2+1.55×2)$

$= 16.83$（kg）

5mm 厚钢板的理论质量为 $39.25kg/m^2$。

$-40×5$ 扁钢工程量 = $39.25×0.04×(1.2×6+1.55×7) = 28.3385$（kg）

总工程量 = $16.83+28.3385 = 45.1685$（kg）

$≈0.045$（t）

清单工程量见表 10-20。

表 10-20　第 10 章实例 12 清单工程量

项目编码	项目名称	项目特征描述	工程量合计	计量单位
010606009001	钢栏杆	∟50×4 角钢，— 40×5 扁钢	0.045	t

实例 13　某不规则五边形钢板的工程量计算

某边长不等的不规则五边形钢板尺寸如图 10-13 所示，其厚度为 10mm，试计算其工程量。

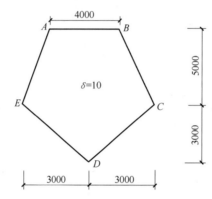

图 10-13　不规则五边形钢板尺寸示意图

【解】

10mm 厚钢板的理论质量为 78.5kg/m²。

清单工程量 = 78.5×(3+3)×(3+5) = 3768（kg）= 3.768（t）

清单工程量见表 10-21。

表 10-21　第 10 章实例 13 清单工程量

项目编码	项目名称	项目特征描述	工程量合计	计量单位
010606013001	零星钢构件	钢板厚度为 10mm	3.768	t

第11章 木结构工程

11.1 木结构工程清单工程量计算规则

1. 木屋架

工程量清单项目设置、项目特征描述的内容、计量单位及工程量计算规则应按表11-1的规定执行。

表 11-1 木屋架（编号：010701）

项目编码	项目名称	项目特征描述	计量单位	工程量计算规则	工程内容
010701001	木屋架	1. 跨度 2. 材料品种、规格 3. 刨光要求 4. 拉杆及夹板种类 5. 防护材料种类	1. 榀 2. m^3	1. 以榀计量，按设计图示数量计算 2. 以立方米计量，按设计图示的规格尺寸以体积计算	1. 制作 2. 运输 3. 安装 4. 刷防护材料
010701002	钢木屋架	1. 跨度 2. 木材品种、规格 3. 刨光要求 4. 钢材品种、规格 5. 防护材料种类	榀	以榀计量，按设计图示数量计算	

注：1. 屋架的跨度应以上、下弦中心线两交点之间的距离计算。

2. 带气楼的屋架和马尾、折角以及正交部分的半屋架，按相关屋架项目编码列项。

3. 以榀计量，按标准图设计的应注明标准图代号，按非标准图设计的项目特征必须按本表要求予以描述。

2. 木构件

工程量清单项目设置、项目特征描述的内容、计量单位及工程量计算规则应按表11-2的规定执行。

表 11-2 木构件（编号：010702）

项目编码	项目名称	项目特征描述	计量单位	工程量计算规则	工程内容
010702001	木柱	1. 构件规格尺寸 2. 木材种类 3. 刨光要求 4. 防护材料种类	m^3	按设计图示尺寸以体积计算	1. 制作 2. 运输 3. 安装 4. 刷防护材料
010702002	木梁				
010702003	木檩		1. m^3 2. m	1. 以立方米计量，按设计图示尺寸以体积计算 2. 以米计量，按设计图示尺寸以长度计算	

（续）

项目编码	项目名称	项目特征描述	计量单位	工程量计算规则	工程内容
010702004	木楼梯	1. 楼梯形式 2. 木材种类 3. 刨光要求 4. 防护材料种类	m²	按设计图示尺寸以水平投影面积计算。不扣除宽度≤300mm 的楼梯井，伸入墙内部分不计算	1. 制作 2. 运输 3. 安装 4. 刷防护材料
010702005	其他木构件	1. 构件名称 2. 构件规格尺寸 3. 木材种类 4. 刨光要求 5. 防护材料种类	1. m³ 2. m	1. 以立方米计量，按设计图示尺寸以体积计算 2. 以米计量，按设计图示尺寸以长度计算	

注：1. 木楼梯的栏杆（栏板）、扶手，应按《房屋建筑与装饰工程工程量计算规范》（GB 50854—2013）附录 Q 中的相关项目编码列项。

2. 以米计量，项目特征必须描述构件规格尺寸。

3. 屋面木基层

工程量清单项目设置、项目特征描述的内容、计量单位及工程量计算规则应按表 11-3 的规定执行。

表 11-3　屋面木基层（编号：010703）

项目编码	项目名称	项目特征描述	计量单位	工程量计算规则	工程内容
010703001	屋面木基层	1. 椽子断面尺寸及椽距 2. 望板材料种类、厚度 3. 防护材料种类	m²	按设计图示尺寸以斜面积计算 不扣除房上烟囱、风帽底座、风道、小气窗、斜沟等所占面积。小气窗的出檐部分不增加面积	1. 椽子制作、安装 2. 望板制作、安装 3. 顺水条和挂瓦条制作、安装 4. 刷防护材料

11.2　木结构工程定额工程量计算规则

1. 定额说明

《房屋建筑与装饰工程消耗量》（TY 01—31—2021）中木结构工程包括传统木结构工程与装配式木结构工程。传统木结构工程指现场制作、安装；装配式木结构工程指工厂制作（预制）、现场安装。

（1）木制件的制作。

1）木材木种均以一、二类木种取定。传统木结构采用三、四类木种时，相应制作人工、机械乘以系数 1.20。

2）设计刨光的木构件应增加刨光损耗，设计要求现场刨光的木材，板方木单面刨光边长加 2.5mm，双面刨光边长加 4mm；圆木全刨光直径加 5mm。

3）屋架跨度是指屋架两端上、下弦中心线交点之间的距离。

4）屋面板制作厚度不同时可进行调整。

5）木屋架、钢木屋架中的钢板、型钢、圆钢用量与设计不同时，可按设计数量另加 6%损耗进行换算，其余不得调整。

（2）预制木构件的安装。

1）地梁板安装已包括底部防水卷材的内容，按墙体厚度不同套用相应消耗量。

2）木构件安装包括构件固定所需临时支撑的搭拆，以及支撑种类、数量及搭设方式。

3）柱、梁安装按材质和截面面积不同套用相应消耗量。

4）墙体木骨架安装按墙体厚度不同套用相应消耗量，墙体龙骨间距按400mm编制，设计与消耗量不同时可按设计数量进行调整。

5）平撑、剪刀撑以及封头板的用量已包括在楼板格栅项目中，不另单独计算。地面格栅和平屋面格栅套用楼板格栅相应消耗量。

6）桁架安装不分直角形、人字形等形式，均套用桁架消耗量。

7）屋面板安装根据屋面形式不同，按两坡以内和两坡以上分别套用相应消耗量。

2. 工程量计算规则

（1）木屋架。

1）木屋架工程量按设计图示尺寸以体积计算。附属于其上的木夹板、垫木、风撑、挑檐木均按图示体积并入相应的屋架工程量内。

2）圆木屋架工程量按设计图示尺寸以体积计算，圆木屋架上的挑檐木、风撑等设计规定为方木时，应将方木体积乘以系数1.70折成圆木并入圆木屋架工程量内。

3）钢木屋架工程量按木屋架设计图示尺寸以体积计算。钢构件的用量已包括在内，不另计算。

4）气楼屋架按设计图示尺寸以体积计算，工程量并入所依附的屋架工程量内。

5）屋架的马尾、折角和正交部分半屋架均按设计图示尺寸以体积计算，工程量并入相连屋架工程量内计算。

（2）木构件。

1）木柱、木梁按设计图示尺寸以体积计算。

2）木楼梯按设计图示尺寸以水平投影面积计算，不扣除宽度≤300mm的楼梯井，伸入墙内部分不另计算。

3）木地楞按设计图示尺寸以体积计算。平撑、剪刀撑、沿游木的用量已包括在内，不另计算。

（3）屋面木基层。

1）屋面椽子、屋面板、挂瓦条、竹帘子工程量按设计图示尺寸以屋面斜面积计算，不扣除屋面烟囱、风帽底座、风道、小气窗及斜沟等所占面积，小气窗的出檐部分不增加面积。

2）封檐板工程量按设计图示檐口外围长度计算。博风板按斜长度计算，设计无规定时每个大刀头增加长度500mm。

3）简支檩木按设计图示尺寸以体积计算，长度设计无规定时，按相邻屋架或山墙中距增加200mm计算，两端出山檩条长度算至博风板，连续檩按设计总长度乘以系数1.05计算。单独挑檐木并入檩条工程量内。檩托木、檩垫木已包括在内，不另计算。

（4）预制木构件安装。

1）地梁板安装按设计图示尺寸以长度计算。

2）木柱、木梁按设计图示尺寸以体积计算。

3）墙体木骨架及墙面板安装按设计图示尺寸以面积计算，不扣除≤0.3m²的孔洞所占面积，孔洞周边加固板不另计算，但墙体木骨架安装应扣除结构柱所占面积。

4）楼板格栅及楼面板安装按设计图示尺寸以面积计算，不扣除≤0.3m²的洞口所占面积，孔洞周边加固板不另计算，但楼板格栅安装应扣除结构梁所占面积。

5）格栅挂架按设计图示数量以套计算。

6）木楼梯安装按设计图示尺寸以水平投影面积计算，不扣除宽度≤500mm 的楼梯井，伸入墙内部分不另计算。

7）屋面椽条和桁架安装按设计图示尺寸以体积计算，不扣除切肢、切角部分所占体积。屋面板安装按设计图示尺寸以展开面积计算。

8）封檐板安装按设计图示尺寸以檐口外围长度计算。

11.3 木结构工程工程量清单编制实例

实例 1 某厂房方木屋架的工程量计算

某厂房方木屋架如图 11-1 所示，共 4 榀，现场制作，不刨光，拉杆为 $\phi10$ 的圆钢，铁件刷防锈漆一遍，轮胎式起重机安装，安装高度 6m。试计算其工程量。

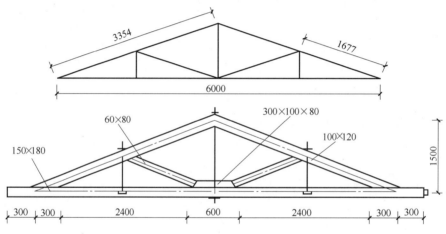

图 11-1 方木屋架示意图

【解】

下弦杆工程量 = 0.15×0.18×6.6×4≈0.713（m³）

上弦杆工程量 = 0.1×0.12×3.354×2×4≈0.322（m³）

斜撑工程量 = 0.06×0.08×1.677×2×4≈0.064（m³）

元宝垫木工程量 = 0.3×0.1×0.08×4≈0.01（m³）

方木屋架工程量 = 0.713+0.322+0.064+0.01≈1.11（m³）

清单工程量见表 11-4。

表 11-4 第 11 章实例 1 清单工程量

项目编码	项目名称	项目特征描述	工程量合计	计量单位
010701001001	木屋架	1. 跨度:6m 2. 材料品种、规格:方木、规格详图 3. 刨光要求:不刨光 4. 拉杆种类:φ10 圆钢 5. 防护材料种类:铁件刷防锈漆一遍	4	榀

实例 2 某钢木屋架的工程量计算

某钢木屋架尺寸如图 11-2 所示，上弦、斜撑采用木材，下弦、中柱采用钢材，跨度为 8m，共 10 榀，屋架刷调和漆两遍，试计算其工程量。

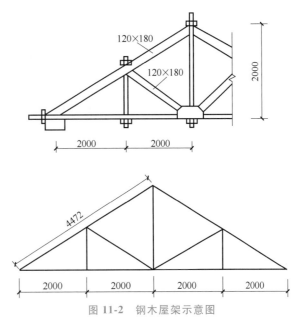

图 11-2 钢木屋架示意图

【解】

（1）定额工程量。

上弦定额工程量 $= 4.472 \times 0.12 \times 0.18 \times 2 \approx 0.19$（$m^3$）

斜撑定额工程量 $= \sqrt{2^2 + \left(\frac{2}{2}\right)^2} \times 0.12 \times 0.18 \times 2 \approx 0.1$（$m^3$）

（2）清单工程量。

清单工程量为 10 榀。

清单工程量见表 11-5。

表 11-5 第 11 章实例 2 清单工程量

项目编码	项目名称	项目特征描述	工程量合计	计量单位
010701002001	钢木屋架	1. 跨度：8m 2. 木材品种、规格：上弦木材截面 120mm×180mm，斜撑木材截面 120mm×180mm 3. 防护材料种类：刷调和漆两遍	10	榀

实例 3 某工程方木柱的工程量计算

某工程方木柱如图 11-3 所示，尺寸为 0.3m×0.35m，高 4m，试计算其工程量。

图 11-3 方木柱示意图

【解】

木柱工程量 $= 4 \times 0.3 \times 0.35 = 0.42$（$m^3$）

清单工程量见表 11-6。

表 11-6　第 11 章实例 3 清单工程量

项目编码	项目名称	项目特征描述	工程量合计	计量单位
010702001001	木柱	方木柱尺寸:4m×0.3m×0.35m	0.42	m³

实例 4　某仿古凉亭采用圆（方）木梁的工程量计算

现欲新建一仿古凉亭，以满足园林设计的需要，如图 11-4 所示。该凉亭若采用圆木梁，则取直径 $d=150\text{mm}$。若采用方木梁，则采用截面面积 150mm×75mm，该梁设置在周边，共 4 根，试计算其清单工程量。

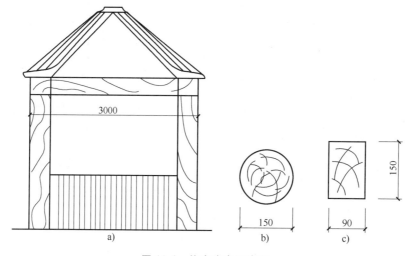

图 11-4　仿古凉亭示意图
a）剖面图　b）圆木梁　c）方木梁

【解】

采用圆木梁工程量 $=3×4×\dfrac{\pi}{4}×0.15^2≈0.21$（m³）

采用方木梁工程量 $=3×4×0.09×0.15≈0.16$（m³）

清单工程量见表 11-7。

表 11-7　第 11 章实例 4 清单工程量

项目编码	项目名称	项目特征描述	工程量合计	计量单位
010702002001	木梁	圆（方）木梁	0.21(0.16)	m³

实例 5　某坡屋面建筑方木檩条的工程量计算

坡屋面建筑如图 11-5 所示，屋面使用连续方木檩条，断面尺寸为 120mm×70mm，房屋外墙长度为 14.6m，两端各出山墙 0.5m，试计算 17 根该檩条的工程量。

【解】

清单工程量 $=(14.6+0.5×2)×(0.12×0.07)×$
　　　　　$17≈2.23$（m³）

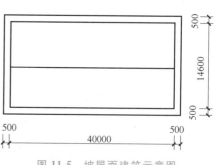

图 11-5　坡屋面建筑示意图

清单工程量见表 11-8。

表 11-8　第 11 章实例 5 清单工程量

项目编码	项目名称	项目特征描述	工程量合计	计量单位
010702003001	木檩	方木檩条,断面尺寸为 120mm×70mm	2.23	m³

实例 6　某住宅楼木楼梯的工程量计算

某住宅楼木楼梯如图 11-6 所示,已知墙厚均为 240mm,试根据图中已知条件,计算其（一层）的工程量。

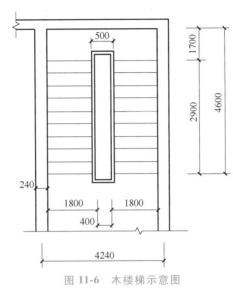

图 11-6　木楼梯示意图

【解】

木楼梯制作安装工程量 = 4.6×4 = 18.4（m²）

实例 7　某建筑物屋面封檐板、博风板的工程量计算

如图 11-7 所示,试计算屋面封檐板、博风板的工程量。

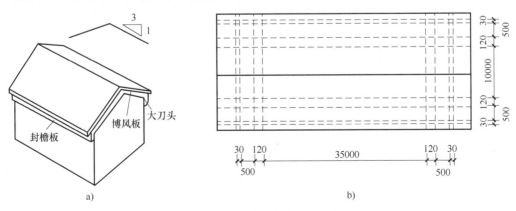

图 11-7　屋面封檐板及博风板示意图

a）三维图　b）平面图

【解】

封檐板工程量 = (35+0.12×2+0.5×2)×2 = 72.48（m）

博风板工程量 = (10+0.12×2+0.5×2+0.03×2)×1.0541×2+0.5×4 ≈ 25.82（m）

总工程量 = 72.48+25.82 = 98.3（m）

清单工程量计算见表 11-9。

表 11-9　第 11 章实例 7 清单工程量

项目编码	项目名称	项目特征描述	工程量合计	计量单位
010702005001	其他木构件	封檐板、博风板	98.3	m

实例 8　某屋面木基层的工程量计算

某屋面木基层如图 11-8 所示，斜面系数为 1.20，试计算其工程量。

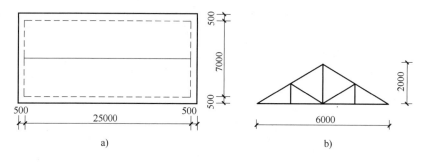

图 11-8　屋面木基层示意图

a）平面图　b）立面图

【解】

屋面木基层工程量 = (25+0.5×2)×(7+0.5×2)×1.2 = 249.6（m²）

清单工程量见表 11-10。

表 11-10　第 11 章实例 8 清单工程量

项目编码	项目名称	项目特征描述	工程量合计	计量单位
010703001001	屋面木基层	屋面木基层	249.6	m²

第12章 门窗工程

12.1 门窗工程清单工程量计算规则

1. 木门

木门工程量清单项目设置、项目特征描述、计量单位及工程量计算规则应按表12-1中的规定执行。

表 12-1 木门（编号：010801）

项目编码	项目名称	项目特征描述	计量单位	工程量计算规则	工程内容
010801001	木质门	1. 门代号及洞口尺寸 2. 镶嵌玻璃品种、厚度	1. 樘 2. m²	1. 以樘计量，按设计图示数量计算 2. 以平方米计量，按设计图示洞口尺寸以面积计算	1. 门安装 2. 玻璃安装 3. 五金安装
010801002	木质门带套				
010801003	木质连窗门				
010801004	木质防火门				
010801005	木门框	1. 门代号及洞口尺寸 2. 框截面尺寸 3. 防护材料种类	1. 樘 2. m	1. 以樘计量，按设计图示数量计算 2. 以米计量，按设计图示框的中心线以延长米计算	1. 木门框制作、安装 2. 运输 3. 刷防护材料
010801006	门锁安装	1. 锁品种 2. 锁规格	个（套）	按设计图示数量计算	安装

注：1. 木质门应区分镶板木门、企口木板门、实木装饰门、胶合板门、夹板装饰门、木纱门、全玻门（带木质扇框）、木质半玻门（带木质扇框）等项目，分别编码列项。

　　2. 木门五金应包括：折页、插销、门碰珠、弓背拉手、搭机、木螺丝、弹簧折页（自动门）、管子拉手（自由门、地弹门）、地弹簧（地弹门）、角铁、门轧头（地弹门、自由门）等。

　　3. 木质门带套计量按洞口尺寸以面积计算，不包括门套的面积，但门套应计算在综合单价中。

　　4. 以樘计量，项目特征必须描述洞口尺寸；以平方米计量，项目特征可不描述洞口尺寸。

　　5. 单独制作安装木门框按木门框项目编码列项。

2. 金属门

金属门工程量清单项目设置、项目特征描述、计量单位及工程量计算规则应按表12-2中的规定执行。

3. 金属卷帘（闸）门

金属卷帘（闸）门工程量清单项目设置、项目特征描述、计量单位及工程量计算规则应按表12-3中的规定执行。

表 12-2　金属门（编号：010802）

项目编码	项目名称	项目特征描述	计量单位	工程量计算规则	工程内容
010802001	金属（塑钢）门	1. 门代号及洞口尺寸 2. 门框或扇外围尺寸 3. 门框、扇材质 4. 玻璃品种、厚度	1. 樘 2. m²	1. 以樘计量，按设计图示数量计算 2. 以平方米计，按设计图示洞口尺寸以面积计算	1. 门安装 2. 五金安装 3. 玻璃安装
010802002	彩板门	1. 门代号及洞口尺寸 2. 门框或扇外围尺寸			
010802003	钢质防火门	1. 门代号及洞口尺寸 2. 门框或扇外围尺寸 3. 门框、扇材质			1. 门安装 2. 五金安装
010802004	防盗门				

注：1. 金属门应区分金属平开门、金属推拉门、金属地弹门、全玻门（带金属扇框）、金属半玻门（带扇框）等项目，分别编码列项。
　　2. 铝合金门五金包括：地弹簧、门锁、拉手、门插、门铰、螺丝等。
　　3. 金属门五金包括L形执手插锁（双舌）、执手锁（单舌）、门轨头、地锁、防盗门机、门眼（猫眼）、门碰珠、电子锁（磁卡锁）、闭门器、装饰拉手等。
　　4. 以樘计量，项目特征必须描述洞口尺寸，没有洞口尺寸必须描述门框或扇外围尺寸，以平方米计量，项目特征可不描述洞口尺寸及框、扇的外围尺寸。
　　5. 以平方米计量，无设计图示洞口尺寸，按门框、扇外围以面积计算。

表 12-3　金属卷帘（闸）门（编号：010803）

项目编码	项目名称	项目特征描述	计量单位	工程量计算规则	工程内容
010803001	金属卷帘（闸）门	1. 门代号及洞口尺寸 2. 门材质 3. 启动装置品种、规格	1. 樘 2. m²	1. 以樘计量，按设计图示数量计算 2. 以平方米计量，按设计图示洞口尺寸以面积计算	1. 门运输、安装 2. 启动装置、活动小门、五金安装
010803002	防火卷帘（闸）门				

注：以樘计量，项目特征必须描述洞口尺寸；以平方米计量，项目特征可不描述洞口尺寸。

4. 厂库房大门、特种门

厂库房大门、特种门工程量清单项目设置、项目特征描述、计量单位及工程量计算规则应按表 12-4 的规定执行。

表 12-4　厂库房大门、特种门（编号：010804）

项目编码	项目名称	项目特征描述	计量单位	工程量计算规则	工程内容
010804001	木板大门	1. 门代号及洞口尺寸 2. 门框或扇外围尺寸 3. 门框、扇材质 4. 五金种类、规格 5. 防护材料种类	1. 樘 2. m²	1. 以樘计量，按设计图示数量计算 2. 以平方米计量，按设计图示洞口尺寸以面积计算	1. 门（骨架）制作、运输 2. 门、五金配件安装 3. 刷防护材料
010804002	钢木大门				
010804003	全钢板大门				
010804004	防护铁丝门			1. 以樘计量，按设计图示数量计算 2. 以平方米计量，按设计图示门框或扇以面积计算	
010804005	金属格栅门	1. 门代号及洞口尺寸 2. 门框或扇外围尺寸 3. 门框、扇材质 4. 启动装置的品种、规格		1. 以樘计量，按设计图示数量计算 2. 以平方米计量，按设计图示洞口尺寸以面积计算	1. 门安装 2. 启动装置、五金配件安装

（续）

项目编码	项目名称	项目特征描述	计量单位	工程量计算规则	工程内容
010804006	钢质花饰大门	1. 门代号及洞口尺寸 2. 门框或扇外围尺寸 3. 门框、扇材质	1. 樘 2. m²	1. 以樘计量,按设计图示数量计算 2. 以平方米计量,按设计图示门框或扇以面积计算	1. 门安装 2. 五金配件安装
010804007	特种门			1. 以樘计量,按设计图示数量计算 2. 以平方米计量,按设计图示洞口尺寸以面积计算	

注：1. 特种门应区分冷藏门、冷冻间门、保温门、变电室门、隔声门、防射线门、人防门、金库门等项目，分别编码列项。

2. 以樘计量，项目特征必须描述洞口尺寸，没有洞口尺寸必须描述门框或扇外围尺寸；以平方米计量，项目特征可不描述洞口尺寸及框、扇的外围尺寸。

3. 以平方米计量，无设计图示洞口尺寸，按门框、扇外围以面积计算。

5. 其他门

其他门工程量清单项目设置、项目特征描述、计量单位及工程量计算规则应按表 12-5 中的规定执行。

表 12-5　其他门（编号：010805）

项目编码	项目名称	项目特征描述	计量单位	工程量计算规则	工程内容
010805001	电子感应门	1. 门代号及洞口尺寸 2. 门框或扇外围尺寸 3. 门框、扇材质 4. 玻璃品种、厚度 5. 启动装置的品种、规格 6. 电子配件品种、规格	1. 樘 2. m²	1. 以樘计量,按设计图示数量计算 2. 以平方米计量,按设计图示洞口尺寸以面积计算	1. 门安装 2. 启动装置、五金、电子配件安装
010805002	旋转门				
010805003	电子对讲门	1. 门代号及洞口尺寸 2. 门框或扇外围尺寸 3. 门材质 4. 玻璃品种、厚度 5. 启动装置的品种、规格 6. 电子配件品种、规格			
010805004	电动伸缩门				
010805005	全玻自由门	1. 门代号及洞口尺寸 2. 门框或扇外围尺寸 3. 框材质 4. 玻璃品种、厚度			1. 门安装 2. 五金安装
010805006	镜面不锈钢饰面门	1. 门代号及洞口尺寸 2. 门框或扇外围尺寸 3. 框、扇材质 4. 玻璃品种、厚度			
010805007	复合材料门				

注：1. 以樘计量，项目特征必须描述洞口尺寸，没有洞口尺寸必须描述门框或扇外围尺寸；以平方米计量，项目特征可不描述洞口尺寸及框、扇的外围尺寸。

2. 以平方米计量，无设计图示洞口尺寸，按门框、扇外围以面积计算。

6. 木窗

木窗工程量清单项目设置、项目特征描述、计量单位及工程量计算规则应按表 12-6 中的规定执行。

表 12-6　木窗（编号：010806）

项目编码	项目名称	项目特征描述	计量单位	工程量计算规则	工程内容
010806001	木质窗	1. 窗代号及洞口尺寸 2. 玻璃品种、厚度 3. 防护材料种类	1. 樘 2. m²	1. 以樘计量，按设计图示数量计算 2. 以平方米计量，按设计图示洞口尺寸以面积计算	1. 窗安装 2. 五金、玻璃安装
010806002	木飘（凸）窗				
010806003	木橱窗	1. 窗代号 2. 框截面及外围展开面积 3. 玻璃品种、厚度 4. 防护材料种类		1. 以樘计量，按设计图示数量计算 2. 以平方米计量，按设计图示尺寸以框外围展开面积计算	1. 窗制作、运输、安装 2. 五金、玻璃安装 3. 刷防护材料
010806004	木纱窗	1. 窗代号及框的外围尺寸 2. 纱窗材料品种、规格		1. 以樘计量，按设计图示数量计算 2. 以平方米计量，按框的外围尺寸以面积计算	1. 窗安装 2. 五金安装

注：1. 木质窗应区分木百叶窗、木组合窗、木天窗、木固定窗、木装饰空花窗等项目，分别编码列项。

　　2. 以樘计量，项目特征必须描述洞口尺寸，没有洞口尺寸必须描述窗框外围尺寸；以平方米计量，项目特征可不描述洞口尺寸及框的外围尺寸。

　　3. 以平方米计量，无设计图示洞口尺寸，按窗框外围以面积计算。

　　4. 木橱窗、木飘（凸）窗以樘计量，项目特征必须描述框截面及外围展开面积。

　　5. 木窗五金包括：折页、插销、风钩、木螺丝、滑轮滑轨（推拉窗）等。

7. 金属窗

金属窗工程量清单项目设置及工程量计算规则应按表 12-7 中的规定执行。

表 12-7　金属窗（编号：010807）

项目编码	项目名称	项目特征描述	计量单位	工程量计算规则	工程内容
010807001	金属（塑钢、断桥）窗	1. 窗代号及洞口尺寸 2. 框、扇材质 3. 玻璃品种、厚度	1. 樘 2. m²	1. 以樘计量，按设计图示数量计算 2. 以平方米计量，按设计图示洞口尺寸以面积计算	1. 窗安装 2. 五金、玻璃安装
010807002	金属防火窗				
010807003	金属百叶窗				
010807004	金属纱窗	1. 窗代号及洞口尺寸 2. 框材质 3. 窗纱材料品种、规格		1. 以樘计量，按设计图示数量计算 2. 以平方米计量，按框的外围尺寸以面积计算	
010807005	金属格栅窗	1. 窗代号及洞口尺寸 2. 框外围尺寸 3. 框、扇材质		1. 以樘计量，按设计图示数量计算 2. 以平方米计量，按设计图示洞口尺寸以面积计算	
010807006	金属（塑钢、断桥）橱窗	1. 窗代号 2. 框外围展开面积 3. 框、扇材质 4. 玻璃品种、厚度 5. 防护材料种类		1. 以樘计量，按设计图示数量计算 2. 以平方米计量，按设计图示尺寸以框外围展开面积计算	1. 窗制作、运输、安装 2. 五金、玻璃安装 3. 刷防护材料

（续）

项目编码	项目名称	项目特征描述	计量单位	工程量计算规则	工程内容
010807007	金属（塑钢、断桥）飘（凸）窗	1. 窗代号 2. 框外围展开面积 3. 框、扇材质 4. 玻璃品种、厚度	1. 樘 2. m²	1. 以樘计量,按设计图示数量计算 2. 以平方米计量,按设计图示尺寸以框外围展开面积计算	1. 窗安装 2. 五金、玻璃安装
010807008	彩板窗	1. 窗代号及洞口尺寸 2. 框外围尺寸 3. 框、扇材质 4. 玻璃品种、厚度		1. 以樘计量,按设计图示数量计算 2. 以平方米计量,按设计图示洞口尺寸或框外围以面积计算	
010807009	复合材料窗				

注: 1. 金属窗应区分金属组合窗、防盗窗等项目,分别编码列项。

    2. 以樘计量,项目特征必须描述洞口尺寸,没有洞口尺寸必须描述窗框外围尺寸;以平方米计量,项目特征可不描述洞口尺寸及框的外围尺寸。

    3. 以平方米计量,无设计图示洞口尺寸,按窗框外围以面积计算。

    4. 金属橱窗、飘（凸）窗以樘计量,项目特征必须描述框外围展开面积。

    5. 金属窗五金包括:折页、螺丝、执手、卡锁、铰拉、风撑、滑轮、滑轨、拉把、拉手、角码、牛角制等。

8. 门窗套

门窗套工程量清单项目设置、项目特征描述、计量单位及工程量计算规则应按表12-8中的规定执行。

表 12-8　门窗套 （编号：010808）

项目编码	项目名称	项目特征描述	计量单位	工程量计算规则	工程内容
010808001	木门窗套	1. 窗代号及洞口尺寸 2. 门窗套展开宽度 3. 基层材料种类 4. 面层材料品种、规格 5. 线条品种、规格 6. 防护材料种类	1. 樘 2. m² 3. m	1. 以樘计量,按设计图示数量计算 2. 以平方米计量,按设计图示尺寸以展开面积计算 3. 以米计量,按设计图示中心以延长米计算	1. 清理基层 2. 立筋制作、安装 3. 基层板安装 4. 面层铺贴 5. 线条安装 6. 刷防护材料
010808002	木筒子板	1. 筒子板宽度 2. 基层材料种类 3. 面层材料品种、规格 4. 线条品种、规格 5. 防护材料种类			
010808003	饰面夹板筒子板				
010808004	金属门窗套	1. 窗代号及洞口尺寸 2. 门窗套展开宽度 3. 基层材料种类 4. 面层材料品种、规格 5. 防护材料种类			1. 清理基层 2. 立筋制作、安装 3. 基层板安装 4. 面层铺贴 5. 刷防护材料
010808005	石材门窗套	1. 窗代号及洞口尺寸 2. 门窗套展开宽度 3. 粘结层厚度、砂浆配合比 4. 面层材料品种、规格 5. 线条品种、规格			1. 清理基层 2. 立筋制作、安装 3. 基层抹灰 4. 面层铺贴 5. 线条安装

（续）

项目编码	项目名称	项目特征描述	计量单位	工程量计算规则	工程内容
010808006	门窗木贴脸	1. 门窗代号及洞口尺寸 2. 贴脸板宽度 3. 防护材料种类	1. 樘 2. m	1. 以樘计量，按设计图示数量计算 2. 以米计量，按设计图示尺寸以延长米计算	安装
010808007	成品木门窗套	1. 窗代号及洞口尺寸 2. 门窗套展开宽度 3. 门窗套材料品种、规格	1. 樘 2. m² 3. m	1. 以樘计量，按设计图示数量计算 2. 以平方米计量，按设计图示尺寸以展开面积计算 3. 以米计量，按设计图示中心以延长米计算	1. 清理基层 2. 立筋制作、安装 3. 板安装

注：1. 以樘计量，项目特征必须描述洞口尺寸、门窗套展开宽度。

2. 以平方米计量，项目特征可不描述洞口尺寸、门窗套展开宽度。

3. 以米计量，项目特征必须描述门窗套展开宽度、筒子板及贴脸宽度。

4. 木门窗套适用于单独门窗套的制作、安装。

9. 窗台板

窗台板工程量清单项目设置、项目特征描述、计量单位及工程量计算规则应按表 12-9 中的规定执行。

表 12-9　窗台板（编号：010809）

项目编码	项目名称	项目特征描述	计量单位	工程量计算规则	工程内容
010809001	木窗台板	1. 基层材料种类 2. 窗台面板材质、规格、颜色 3. 防护材料种类	m²	按设计图示尺寸以展开面积计算	1. 基层清理 2. 基层制作、安装 3. 窗台板制作、安装 4. 刷防护材料
010809002	铝塑窗台板				
010809003	金属窗台板				
010809004	石材窗台板	1. 粘结层厚度、砂浆配合比 2. 窗台板材质、规格、颜色			1. 基层清理 2. 抹找平层 3. 窗台板制作、安装

10. 窗帘、窗帘盒、轨

窗帘、窗帘盒、轨工程量清单项目设置、项目特征描述、计量单位及工程量计算规则应按表 12-10 中的规定执行。

表 12-10　窗帘、窗帘盒、轨（编号：010810）

项目编码	项目名称	项目特征描述	计量单位	工程量计算规则	工程内容
010810001	窗帘（杆）	1. 窗帘材质 2. 窗帘高度、宽度 3. 窗帘层数 4. 带幔要求	1. m 2. m²	1. 以米计量，按设计图示尺寸以成活后长度计算 2. 以平方米计量，按图示尺寸以成活后展开面积计算	1. 制作、运输 2. 安装
010810002	木窗帘盒	1. 窗帘盒材质、规格 2. 防护材料种类	m	按设计图示尺寸以长度计算	1. 制作、运输、安装 2. 刷防护材料
010810003	饰面夹板、塑料窗帘盒				
010810004	铝合金窗帘盒				

（续）

项目编码	项目名称	项目特征描述	计量单位	工程量计算规则	工程内容
010810005	窗帘轨	1. 窗帘轨材质、规格 2. 轨的数量 3. 防护材料种类	m	按设计图示尺寸以长度计算	1. 制作、运输、安装 2. 刷防护材料

注：1. 窗帘若是双层，项目特征必须描述每层材质。

2. 窗帘以米计量，项目特征必须描述窗帘高度和宽。

12.2 门窗工程定额工程量计算规则

1. 定额说明

《房屋建筑与装饰工程消耗量》（TY 01—31—2021）门窗工程包括木门及门框，金属门，金属卷帘（闸），厂库房大门、特种门，其他门，金属窗，门钢架、门窗套，窗台板，窗帘、窗帘盒、窗帘轨，门五金十节。

（1）木门及门框。

套装木门安装包括门套和门扇的安装。

（2）金属门、窗。

1）铝合金门窗安装项目（固定窗、百叶窗除外）按隔热断桥铝合金型材考虑，当设计为普通铝合金型材时，按相应项目执行，其中人工乘以系数 0.80。

2）金属门连窗，门、窗应分别执行相应项目。

3）彩板钢窗附框安装执行彩板钢门附框安装项目。

4）钢制防盗门、防火门如用聚氨酯发泡密封胶（750mL/支）填缝，则去掉项目中的水泥砂浆，增加聚氨酯发泡密封胶 81.48 支/100m^2，人工不变。

5）钢制防盗门、防火门安装项目未包括门框灌浆，设计要求时需另外计算。

6）阳台封闭窗、转角窗安装执行相应飘凸窗安装项目。

（3）金属卷帘（闸）。

1）金属卷帘（闸）项目是按卷帘侧装（即安装在洞口内侧或外侧）考虑的，当设计为中装（即安装在洞口中）时，按相应项目执行，其中人工乘以系数 1.10。

2）金属卷帘（闸）项目是按不带活动小门考虑的，当设计为带活动小门时，按相应项目执行，其中人工乘以系数 1.07，材料调整为带活动小门金属卷帘（闸）。

3）防火卷帘（闸）（无机布基防火卷帘除外）按镀锌钢板卷帘（闸）项目执行，并将材料中的镀锌钢板卷帘换为相应的防火卷帘。

（4）厂库房大门、特种门。

1）厂库房大门及特种门已包括门扇所用铁件，除成品门附件以外，墙、柱、楼地面等部位的预埋铁件按设计要求，另按"混凝土及钢筋混凝土工程"中相应项目执行。

2）特种门安装项目按成品门安装考虑。

（5）其他门。

1）全玻璃门扇安装项目按地弹门考虑，其中地弹簧用量可按实际调整。

2）全玻璃门门框、横梁、立柱钢架的制作安装及饰面装饰，按门钢架相应项目执行。

3）全玻璃门有框亮子安装按全玻璃有框门扇安装项目执行，人工乘以系数 0.75，地弹簧换为膨胀螺栓，用量调整为 277.55 个/100m²；无框亮子安装按固定玻璃安装项目执行。

4）电子感应自动门传感装置、伸缩门电动装置安装已包括调试用工。

（6）门钢架、门窗套。

1）门钢架基层、面层项目未包括封边线条，设计要求时，另按"其他装饰工程"中相应线条项目执行。

2）门窗套、门窗筒子板均执行门窗套（筒子板）项目。

3）门窗贴脸为成品线条时，按"其他装饰工程"相应线条项目执行，筒子板仍按本章规定的计算规则执行相应项目。

4）门窗套（筒子板）项目未包括封边线条，设计要求时，按"其他装饰工程"中相应线条项目执行。

（7）窗台板、窗帘盒。

1）窗台板与暖气罩相连时，窗台板并入暖气罩，按"其他装饰工程"中相应暖气罩项目执行。

2）石材窗台板安装项目按成品窗台板考虑。实际为非成品需现场加工时，石材加工另按"其他装饰工程"中石材加工相应项目执行。

3）窗帘盒项目按高 250mm、宽 150mm 规格考虑，设计不同时可按帷幕板执行相应项目。

4）窗帘帷幕板项目按单面粘贴面层考虑，设计为双面粘贴面层时，执行相应项目，人工乘以系数 1.20，材料中调整木质饰面板消耗量。

（8）门五金。

1）木门（扇）安装项目（木质防火门除外）中五金配件的安装仅包括合页安装人工和合页材料费，设计要求的其他五金另按"门五金"中门特殊五金相应项目执行。

2）木质防火门、金属门窗、金属卷帘（闸）、厂库房大门、特种门、其他门（全玻璃门扇除外）为成品门窗（含五金），包括五金安装人工。

3）全玻璃扇安装项目中仅包括地弹簧安装的人工和材料费，设计要求的其他五金另按"门五金"中门特殊五金相应项目执行。

2. 工程量计算规则

（1）木门及门框。

1）木门框按设计图示框的中心线长度计算。

2）木门扇安装按设计图示扇面积计算。

3）套装木门安装按设计图示数量计算。

4）木质防火门安装按设计图示洞口面积计算。

（2）金属门、窗。

1）铝合金门窗、塑钢门窗（飘凸窗除外）均按设计图示门、窗洞口面积计算。

2）门连窗按设计图示洞口面积分别计算门、窗面积，其中窗的宽度算至门框的外边线。

3）纱门、纱窗扇按设计图示扇外围面积计算。

4）飘凸窗按设计图示框型材外边线尺寸以展开面积计算。

5）钢质防火门、防盗门、防火窗按设计图示门洞口面积计算。

6）防盗窗按设计图示窗框外围面积计算。

7）彩板钢门窗按设计图示门、窗洞口面积计算。彩板钢门窗附框按框中心线长度计算。

（3）金属卷帘（闸）。

金属卷帘（闸）按设计图示卷帘门宽度乘以卷帘门高度（包括卷帘箱高度）以面积计算。电动装置安装按设计图示套数计算。

（4）厂库房大门、特种门。

1）厂库房大门按设计图示扇面积计算。

2）特种门按设计图示门洞口面积计算。

（5）其他门。

1）全玻有框门扇按设计图示扇边框外边线尺寸以扇面积计算。

2）全玻无框（条夹）门扇按设计图示扇面积计算，高度算至条夹外边线，宽度算至玻璃外边线。

3）全玻无框（点夹）门扇按设计图示玻璃外边线尺寸以扇面积计算。

4）无框亮子按设计图示门框与横梁或立柱内边缘尺寸玻璃面积计算。

5）全玻转门按设计图示数量计算。

6）不锈钢伸缩门按设计图示尺寸以长度计算。

7）传感和电动装置按设计图示套数计算。

（6）门钢架、门窗套。

1）门钢架按设计图示尺寸以质量计算。

2）门钢架基层、面层按设计图示饰面外围尺寸展开面积计算。

3）门窗套（筒子板）龙骨、面层、基层均按设计图示饰面外围尺寸展开面积计算。

4）成品木质门窗套按设计图示饰面外围尺寸展开面积计算。

（7）窗台板、窗帘、窗帘盒、窗帘轨。

1）窗台板按设计图示长度乘以宽度以面积计算。图纸未注明尺寸的，窗台板长度按窗框的外围宽度两边共加100mm计算。窗台板凸出墙面的宽度按墙面外加50mm计算。

2）布窗帘按设计尺寸成活后展开面积计算。百叶帘、卷帘按设计窗帘宽度乘以高度以面积计算。

3）窗帘盒、窗帘轨按设计图示长度计算。

4）窗帘帷幕板按设计图示尺寸单面面积计算，伸入天棚内的面积与露明面积合并计算。

12.3 门窗工程工程量清单编制实例

实例1 某冷藏门的工程量计算

某冷藏门尺寸如图12-1所示，其中保温层厚度为150mm，试计算其清单工程量。

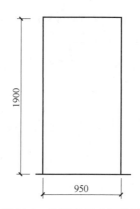

图 12-1　冷藏门尺寸示意图

【解】

清单工程量 = 1 樘

清单工程量见表 12-11。

表 12-11　第 12 章实例 1 清单工程量

项目编码	项目名称	项目特征描述	工程量合计	计量单位
010804007001	特种门	冷藏门	1	樘

实例 2　某工程某户居室门窗的工程量计算

某工程某户居室门窗布置如图 12-2 所示，分户门为成品钢质防盗门，室内门为成品实木门代套，⑥轴上Ⓑ轴至Ⓒ轴间为成品塑钢门代窗（无门套）；①轴上Ⓒ轴至Ⓔ轴间为塑钢门，框边安装成品门套，展开宽度为 350mm；所有窗为成品塑钢窗，具体尺寸见表 12-12。试计算该户居室的门窗、门窗套的工程量。

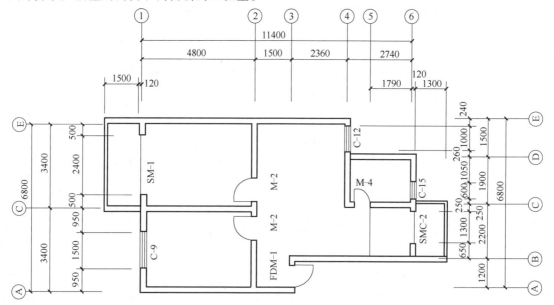

图 12-2　某户居室门窗平面布置图

表 12-12 某户居室门窗

名称	代号	洞口尺寸/mm	备注
成品钢质防盗门	FDM-1	800×2100	含锁、五金
成品实木门带套	M-2	800×2100	含锁、普通五金
	M-4	700×2100	
成品平开塑钢窗	C-9	1500×1500	夹胶玻璃(6+2.5+6)型材为钢塑90系列,普通五金
	C-12	1000×1500	
	C-15	600×1500	
成品塑钢门带窗	SMC-2	门(700×2100)、窗(600×1500)	
成品塑钢门	SM-1	2400×2100	

【解】

成品钢质防盗门工程量 = $0.8×2.1 = 1.68$ （m^2）

成品实木门带套工程量 = $0.8×2.1×2+0.7×2.1×1 = 4.83$ （m^2）

成品平开塑钢窗工程量 = $1.5×1.5+1×1.5+0.6×1.5×2 = 5.55$ （m^2）

成品塑钢门工程量 = $0.7×2.1+2.4×2.1 = 6.51$ （m^2）

成品门套工程量 = 1 樘

清单工程量见表 12-13。

表 12-13 第 12 章实例 2 清单工程量

项目编码	项目名称	项目特征描述	工程量合计	计量单位
010802004001	成品钢质防盗门	1. 门代号及洞口尺寸:FDM-1(800mm×2100mm) 2. 门框、扇材质:钢质	1.68	m^2
010801002001	成品实木门带套	门代号及洞口尺寸:M-2(800mm×2100mm)、M-4(700mm×2100mm)	4.83	m^2
010807001001	成品平开塑钢窗	1. 窗代号及洞口尺寸:C-9(1500mm×1500mm)、C-12(1000mm×1500mm)、C-15(600mm×1500mm) 2. 框扇材质:塑钢90系列 3. 玻璃品种、厚度:夹胶玻璃(6+2.5+6)	5.55	m^2
010802001001	成品塑钢门	1. 门代号及洞口尺寸:SM-1(2400mm×2100mm)、SMC-2(门:700mm×2100mm;窗:600mm×1500mm) 2. 门框、扇材质:塑钢90系列 3. 玻璃品种、厚度:夹胶玻璃(6+2.5+6)	6.51	m^2
010808007001	成品门套	1. 门代号及洞口尺寸:SM-1(2400mm×2100mm) 2. 门套展开宽度:350mm 3. 门套材料品种:成品实木门套	1	樘

实例 3 某工程木制窗帘盒的工程量计算

某工程有 20 个窗户,其窗帘盒为木制,如图 12-3 所示。试计算其清单工程量。

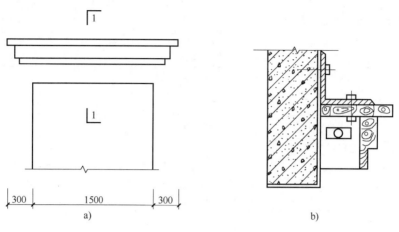

图 12-3   某工程木制窗帘盒示意图

a）立面图   b）1—1 剖面图

【解】

窗帘盒的工程量＝（1.5＋0.3×2）×20＝42（m）

清单工程量见表 12-14。

表 12-14   第 12 章实例 3 清单工程量

项目编码	项目名称	项目特征描述	工程量合计	计量单位
010810002001	木窗帘盒	木制窗帘盒	42	m

第13章 屋面及防水工程

13.1 屋面及防水工程清单工程量计算规则

1. 瓦、型材及其他屋面

瓦、型材及其他屋面工程量清单项目设置、项目特征描述、计量单位及工程量计算规则应按表 13-1 的规定执行。

表 13-1 瓦、型材及其他屋面（编号：010901）

项目编码	项目名称	项目特征描述	计量单位	工程量计算规则	工程内容
010901001	瓦屋面	1. 瓦品种、规格 2. 粘结层砂浆的配合比	m²	按设计图示尺寸以斜面积计算 不扣除房上烟囱、风帽底座、风道、小气窗、斜沟等所占面积。小气窗的出檐部分不增加面积	1. 砂浆制作、运输、摊铺、养护 2. 安瓦、作瓦脊
010901002	型材屋面	1. 型材品种、规格 2. 金属檩条材料品种、规格 3. 接缝、嵌缝材料种类			1. 檩条制作、运输、安装 2. 屋面型材安装 3. 接缝、嵌缝
010901003	阳光板屋面	1. 阳光板品种、规格 2. 骨架材料品种、规格 3. 接缝、嵌缝材料种类 4. 油漆品种、刷漆遍数		按设计图示尺寸以斜面积计算 不扣除屋面面积 ≤ 0.3m² 孔洞所占面积	1. 骨架制作、运输、安装、刷防护材料、油漆 2. 阳光板安装 3. 接缝、嵌缝
010901004	玻璃钢屋面	1. 玻璃钢品种、规格 2. 骨架材料品种、规格 3. 玻璃钢固定方式 4. 接缝、嵌缝材料种类 5. 油漆品种、刷漆遍数			1. 骨架制作、运输、安装、刷防护材料、油漆 2. 玻璃钢制作、安装 3. 接缝、嵌缝
010901005	膜结构屋面	1. 膜布品种、规格 2. 支柱(网架)钢材品种、规格 3. 钢丝绳品种、规格 4. 锚固基座做法 5. 油漆品种、刷漆遍数		按设计图示尺寸以需要覆盖的水平投影面积计算	1. 膜布热压胶接 2. 支柱(网架)制作、安装 3. 膜布安装 4. 穿钢丝绳、锚头锚固 5. 锚固基座挖土、回填 6. 刷防护材料、油漆

注：1. 瓦屋面若是在木基层上铺瓦，项目特征不必描述粘结层砂浆的配合比，瓦屋面铺防水层，按表 13-2 屋面防水及其他中相关项目编码列项。

2. 型材屋面、阳光板屋面、玻璃钢屋面的柱、梁、屋架，按"金属结构工程""木结构工程"中相关项目编码列项。

2. 屋面防水及其他

屋面防水剂其他工程量清单项目设置、项目特征描述、计量单位及工程量计算规则应按表 13-2 的规定执行。

表 13-2 屋面防水及其他（编号：010902）

项目编码	项目名称	项目特征描述	计量单位	工程量计算规则	工程内容
010902001	屋面卷材防水	1. 卷材品种、规格、厚度 2. 防水层数 3. 防水层做法	m²	按设计图示尺寸以面积计算 1. 斜屋顶（不包括平屋顶找坡）按斜面积计算，平屋顶按水平投影面积计算	1. 基层处理 2. 刷底油 3. 铺油毡卷材、接缝
010902002	屋面涂膜防水	1. 防水膜品种 2. 涂膜厚度、遍数 3. 增强材料种类		2. 不扣除房上烟囱、风帽底座、风道、屋面小气窗和斜沟所占面积 3. 屋面的女儿墙、伸缩缝和天窗等处的弯起部分，并入屋面工程量内	1. 基层处理 2. 刷基层处理剂 3. 铺布、喷涂防水层
010902003	屋面刚性层	1. 刚性层厚度 2. 混凝土强度等级 3. 嵌缝材料种类 4. 钢筋规格、型号		按设计图示尺寸以面积计算，不扣除房上烟囱、风帽底座、风道等所占面积	1. 基层处理 2. 混凝土制作、运输、铺筑、养护 3. 钢筋制作、安装
010902004	屋面排水管	1. 排水管品种、规格 2. 雨水斗、山墙出水口品种、规格 3. 接缝、嵌缝材料种类 4. 油漆品种、刷漆遍数	m	按设计图示尺寸以长度计算，如设计未标注尺寸，以檐口至设计室外散水上表面垂直距离计算	1. 排水管及配件安装、固定 2. 雨水斗、山墙出水口、雨水算子安装 3. 接缝、嵌缝 4. 刷漆
010902005	屋面排（透）气管	1. 排（透）气管品种、规格 2. 接缝、嵌缝材料种类 3. 油漆品种、刷漆遍数		按设计图示尺寸以长度计算	1. 排（透）气管及配件安装、固定 2. 铁件制作、安装 3. 接缝、嵌缝 4. 刷漆
010902006	屋面（廊、阳台）泄（吐）水管	1. 吐水管品种、规格 2. 接缝、嵌缝材料种类 3. 吐水管长度 4. 油漆品种、刷漆遍数	根（个）	按设计图示数量计算	1. 水管及配件安装、固定 2. 接缝、嵌缝 3. 刷漆
010902007	屋面天沟、檐沟	1. 材料品种、规格 2. 接缝、嵌缝材料种类	m²	按设计图示尺寸以展开面积计算	1. 天沟材料铺设 2. 天沟配件安装 3. 接缝、嵌缝 4. 刷防护材料
010902008	屋面变形缝	1. 嵌缝材料种类 2. 止水带材料种类 3. 盖缝材料 4. 防护材料种类	m	按设计图示以长度计算	1. 清缝 2. 填塞防水材料 3. 止水带安装 4. 盖缝制作、安装 5. 刷防护材料

注：1. 屋面刚性层无钢筋，其钢筋项目特征不必描述。
2. 屋面找平层按"楼地面装饰工程"中"平面砂浆找平层"的项目编码列项。
3. 屋面防水搭接及附加层用量不另行计算，在综合单价中考虑。
4. 屋面保温找坡层按"保温、隔热、防腐工程"中"保温隔热屋面"的项目编码列项。

3. 墙面防水、防潮

墙面防水、防潮工程量清单项目设置、项目特征描述、计量单位及工程量计算规则应按表 13-3 的规定执行。

表 13-3 墙面防水、防潮（编号：010903）

项目编码	项目名称	项目特征描述	计量单位	工程量计算规则	工程内容
010903001	墙面卷材防水	1. 卷材品种、规格、厚度 2. 防水层数 3. 防水层做法	m²	按设计图示尺寸以面积计算	1. 基层处理 2. 刷胶粘剂 3. 铺防水卷材 4. 接缝、嵌缝
010903002	墙面涂膜防水	1. 防水膜品种 2. 涂膜厚度、遍数 3. 增强材料种类			1. 基层处理 2. 刷基层处理剂 3. 铺布、喷涂防水层
010903003	墙面砂浆防水（防潮）	1. 防水层做法 2. 砂浆厚度、配合比 3. 钢丝网规格			1. 基层处理 2. 挂钢丝网片 3. 设置分格缝 4. 砂浆制作、运输、摊铺、养护
010903004	墙面变形缝	1. 嵌缝材料种类 2. 止水带材料种类 3. 盖缝材料 4. 防护材料种类	m	按设计图示以长度计算	1. 清缝 2. 填塞防水材料 3. 止水带安装 4. 盖缝制作、安装 5. 刷防护材料

注：1. 墙面防水搭接及附加层用量不另行计算，在综合单价中考虑。

2. 墙面变形缝，若做双面，工程量乘系数 2。

3. 墙面找平层按"墙、柱面装饰与隔断、幕墙工程"中"立面砂浆找平层"的项目编码列项。

4. 楼（地）面防水、防潮

楼（地）面防水、防潮工程量清单项目设置、项目特征描述、计量单位及工程量计算规则应按表 13-4 的规定执行。

表 13-4 楼（地）面防水、防潮（编号：010904）

项目编码	项目名称	项目特征描述	计量单位	工程量计算规则	工程内容
010904001	楼（地）面卷材防水	1. 卷材品种、规格、厚度 2. 防水层数 3. 防水层做法 4. 反边高度	m²	按设计图示尺寸以面积计算 1. 楼（地）面防水：按主墙间净空面积计算，扣除凸出地面的构筑物、设备基础等所占面积，不扣除间壁墙及单个面积≤0.3m²的柱、垛、烟囱和孔洞所占面积 2. 楼（地）面防水反边高度≤300mm 算作地面防水，反边高度>300mm 算作墙面防水计算	1. 基层处理 2. 刷胶粘剂 3. 铺防水卷材 4. 接缝、嵌缝
010904002	楼（地）面涂膜防水	1. 防水膜品种 2. 涂膜厚度、遍数 3. 增强材料种类 4. 反边高度			1. 基层处理 2. 刷基层处理剂 3. 铺布、喷涂防水层
010904003	楼（地）面砂浆防水（防潮）	1. 防水层做法 2. 砂浆厚度、配合比 3. 反边高度			1. 基层处理 2. 砂浆制作、运输、摊铺、养护

（续）

项目编码	项目名称	项目特征描述	计量单位	工程量计算规则	工程内容
010904004	楼（地）面变形缝	1. 嵌缝材料种类 2. 止水带材料种类 3. 盖缝材料 4. 防护材料种类	m	按设计图示以长度计算	1. 清缝 2. 填塞防水材料 3. 止水带安装 4. 盖缝制作、安装 5. 刷防护材料

注：1. 楼（地）面防水找平层按"楼地面装饰工程"中"平面砂浆找平层"的项目编码列项。

2. 楼（地）面防水搭接及附加层用量不另行计算，在综合单价中考虑。

13.2 屋面及防水工程定额工程量计算规则

1. 定额说明

《房屋建筑与装饰工程消耗量》（TY 01—31—2021）屋面及防水工程包括屋面工程、防水工程及其他共两节。

瓦屋面、金属板屋面、采光板屋面、玻璃采光顶、防水、水落管、水口、水斗、沥青砂浆填缝、变形缝盖板、止水带等项目是按标准或常用材料编制，设计与消耗量不同时，材料及用量可调整，人工、机械不变；屋面保温等项目执行"保温、隔热、防腐工程"相应项目，找平层等项目执行"楼地面装饰工程"相应项目。

（1）屋面工程。

1）黏土瓦若穿铁丝钉圆钉，每100m² 增加11工日，增加镀锌低碳钢丝（22号）3.5kg，圆钉2.5kg；若用挂瓦条，每100m² 增加4工日，增加挂瓦条（尺寸25mm×30mm）300.3m，圆钉2.5kg。瓦屋面木挂瓦条等项目执行"木结构工程"相应项目。

2）金属板屋面中一般金属板屋面执行彩钢板和彩钢夹芯板项目；装配式单层金属压型板屋面区分檩距不同执行消耗量项目。

3）采光板屋面如设计为滑动式采光顶，可以按设计增加U形滑动盖帽等部件，调整材料、人工乘以系数1.05。

4）膜结构屋面的钢支柱、锚固支座混凝土基础等执行其他章节相应项目。

5）25%<坡度≤45%及人字形、锯齿形、弧形等不规则瓦屋面，人工乘以系数1.30；坡度>45%的，人工乘以系数1.43。

（2）防水工程及其他。

1）防水。

① 细石混凝土防水层使用钢筋网时，执行"混凝土及钢筋混凝土工程"相应项目。

② 平（屋）面以坡度≤15%为准，15%<坡度≤25%的，按相应项目的人工乘以系数1.18；25%<坡度≤45%及人字形、锯齿形、弧形等不规则屋面或平面，人工乘以系数1.30；坡度>45%的，人工乘以系数1.43。

③ 防水卷材、防水涂料及防水砂浆，以平面和立面列项，实际施工桩头、地沟、零星部位时，人工乘以系数1.43；单个房间楼地面面积≤8m² 时，人工乘以系数1.30。

④ 卷材防水附加层套用卷材防水相应项目，人工乘以系数1.43。

⑤ 立面是以直形为依据编制的，弧形者，相应项目的人工乘以系数1.18。

⑥ 冷粘法以满铺为依据编制的，点、条铺粘者按其相应项目的人工乘以系数0.91，胶

粘剂乘以系数 0.70。

⑦ 刚性防水水泥砂浆内掺防水粉、防水剂项目，如设计与消耗量不同时，掺合剂及其含量可以换算，人工不变。

2）屋面排水。

① 水落管、水口、水斗均按材料成品、现场安装考虑。

② 铁皮屋面及铁皮排水项目内已包括铁皮咬口和搭接的工料。

3）变形缝与止水带。

变形缝、止水带、钢板盖缝、橡胶板盖缝项目，设计断面与消耗量不同时，材料可以换算，人工和机械不变。

① 变形缝嵌填缝项目中，建筑油膏、聚氯乙烯胶泥设计断面取定为 30mm×20mm；油浸木丝板取定为 150mm×25mm；其他填料取定为 150mm×30mm。

② 变形缝盖板，木板盖板断面取定为 200mm×25mm；铝合金盖板厚度取定为 1mm；不锈钢板厚度取定为 1mm。铝合金盖板和不锈钢盖板材料展开宽度平面按 590mm、立面按 500mm 编制。

③ 钢板（紫铜板）止水带展开宽度为 450mm，氯丁橡胶宽度为 300mm，涂刷式氯丁胶贴玻璃纤维止水片宽度为 350mm，其他均为 150mm×30mm。

2. 工程量计算规则

（1）屋面工程。

1）各种屋面（包括挑檐部分）均按设计图示尺寸以面积计算（斜屋面按斜面面积计算），不扣除房上烟囱、风帽底座、风道、小气窗、斜沟和脊瓦等所占面积，小气窗的出檐部分也不增加。

2）S 形瓦、瓷质波形瓦、彩色混凝土瓦屋面的正斜脊瓦、檐口线，按设计图示尺寸以长度计算。

3）采光板屋面和玻璃采光顶屋面按设计图示尺寸以面积计算，不扣除面积 $\leq 0.3m^2$ 的孔洞所占面积。

4）膜结构屋面按设计图示尺寸以需要覆盖的水平投影面积计算。

（2）防水工程及其他。

1）防水。

① 屋面防水按设计图示尺寸以面积计算（斜屋面按斜面面积计算），不扣除房上烟囱、风帽底座、风道、屋面小气窗等所占面积，上翻部分也不另计算；屋面的女儿墙、伸缩缝和天窗等处的弯起部分，按设计图示尺寸计算；弯起部分 $\leq 300mm$ 时，计入平面工程量内，弯起部分 >300mm 时，计入立面工程量内；设计无规定时，伸缩缝、女儿墙、天窗的弯起部分按 500mm 计算，计入立面工程量内。

② 楼地面防水、防潮层按设计图示尺寸以主墙间净面积计算，扣除凸出地面的构筑物、设备基础等所占面积，不扣除间壁墙及单个面积 $\leq 0.3m^2$ 的柱、垛、烟囱和孔洞所占面积，平面与立面交接处，上翻高度 $\leq 300mm$ 时，按展开面积并入平面工程量内计算，高度 >300mm 时，按立面防水层计算。

③ 墙基防水、防潮层，外墙按外墙中心线长度、内墙按墙体净长度乘以宽度，以面积计算。

④ 墙的立面防水、防潮层，无论内墙、外墙，均按设计图示尺寸以面积计算。

⑤ 基础底板的防水、防潮层按设计图示尺寸以面积计算，不扣除桩头所占面积。桩头处外包防水按桩头投影外扩300mm以面积计算，地沟处防水按展开面积计算，均计入平面工程量，执行相应规定。

⑥ 屋面、楼地面及墙面、基础底板等，其防水搭接、拼缝、压边、留槎用量已综合考虑，不另行计算，卷材防水附加层按设计铺贴尺寸以面积计算。

⑦ 屋面分格缝按设计图示尺寸以长度计算。

2）屋面排水。

① 水落管、镀锌铁皮天沟、檐沟按设计图示尺寸，以长度计算；设计无规定时，按檐口至室外散水上表面的垂直距离计算。

② 水斗、下水口、雨水口、弯头、短管等，均以设计数量计算。

③ 种植屋面排水按设计尺寸以铺设排水层面积计算；不扣除房上烟囱、风帽底座、风道、屋面小气窗、斜沟和脊瓦等所占面积，以及面积≤0.3m² 的孔洞所占面积，屋面小气窗的出檐部分也不增加。

④ 屋面检查孔盖板和风帽以设计数量计算。

3）变形缝与止水带。变形缝（嵌填缝与盖板）与止水带按设计图示尺寸，以长度计算。

13.3 屋面及防水工程工程量清单编制实例

实例1 某沥青玻璃布卷材楼面防水的工程量计算

某沥青玻璃布卷材楼面防水示意图如图13-1所示，已知墙厚均为240mm，试根据图中给出的条件，计算其清单工程量。

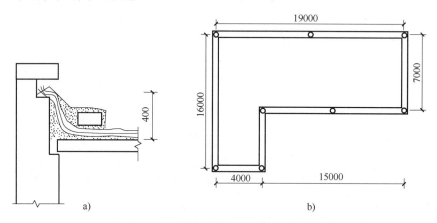

图 13-1 沥青玻璃布卷材楼面防水示意图

a）立面图 b）平面图

【解】

$$清单工程量 = (16-0.24) \times (4-0.24) + 15 \times (7-0.24) +$$
$$[(16-0.24) \times 2 + (19-0.24) \times 2] \times 0.4$$
$$= 59.2576 + 101.4 + 27.616$$
$$\approx 188.27 \ (m^2)$$

实例2 某屋面卷材防水的工程量计算

试计算如图 13-2 所示的一毡二油卷材屋面工程量。女儿墙与楼梯间屋面墙交接处卷材弯起高度为 250mm。

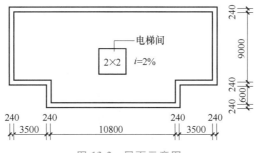

图 13-2 屋面示意图

【解】

$$
\begin{aligned}
\text{屋面卷材防水工程量} &= (3.5\times2+10.8+0.24\times2)\times9+10.8\times(1.6+0.24)+ \\
&\quad [(18.28+9)\times2+(1.6+0.24)\times2]\times0.25 \\
&= 164.52+19.872+14.56 \\
&\approx 198.95 \ (\text{m}^2)
\end{aligned}
$$

清单工程量见表 13-5。

表 13-5 第 13 章实例 2 清单工程量

项目编码	项目名称	项目特征描述	工程量合计	计量单位
010902001001	屋面卷材防水	一毡二油卷材	198.95	m²

实例3 某屋面刚性防水的工程量计算

某工程屋面采用屋面刚性防水，如图 13-3 所示，已知墙厚均为 240mm，试计算其清单工程量。

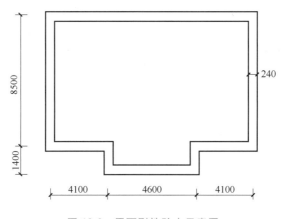

图 13-3 屋面刚性防水示意图

【解】

清单工程量 $= 8.5 \times (4.1+4.6+4.1)+1.4 \times 4.6$

$\qquad\qquad = 108.8+6.44$

$\qquad\qquad = 115.24 \ (m^2)$

实例 4　某屋面排水管的工程量计算

如图 13-4 所示某屋面排水管采用铸铁水落管（共 10 根），根据图示尺寸试求其工程量。

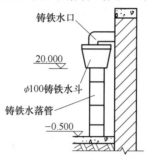

图 13-4　屋面水排管铸铁水落管示意图

【解】

铸铁水落管工程量 $= (20+0.5) \times 10 = 205 \ (m)$

清单工程量见表 13-6。

表 13-6　第 13 章实例 4 清单工程量

项目编码	项目名称	项目特征描述	工程量合计	计量单位
010902004001	屋面水排管	铸铁水落管	205	m

实例 5　某薄钢板（铁皮）排水的工程量计算

某水落管如图 13-5 所示，室外地坪标高为 -0.450m，水斗下口标高为 18.600m，设计水落管共 20 根，檐口标高为 19.600m，计算薄钢板（铁皮）排水工程量。

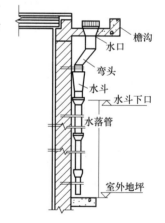

【解】

（1）定额工程量。

1）铁皮水落管工程量 $= (19.6+0.45) \times 20 = 401 \ (m)$

2）雨水口工程量 $= 20$ 个

3）水斗工程量 $= 20$ 个

4）弯头 $= 20$ 个

（2）清单工程量。

铁皮水落管工程量 $= (19.6+0.45) \times 20 = 401 \ (m)$

清单工程量见表 13-7。

图 13-5　水落管示意图

表 13-7　第 13 章实例 5 清单工程量

项目编码	项目名称	项目特征描述	工程量合计	计量单位
010902004001	屋面排水管	薄钢板（铁皮）水落管	401	m

实例6　某屋面天沟的工程量计算

某屋面为薄钢板排水天沟，如图13-6所示，试计算其工程量。

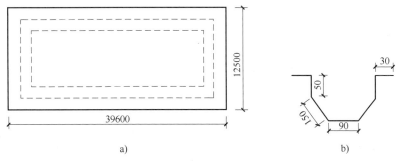

图13-6　屋面薄钢板排水天沟示意图

a）屋面平面图　b）薄钢板天沟断面图

【解】

清单工程量 = (39.6+12.5)×2×(0.03×2+0.05×2+0.15×2+0.09)

= 52.1×2×0.55

= 57.31 （m²）

清单工程量见表13-8。

表13-8　第13章实例6清单工程量

项目编码	项目名称	项目特征描述	工程量合计	计量单位
010902007001	屋面天沟、檐沟	薄钢板排水天沟	57.31	m²

实例7　某墙基防潮层的工程量计算

如图13-7所示，试计算墙基防潮层工程量（防水砂浆防潮层100mm厚）。

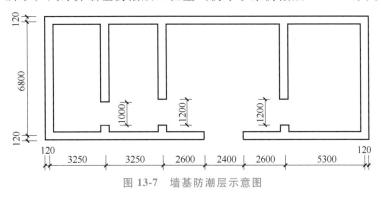

图13-7　墙基防潮层示意图

【解】

清单工程量 = [(3.25×2+2.6×2+5.3+2.4)×2-2.4+6.8×2+

(6.8-0.24)×3-1-1.2-1.2]×0.24

= (38.8-2.4+13.6+19.68-1-1.2-1.2)×0.24

= 15.91 （m²）

清单工程量见表 13-9。

表 13-9 第 13 章实例 7 清单工程量

项目编码	项目名称	项目特征描述	工程量合计	计量单位
010903003001	墙面砂浆防水(防潮)	防水砂浆防潮层	15.91	m²

实例 8 某楼（地）面卷材防水的工程量计算

某建筑工程防水如图 13-8 所示，地面采用二毡三油防水层，试计算其工程量。

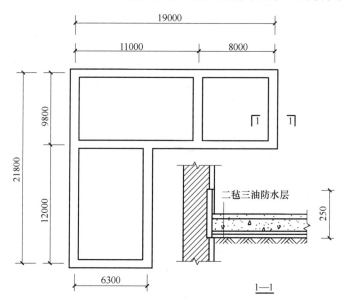

图 13-8 某建筑工程防水示意图

注：内外墙厚均为 240mm。

【解】

（1）定额工程量。

$$定额工程量 = (11-0.24)\times(9.8-0.24)+(8-0.24)\times(9.8-0.24)+$$
$$(12-0.24)\times(6.3-0.24)+0.25\times[(11+8-0.48)\times2+$$
$$(9.8-0.24)\times6+(12-0.24)\times2]$$
$$=248.3168+0.25\times117.92$$
$$\approx277.8 \ (m^2)$$

（2）清单工程量。

$$清单工程量 = (11-0.24)\times(9.8-0.24)+(8-0.24)\times(9.8-0.24)+$$
$$(12-0.24)\times(6.3-0.24)$$
$$=102.8656+74.1856+71.2656$$
$$\approx248.32 \ (m^2)$$

清单工程量见表 13-10。

表 13-10 第 13 章实例 8 清单工程量

项目编码	项目名称	项目特征描述	工程量合计	计量单位
010904001001	楼（地）面卷材防水	地面二毡三油	248.32	m²

实例 9　某楼（地）面砂浆防水层的工程量计算

某工程地面防水示意图如图 13-9 所示，采用抹灰砂浆 5 层防水，计算其工程量。

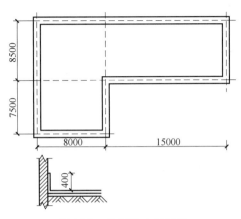

图 13-9　地面防水示意图

【解】

$$工程量 = (8-0.24) \times (16-0.24) + 15 \times (8.5-0.24) + [(23-0.24) \times 2 +$$
$$(16-0.24) + (8.5-0.24) + 7.5] \times 0.4$$

$$= 122.2976 + 123.9 + 30.816$$

$$\approx 277.01 \ (\text{m}^2)$$

清单工程量见表 13-11。

表 13-11　第 13 章实例 9 清单工程量

项目编码	项目名称	项目特征描述	工程量合计	计量单位
010904003001	楼(地)面砂浆防水(防潮)	地面防水,抹灰砂浆 5 层防水	277.01	m²

第14章 保温、隔热、防腐工程

14.1 保温、隔热、防腐工程清单工程量计算规则

1. 保温、隔热

保温、隔热工程量清单项目设置、项目特征描述、计量单位及工程量计算规则应按表 14-1 的规定执行。

表 14-1　保温、隔热（编号：011001）

项目编码	项目名称	项目特征描述	计量单位	工程量计算规则	工程内容
011001001	保温隔热屋面	1. 保温隔热材料品种、规格、厚度 2. 隔气层材料品种、厚度 3. 粘结材料种类、做法 4. 防护材料种类、做法	m²	按设计图示尺寸以面积计算，扣除面积 > 0.3m² 的孔洞所占面积	1. 基层清理 2. 刷粘结材料 3. 铺粘保温层 4. 铺、刷（喷）防护材料
011001002	保温隔热天棚	1. 保温隔热面层材料品种、规格、性能 2. 保温隔热材料品种、规格及厚度 3. 粘结材料种类及做法 4. 防护材料种类及做法		按设计图示尺寸以面积计算，扣除面积 > 0.3m² 的柱、垛、孔洞所占面积	
011001003	保温隔热墙面	1. 保温隔热部位 2. 保温隔热方式 3. 踢脚线、勒脚线保温做法 4. 龙骨材料品种、规格 5. 保温隔热面层材料品种、规格、性能 6. 保温隔热材料品种、规格及厚度 7. 增强网及抗裂防水砂浆种类 8. 粘结材料种类及做法 9. 防护材料种类及做法		按设计图示尺寸以面积计算，扣除门窗洞口以及面积 > 0.3m² 的梁、孔洞所占面积；门窗洞口侧壁做作保温时，并入保温墙体工程量内	1. 基层清理 2. 刷界面剂 3. 安装龙骨 4. 填贴保温材料 5. 保温板安装 6. 粘贴面层 7. 铺设增强网格、抹抗裂、防水砂浆面层 8. 嵌缝 9. 铺、刷（喷）防护材料

（续）

项目编码	项目名称	项目特征描述	计量单位	工程量计算规则	工程内容
011001004	保温柱、梁	1. 保温隔热部位 2. 保温隔热方式 3. 踢脚线、勒脚线保温做法 4. 龙骨材料品种、规格 5. 保温隔热面层材料品种、规格、性能 6. 保温隔热材料品种、规格及厚度 7. 增强网及抗裂防水砂浆种类 8. 粘结材料种类及做法 9. 防护材料种类及做法		按设计图示尺寸以面积计算 1. 柱按设计图示柱断面保温层中心线展开长度乘保温层高度以面积计算，扣除面积＞0.3m² 的梁所占面积 2. 梁按设计图示梁断面保温层中心线展开长度乘保温层长度以面积计算	1. 基层清理 2. 刷界面剂 3. 安装龙骨 4. 填贴保温材料 5. 保温板安装 6. 粘贴面层 7. 铺设增强网格，抹抗裂、防水砂浆面层 8. 嵌缝 9. 铺、刷（喷）防护材料
011001005	保温隔热楼地面	1. 保温隔热部位 2. 保温隔热材料品种、规格、厚度 3. 隔汽层材料品种、厚度 4. 粘结材料种类、做法 5. 防护材料种类、做法	m²	按设计图示尺寸以面积计算。扣除面积＞0.3m² 的柱、垛、孔洞所占面积。门洞、空圈、暖气包槽、壁龛的开口部分不增加面积	1. 基层清理 2. 刷粘结材料 3. 铺粘保温层 4. 铺、刷（喷）防护材料
011001006	其他保温隔热	1. 保温隔热部位 2. 保温隔热方式 3. 隔汽层材料品种、厚度 4. 保温隔热面层材料品种、规格、性能 5. 保温隔热材料品种、规格及厚度 6. 粘结材料种类及做法 7. 增强网及抗裂防水砂浆种类 8. 防护材料种类及做法		按设计图示尺寸以展开面积计算。扣除面积＞0.3m² 的孔洞所占面积	1. 基层清理 2. 刷界面剂 3. 安装龙骨 4. 填贴保温材料 5. 保温板安装 6. 粘贴面层 7. 铺设增强网格，抹抗裂、防水砂浆面层 8. 嵌缝 9. 铺、刷（喷）防护材料

注：1. 保温隔热装饰面层，按"楼地面装饰工程""墙、柱面装饰与隔断、幕墙工程""天棚工程""油漆、涂料、裱糊工程"以及"其他装饰工程"中相关项目编码列项；仅做找平层按"楼地面装饰工程"中"平面砂浆找平层"或"墙、柱面装饰与隔断、幕墙工程"中"立面砂浆找平层"项目编码列项。

2. 柱帽保温隔热应并入天棚保温隔热工程量内。

3. 池槽保温隔热应按其他保温隔热项目编码列项。

4. 保温隔热方式：内保温、外保温、夹心保温。

5. 保温柱、梁适用于不与墙、天棚相连的独立柱、梁。

2. 防腐面层

防腐面层工程量清单项目设置、项目特征描述、计量单位及工程量计算规则应按表14-2的规定执行。

表 14-2 防腐面层（编号：011002）

项目编码	项目名称	项目特征描述	计量单位	工程量计算规则	工程内容
011002001	防腐混凝土面层	1. 防腐部位 2. 面层厚度 3. 混凝土种类 4. 胶泥种类、配合比			1. 基层清理 2. 基层刷稀胶泥 3. 混凝土制作、运输、摊铺、养护
011002002	防腐砂浆面层	1. 防腐部位 2. 面层厚度 3. 砂浆、胶泥种类、配合比		按设计图示尺寸以面积计算 1. 平面防腐：扣除凸出地面的构筑物、设备基础等以及面积>0.3m²的孔洞、柱、垛所占面积 2. 立面防腐：扣除门、窗、洞口以及面积>0.3m²的孔洞、梁所占面积，门、窗、洞口侧壁、垛突出部分按展开面积并入墙面积内	1. 基层清理 2. 基层刷稀胶泥 3. 砂浆制作、运输、摊铺、养护
011002003	防腐胶泥面层	1. 防腐部位 2. 面层厚度 3. 胶泥种类、配合比			1. 基层清理 2. 胶泥调制、摊铺
011002004	玻璃钢防腐面层	1. 防腐部位 2. 玻璃钢种类 3. 贴布材料的种类、层数 4. 面层材料品种	m²		1. 基层清理 2. 刷底漆、刮腻子 3. 胶浆配制、涂刷 4. 粘布、涂刷面层
011002005	聚氯乙烯板面层	1. 防腐部位 2. 面层材料品种、厚度 3. 粘结材料种类			1. 基层清理 2. 配料、涂胶 3. 聚氯乙烯板铺设
011002006	块料防腐面层	1. 防腐部位 2. 块料品种、规格 3. 粘结材料种类 4. 勾缝材料种类			1. 基层清理 2. 铺贴块料 3. 胶泥调制、勾缝
011002007	池、槽块料防腐面层	1. 防腐池、槽名称、代号 2. 块料品种、规格 3. 粘结材料种类 4. 勾缝材料种类		按设计图示尺寸以展开面积计算	

注：防腐踢脚线，应按"楼地面装饰工程"中"踢脚线"的项目编码列项。

3. 其他防腐

其他防腐工程量清单项目设置、项目特征描述、计量单位及工程量计算规则应按表 14-3 的规定执行。

表 14-3 其他防腐（编号：011003）

项目编码	项目名称	项目特征描述	计量单位	工程量计算规则	工程内容
011003001	隔离层	1. 隔离层部位 2. 隔离层材料品种 3. 隔离层做法 4. 粘贴材料种类	m²	按设计图示尺寸以面积计算 1. 平面防腐：扣除凸出地面的构筑物、设备基础等及面积>0.3m²的孔洞、柱、垛所占面积 2. 立面防腐：扣除门、窗、洞口及面积>0.3m²的孔洞、梁所占面积，门、窗、洞口侧壁、垛突出部分按展开面积并入墙面积内	1. 基层清理、刷油 2. 煮沥青 3. 胶泥调制 4. 隔离层铺设

（续）

项目编码	项目名称	项目特征描述	计量单位	工程量计算规则	工程内容
011003002	砌筑沥青浸渍砖	1. 砌筑部位 2. 浸渍砖规格 3. 胶泥种类 4. 浸渍砖砌法	m^3	按设计图示尺寸以体积计算	1. 基层清理 2. 胶泥调制 3. 浸渍砖铺砌
011003003	防腐涂料	1. 涂刷部位 2. 基层材料类型 3. 刮腻子的种类、遍数 4. 涂料品种、刷涂遍数	m^2	按设计图示尺寸以面积计算 1. 平面防腐：扣除凸出地面的构筑物、设备基础等及面积 $>0.3m^2$ 的孔洞、柱、垛所占面积 2. 立面防腐：扣除门、窗、洞口以及面积 $>0.3m^2$ 的孔洞、梁所占面积，门、窗、洞口侧壁、垛突出部分按展开面积并入墙面积内	1. 基层清理 2. 刮腻子 3. 刷涂料

注：浸渍砖砌法指平砌、立砌。

14.2 保温、隔热、防腐工程定额工程量计算规则

1. 定额说明

《房屋建筑与装饰工程消耗量》（TY 01—31—2021）保温、隔热、防腐工程包括保温、隔热，防腐面层，其他防腐三节。

（1）保温、隔热工程。

1）保温层的保温材料配合比、材质、厚度与设计不同时可以换算。

2）弧形墙墙面保温隔热层按相应项目的人工乘以系数 1.10。

3）柱面保温根据墙面保温项目人工乘以系数 1.19、材料乘以系数 1.04。

4）墙面岩棉板保温、聚苯乙烯板保温及保温装饰一体板保温如使用钢骨架，钢骨架按"墙、柱面装饰与隔断、幕墙工程"相应项目执行。

5）抗裂保护层工程采用塑料膨胀螺栓固定时，每 $1m^2$ 增加人工 0.03 工日和塑料膨胀螺栓 6.12 套。

（2）防腐工程。

1）各种胶泥、砂浆、混凝土配合比以及各种整体面层的厚度，设计与消耗量不同时，可以换算。消耗量已综合考虑各种块料面层的结合层、胶结料厚度及灰缝宽度。

2）花岗岩面层以六面剁斧的块料为准，结合层厚度为 15mm，板底为毛面时，其结合层胶结料用量按设计厚度调整。

3）整体面层踢脚板按整体面层相应项目执行，块料面层踢脚板按立面砌块相应项目人工乘以系数 1.20。

4）环氧自流平洁净地面中间层（刮腻子）按每层 1mm 厚度考虑，设计要求厚度不同时，可按厚度调整。

5）卷材防腐接缝、附加层、收头工料已包括在内，不再另行计算。

6）块料防腐中面层材料的规格、材质与设计不同时，可以换算。

2. 工程量计算规则

（1）保温、隔热工程。

1）屋面保温隔热层工程量按设计图示尺寸以面积计算，扣除>0.3m² 的孔洞所占面积。其他项目按设计图示尺寸以项目规定的计量单位计算。

2）天棚保温隔热层工程量按设计图示尺寸以面积计算，扣除面积>0.3m² 的柱、垛、孔洞所占面积，与天棚相连的梁按展开面积计算，其工程量并入天棚内。

3）墙面保温隔热层工程量按设计图示尺寸以面积计算，扣除门窗洞口及面积>0.3m² 的梁、孔洞所占面积；门窗洞口侧壁以及与墙相连的柱，并入保温墙体工程量内。墙体及混凝土板下铺贴隔热层不扣除木框架及木龙骨的体积。其中，外墙按隔热层中心线长度计算，内墙按隔热层净长度计算。保温线条按设计图示尺寸以长度或面积计算。

4）柱、梁保温隔热层工程量按设计图示尺寸以面积计算。柱按设计图示柱断面保温层中心线展开长度乘以高度以面积计算，扣除面积>0.3m² 的梁所占面积。梁按设计图示梁断面保温层中心线展开长度乘以保温层长度以面积计算。

5）楼地面保温隔热层工程量按设计图示尺寸以面积计算，扣除柱、垛及单个>0.3m² 的孔洞所占面积。

6）其他保温隔热层工程量按设计图示尺寸以展开面积计算，扣除面积>0.3m² 的孔洞所占面积。

7）大于0.3m² 的孔洞侧壁周围及梁头、连系梁等其他零星工程保温隔热工程量，并入墙面的保温隔热工程量内。

8）柱帽保温隔热层并入天棚保温隔热层工程量内。

9）保温层排气管按设计图示尺寸以长度计算，不扣除管件所占长度，保温层排气孔以数量计算。

10）防火隔离带工程量按设计图示尺寸以面积计算。

（2）防腐工程。

1）防腐工程面层、隔离层及防腐油漆工程量均按设计图示尺寸以面积计算。

2）平面防腐工程量应扣除凸出地面的构筑物、设备基础等以及面积>0.3m² 的孔洞、柱、垛等所占面积，门洞、空圈、暖气包槽、壁龛的开口部分不增加面积。

3）立面防腐工程量应扣除门、窗、洞口以及面积>0.3m² 的孔洞、梁所占面积，门、窗、洞口侧壁、垛凸出部分按展开面积并入墙面内。

4）池、槽块料防腐面层工程量按设计图示尺寸以展开面积计算。

5）砌筑沥青浸渍砖工程量按设计图示尺寸以面积计算。

6）踢脚板防腐工程量按设计图示长度乘以高度以面积计算，扣除门洞所占面积，并相应增加侧壁展开面积。

7）混凝土面及抹灰面防腐按设计图示尺寸以面积计算。

14.3 保温、隔热、防腐工程工程量清单编制实例

实例1 某保温隔热屋面的工程量计算

某房屋保温层如图14-1所示，已知保温层最薄处为60mm，坡度为5%，试计算保温隔热屋面的工程量。

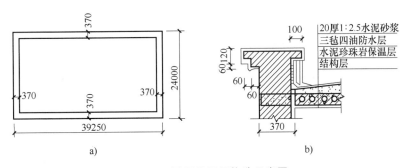

图 14-1 屋面保温层构造示意图

a）屋面平面图 b）保温层构造图

【解】

清单工程量 $= (39.25-0.37×2)×(24-0.37×2)$

$= 38.51×23.26$

$≈ 895.74 （m^2）$

实例 2 某屋面天棚保温隔热面层的工程量计算

某屋面天棚如图 14-2 所示，保温面层采用聚苯乙烯塑料板（1000mm×150mm×50mm），计算天棚保温隔热面层的工程量。

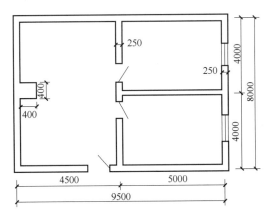

图 14-2 屋面天棚示意图

【解】

（1）定额工程量。

定额工程量 $= [(4.5-0.25)×(8-0.25)+(5-0.25)×(4-0.25)×2]×0.05$

$≈ 68.56×0.05$

$≈ 3.43 （m^3）$

（2）清单工程量。

保温隔热天棚工程量 $S = (4.5-0.25)×(8-0.25)+(5-0.25)×(4-0.25)×2$

$= 32.9375+35.625$

$≈ 68.56 （m^2）$

清单工程量见表14-4。

表 14-4　第 14 章实例 2 清单工程量

项目编码	项目名称	项目特征描述	工程量合计	计量单位
011001002001	保温隔热天棚	1. 保温隔热部位:天棚 2. 保温隔热材料品种、规格、厚度:聚苯乙烯塑料板天棚,内保温,规格 1000mm×150mm×50mm	68.56	m²

实例 3　某保温隔热天棚的工程量计算

如图 14-3 所示,天棚采用聚苯乙烯塑料板保温层,厚 80mm,根据图示尺寸,试计算其工程量。

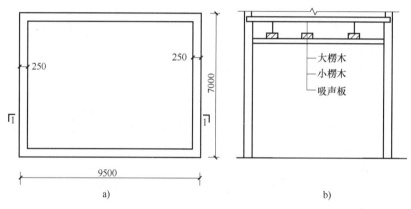

图 14-3　保温隔热天棚示意图
a) 平面图　b) 1—1 剖面图

【解】
定额工程量 = (9.5−0.25×2)×(7−0.25×2)×0.08
　　　　　= 9×6.5×0.08
　　　　　= 4.68　(m³)
清单工程量 = (9.5−0.25×2)×(7−0.25×2)
　　　　　= 9×6.5
　　　　　= 58.5　(m²)

清单工程量见表14-5。

表 14-5　第 14 章实例 3 清单工程量

项目编码	项目名称	项目特征描述	工程量合计	计量单位
011001002001	保温隔热天棚	1. 保温隔热部位:天棚 2. 保温隔热材料品种、规格、厚度:聚苯乙烯塑料板,80mm 厚	58.5	m²

实例 4　某工程外墙外保温的工程量计算

某工程建筑示意图如图 14-4 所示,该工程外墙保温做法:①基层表面清理;②刷界面砂浆 5mm；③刷 30mm 厚胶粉聚苯颗粒；④门窗边做保温宽度为 100mm。试列出该工程外墙外保温的分部分项工程量清单。

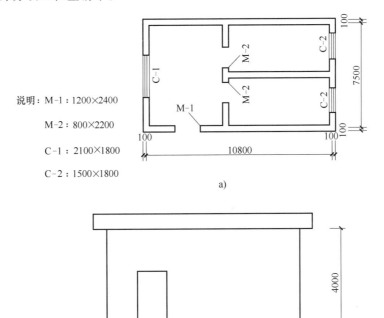

说明：M-1：1200×2400

M-2：800×2200

C-1：2100×1800

C-2：1500×1800

a)

b)

图 14-4　某工程建筑示意图

a）平面图　b）立面图

【解】

墙面 $S_1 = [(10.8+0.2)+(7.5+0.2)]\times2\times4-(1.2\times2.4+2.1\times1.8+1.5\times1.8\times2)$

$= 149.6-12.06$

$= 137.54$（m^2）

门窗侧 $S_2 = [(2.1+1.8)\times2+(1.5+1.8)\times4+(2.4\times2+1.2)]\times0.1$

$= (7.8+13.2+6)\times0.1$

$= 2.7$（m^2）

保温墙面总工程量 $S = S_1+S_2$

$= 137.54+2.7$

$= 140.24$（m^2）

清单工程量见表 14-6。

表 14-6　第 14 章实例 4 清单工程量

项目编码	项目名称	项目特征描述	工程量合计	计量单位
011001003001	保温隔热墙面	1. 保温隔热部位:墙面 2. 保温隔热方式:外保温 3. 保温隔热材料品种、厚度:30mm 厚胶粉聚苯颗粒 4. 基层材料:5mm 厚界面砂浆	140.24	m^2

实例 5　某保温方柱的工程量计算

某保温方柱如图 14-5 所示，柱高 5m，试计算聚苯乙烯泡沫塑料板保温方柱的工程量。

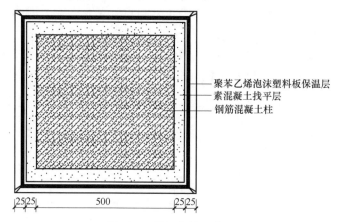

聚苯乙烯泡沫塑料板保温层
素混凝土找平层
钢筋混凝土柱

图 14-5　保温方柱示意图

【解】

保温方柱工程量 = (0.5+0.025×2+0.025÷2×2) ×4×5 = 11.5　(m²)

清单工程量见表 14-7。

表 14-7　第 14 章实例 5 清单工程量

项目编码	项目名称	项目特征描述	工程量合计	计量单位
011001004001	保温柱	聚苯乙烯泡沫塑料板保温方柱	11.5	m²

实例 6　某冷库工程保温隔热天棚、墙面、柱面、地面的工程量计算

某冷库工程外墙厚 240mm，室内（包括柱子）均用石油沥青粘贴 150mm 厚的聚苯乙烯泡沫塑料板，尺寸如图 14-6 所示，保温门尺寸为 900mm×1800mm，先铺天棚、地面，后铺墙面、柱面，保温门居内安装，洞口周围不需另铺保温材料，计算保温隔热天棚、墙面、柱面、地面工程量。

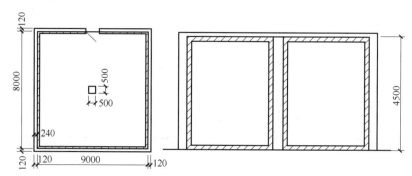

图 14-6　某冷库工程尺寸示意图

【解】

（1）定额工程量。

1）地面隔热层工程量 $=(9-0.24)\times(8-0.24)\times0.15\approx10.2$（$m^3$）

2）墙面工程 $=[(9-0.24-0.15+8-0.24-0.15)\times2\times(4.5-0.15\times2)-0.9\times1.8]\times0.15$

$\quad\quad\quad\quad =(136.248-1.62)\times0.15$

$\quad\quad\quad\quad \approx20.19$（$m^3$）

3）柱面隔热工程量 $=(0.5\times4+4\times0.15)\times(4.5-0.15\times2)\times0.15\approx1.64$（$m^3$）

4）天棚保温工程量 $=(9-0.24)\times(8-0.24)\times0.15\approx10.2$（$m^3$）

（2）清单工程量。

1）地面隔热层工程量 $=(9-0.24)\times(8-0.24)\approx67.98$（$m^2$）

2）墙面工程 $=(9-0.24-0.15+8-0.24-0.15)\times2\times(4.5-0.15\times2)-0.9\times1.8$

$\quad\quad\quad\quad =136.248-1.62$

$\quad\quad\quad\quad \approx134.63$（$m^2$）

3）柱面隔热工程量 $=(0.5\times4+4\times0.15)\times(4.5-0.15\times2)=10.92$（$m^2$）

4）天棚保温工程量 $=(9-0.24)\times(8-0.24)\approx67.98$（$m^2$）

清单工程量见表14-8。

表14-8　第14章实例6清单工程量

项目编码	项目名称	项目特征描述	工程量合计	计量单位
011001005001	保温隔热楼地面	1. 保温隔热部位:地面 2. 保温隔热材料品种、规格:聚苯乙烯泡沫塑料板,150mm 厚	67.98	m^2
011001003001	保温隔热墙面	1. 保温隔热部位:墙面 2. 保温隔热材料品种、规格:聚苯乙烯泡沫塑料板,150mm 厚	134.63	m^2
011001004001	保温柱	1. 保温隔热部位:柱面 2. 保温隔热材料品种、规格:聚苯乙烯泡沫塑料板,150mm 厚	10.92	m^2
011001002001	保温隔热天棚	1. 保温隔热部位:天棚 2. 保温隔热材料品种、规格:聚苯乙烯泡沫塑料板,150mm 厚	67.98	m^2

实例7　某工程防腐混凝土面层的工程量计算

某耐酸沥青混凝土地面及踢脚板示意图如图14-7所示,试计算防腐混凝土面层的工程量（踢脚板高度为120mm）。

【解】

防腐混凝土地面工程量 $=(10-0.24)\times(4.8-0.24)-2.2\times3.5-(4.8-0.24)\times0.24+$

$\quad\quad\quad\quad 1.2\times0.24-0.35\times0.24\times2$

$\quad\quad\quad\quad =44.5056-7.7-1.0944+0.288-0.168$

$\quad\quad\quad\quad \approx35.83$（$m^2$）

防腐混凝土踢脚板工程量 $=[(10-0.24+4.8-0.24)\times2-1.5+0.12\times2+2.2\times2+$

$\quad\quad\quad\quad (4.8-0.24-1.2)\times2+0.35\times4]\times0.12$

$\quad\quad\quad\quad =(28.64-1.5+0.24+4.4+6.72+1.4)\times0.12$

$\quad\quad\quad\quad =39.9\times0.12$

$\quad\quad\quad\quad \approx4.79$（$m^2$）

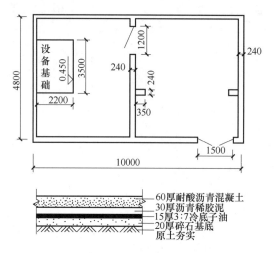

图 14-7 防腐混凝土面层示意图

清单工程量见表 14-9。

表 14-9 第 14 章实例 7 清单工程量

项目编码	项目名称	项目特征描述	工程量合计	计量单位
011002001001	防腐混凝土面层	1. 防腐部位:地面 2. 面层厚度:60mm 3. 混凝土种类:耐酸沥青混凝土	35.83	m²
011002001002		1. 防腐部位:踢脚板 2. 踢脚板高度:120mm 3. 混凝土种类:耐酸沥青混凝土	4.79	m²

实例 8 某工程重晶石砂浆面层的工程量计算

重晶石砂浆面层如图 14-8 所示,已知外墙厚均为 240mm,重晶石砂浆面层的厚度为 80mm,试根据图中给出的已知条件,计算重晶石砂浆面层工程量。

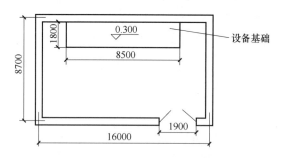

图 14-8 重晶石砂浆面层示意图

【解】

重晶石砂浆面层工程量 $= [(16-0.24) \times (8.7-0.24) - 1.8 \times 8.5 + 0.12 \times 1.9] \times 0.08$

$= (133.3296 - 15.3 + 0.228) \times 0.08$

$\approx 9.46 \ (m^3)$

实例9 某库房工程防腐面层及踢脚线的工程量计算

某库房地面做 $1:0.533:0.533:3.121$ 不发火沥青砂浆防腐面层，踢脚线抹 $1:0.3:1.5:4$ 铁屑砂浆，厚度均为20mm，踢脚线高度150mm，如图14-9所示。墙厚均为200mm，门洞地面做防腐面层，侧边不做踢脚线。试列出该库房工程防腐面层及踢脚线的分部分项工程量清单。

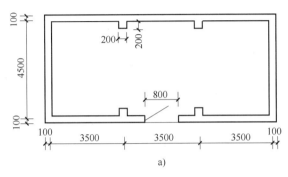
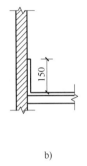

图 14-9 某库房示意图

a) 平面图 b) 踢脚线立面图

【解】

防腐砂浆面层：

$S = (10.5 - 0.2) \times (4.5 - 0.2) = 44.29 （m^2）$

砂浆踢脚线：

$L = (10.5 - 0.2 + 0.2 \times 4 + 4.5 - 0.2) \times 2 - 0.8 = 30 （m）$

清单工程量见表14-10。

表 14-10 第 14 章实例 9 清单工程量

项目编码	项目名称	项目特征描述	工程量合计	计量单位
011002002001	防腐砂浆面层	1. 防腐部位:地面 2. 厚度:20mm 3. 砂浆种类、配合比:不发火沥青砂浆 1:0.533:0.533:3.121	44.29	m^2
011105001001	砂浆踢脚线	1. 踢脚线高度:150mm 2. 厚度、砂浆配合比:20mm,铁屑砂浆 1:0.3:1.5:4	30	m

实例10 某工程玻璃钢防腐面层的工程量计算

试计算如图14-10所示环氧玻璃钢整体面层的工程量。

【解】

清单工程量 $= (22.5 - 0.24 \times 2) \times (13.5 - 0.24) \approx 291.99 （m^2）$

清单工程量见表14-11。

表 14-11 第 14 章实例 10 清单工程量

项目编码	项目名称	项目特征描述	工程量合计	计量单位
011002004001	玻璃钢防腐面层	环氧玻璃钢整体面层	291.99	m^2

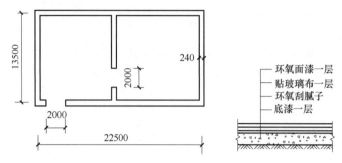

图 14-10　环氧玻璃钢整体面层示意图

实例 11　某工程聚氯乙烯板面层的工程量计算

如图 14-11 所示，采用软聚氯乙烯板防腐面板，其中墙高 3.5m，踢脚板高 80mm，根据设计图示尺寸，试计算软聚氯乙烯板防腐面层的清单工程量。

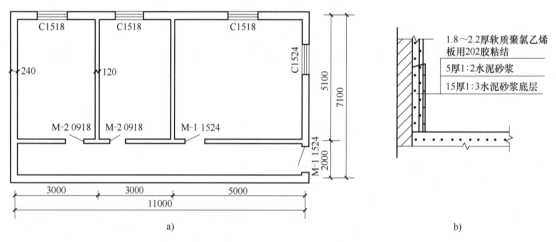

图 14-11　软聚氯乙烯板防腐面层示意图
a）平面图　b）大样图

【解】

$$
\begin{aligned}
\text{软聚氯乙烯板防腐地面工程量} =& (3-0.12-0.06)\times(5.1-0.12-0.06)+(3-0.12)\times \\
& (5.1-0.12-0.06)+(5-0.12-0.06)\times \\
& (5.1-0.12-0.06)+(11-0.24)\times(2-0.12-0.06)+ \\
& 0.12\times(0.9+0.9+1.5+1.5) \\
=& 13.8744+14.1696+23.7144+19.5832+0.576 \\
\approx& 71.92 \ (\text{m}^2)
\end{aligned}
$$

$$
\begin{aligned}
\text{软聚氯乙烯板防腐踢脚板长度} =& \left[(3-0.12-0.06)+(5.1-0.12-0.06)\right]\times 2+ \\
& \left[(3-0.12)+(5.1-0.12-0.06)\right]\times 2+ \\
& \left[(5-0.12-0.06)+(5.1-0.12-0.06)\right]\times 2+ \\
& \left[(11-0.24)+(2-0.12-0.06)\right]\times 2 \\
=& 15.48+15.6+19.48+25.16 \\
=& 75.72 \ (\text{m})
\end{aligned}
$$

应扣除的面积=（1.5×3+0.9×4）×0.08=0.648（m²）

应增加的面积=0.12×0.08×6+0.12×0.08×2=0.0768（m²）

$$踢脚板工程量=75.72×0.08-0.648+0.0768$$
$$=6.0576-0.648+0.0768$$
$$≈5.49（m²）$$

$$软聚氯乙烯板防腐墙面工程量=75.72×3.5-（1.5×2.4×3+0.9×1.8×4+1.8×2.4+$$
$$1.5×1.8×3）$$
$$=265.02-（10.8+6.48+4.32+8.1）$$
$$=235.32（m²）$$

清单工程量见表14-12。

表 14-12 第 14 章实例 11 清单工程量

项目编码	项目名称	项目特征描述	工程量合计	计量单位
011002005001	聚氯乙烯板面层	1. 防腐部位：地面 2. 面层材料品种、厚度：1.8~2.2mm 厚软质聚氯乙烯板 3. 粘结材料种类：202 胶或 XY401 胶	71.92	m²
011002005002		1. 防腐部位：踢脚板 2. 踢脚板高度：80mm 3. 面层材料品种、厚度：1.8~2.2mm 厚软质聚氯乙烯板 4. 粘结材料种类：202 胶或 XY401 胶	5.49	m²
011002005003		1. 防腐部位：墙面 2. 墙高：3.5m 3. 面层材料品种、厚度：1.8~2.2mm 厚软质聚氯乙烯板 4. 粘结材料种类：202 胶或 XY401 胶	235.32	m²

实例 12 某工程块料防腐面层的工程量计算

如图 14-12 所示，地面采用双层耐酸沥青胶泥粘青石板（180mm×110mm×30mm），踢脚板高 100mm，厚度为 20mm，根据设计图示尺寸，试计算其清单工程量。

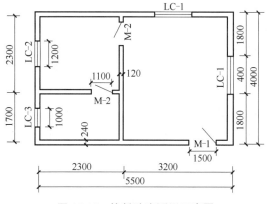

图 14-12 块料防腐面层示意图

【解】

防腐地面工程量 $=(2.3-0.18)\times(1.7-0.18)+(2.3-0.18)\times(2.3-0.18)+$
$\qquad (3.2-0.18)\times(4-0.24)+1.1\times0.12\times2+1.5\times0.24$
$\qquad =3.2224+4.4944+11.3552+0.264+0.36$
$\qquad \approx19.7\ (m^2)$

防腐踢脚板长度 $=(5.5-0.24-0.12)\times2+(4-0.24)\times2+$
$\qquad [(4-0.24-0.12)+(2.3-0.18)]\times2$
$\qquad =10.28+7.52+11.52$
$\qquad =29.32\ (m)$

应扣除的面积 $=(1.5+1.1\times4)\times0.1=0.59\ (m^2)$

应增加的面积 $=0.12\times0.1\times2+0.12\times0.1\times4=0.072\ (m^2)$

防腐踢脚板工程量 $=29.32\times0.1-0.59+0.072$
$\qquad =2.932-0.59+0.072$
$\qquad \approx2.41\ (m^2)$

清单工程量见表 14-13。

表 14-13　第 14 章实例 12 清单工程量

项目编码	项目名称	项目特征描述	工程量合计	计量单位
011002006001	块料防腐面层	1. 防腐部位:地面 2. 厚度:20mm 3. 块料品种、规格:双层耐酸沥青胶泥粘青石板(180mm×110mm×30mm)	19.7	m²
011002006002		1. 防腐部位:踢脚板 2. 踢脚板高度:100mm 3. 块料品种、规格:双层耐酸沥青胶泥粘青石板(180mm×110mm×30mm)	2.41	m²

实例 13　某工程隔离层的工程量计算

如图 14-13 所示,地面采用三毡四油耐酸沥青胶泥卷材隔离层,其中踢脚板高 200mm,计算其清单工程量。

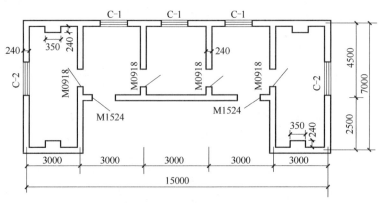

图 14-13　隔离层示意图

【解】

$$地面隔离层工程量 = (3-0.24)×(7-0.24)×2+(3-0.24)×(4.5-0.24)×3-$$
$$0.35×0.24×4$$
$$= 37.3152+35.2728-0.336$$
$$≈ 72.25（m^2）$$

$$地面踢脚板长度 = [(3-0.24)+(7-0.24)]×2×2+[(3-0.24)+(4.5-0.24)]×2×3$$
$$= 38.08+42.12$$
$$= 80.2（m）$$

$$应扣除的面积 = (1.5×2+0.9×8)×0.2 = 2.04（m^2）$$

$$应增加的面积 = 0.24×0.2×19 = 0.912（m^2）$$

$$地面踢脚板工程量 = 80.2×0.2-2.04+0.912 ≈ 14.91（m^2）$$

清单工程量见表 14-14。

表 14-14　第 14 章实例 13 清单工程量

项目编码	项目名称	项目特征描述	工程量合计	计量单位
011003001001	隔离层	1. 隔离层部位:地面 2. 隔离层材料品种:耐酸沥青胶泥卷材 3. 隔离层做法:三毡四油 4. 粘贴材料种类:按设计	72.25	m²
011003001002		1. 隔离层部位:踢脚板 2. 踢脚板高度:200mm 3. 隔离层材料品种:耐酸沥青胶泥卷材 4. 隔离层做法:三毡四油 5. 粘贴材料种类:按设计	14.91	m²

实例 14　某工程防腐涂料的工程量计算

某房屋墙面如图 14-14 所示,内墙面是用过氯乙烯漆耐酸防腐涂料抹灰 25mm 厚,其中底漆一遍,试计算防腐涂料的工程量。

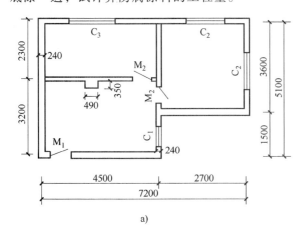

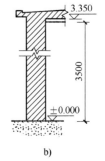

门窗符号	尺寸规格
M₁	1200×2400
M₂	1000×1800
C₁	900×1500
C₂	1500×1800
C₃	1800×1800

a)

b)

图 14-14　某墙面示意图
a）房屋平面图　b）墙体剖面图

【解】

墙面面积 = [（2.3-0.24）×2+（3.2-0.24）×2+（4.5-0.24）×4+（3.6-0.24）×2+
　　　　　　（2.7-0.24）×2]×3.3

　　　　 = （4.12+5.92+17.04+6.72+4.92）×3.3

　　　　 = 127.78（m²）

门窗洞口面积 = 1.2×2.4+1×1.8×1×2+0.9×1.5+1.5×1.8×2+1.8×1.8

　　　　　　 = 2.88+3.6+1.35+5.4+3.24

　　　　　　 = 16.47（m²）

砖垛展开面积 = 0.35×2×3.5 = 2.45（m²）

防腐涂料工程量 = 127.78-16.47+2.45 = 113.76（m²）

第15章　建筑工程工程量清单计价编制实例

15.1　工程量清单编制实例

现以某中学教学楼工程为例介绍工程量清单编制（由委托工程造价咨询人编制）。

1. 封面（图 15-1）

招标工程量清单封面应填写招标工程项目的具体名称，招标人应盖单位公章，如委托工程造价咨询人编制，还应由其加盖相同单位公章。

___×× 中学教学楼___　**工程**

招标工程量清单

招　标　人：　___×× 中学___
（单位盖章）

造价咨询人：　___×× 工程造价咨询企业___
（单位资质专用章）

×× 年 × 月 × 日

图 15-1　招标工程量清单封面

2. 扉页 （图 15-2）

（1）招标人自行编制工程量清单时，招标工程量清单扉页由招标人单位注册的造价人员编制，招标人盖单位公章，法定代表人或其授权人签字或盖章。编制人是造价工程师的，由其签字盖执业专用章；编制人是造价员的，在编制人栏签字盖专用章，应由造价工程师复核，并在复核人栏签字盖执业专用章。

（2）招标人委托工程造价咨询人编制工程量清单时，招标工程量清单扉页由工程造价咨询人单位注册的造价人员编制，工程造价咨询人盖单位资质专用章，法定代表人或其授权人签字或盖章。编制人是造价工程师的，由其签字盖执业专用章；编制人是造价员的，在编制人栏签字盖专用章，应由造价工程师复核，并在复核人栏签字盖执业专用章。

　　<u>　××中学教学楼　</u>　工程

招标工程量清单

招　标　人：<u>　　××中学　　</u>　　　造价咨询人：<u>　××工程造价咨询企业　</u>
　　　　　　　　（单位盖章）　　　　　　　　　　　　（单位资质专用章）

法定代表人　　　<u>　××中学　</u>　　　法定代表人
或其授权人：<u>　　××× 　　</u>　　　或其授权人：<u>　××工程造价咨询企业×××　</u>
　　　　　　　（签字或盖章）　　　　　　　　　　　（签字或盖章）

编　制　人：<u>　　　×××　　</u>　　　复　核　人：<u>　　　×××　　</u>
　　　　（造价人员签字盖专用章）　　　　　　（造价工程师签字盖专用章）

编制时间：××年×月×日　　　　　　复核时间：××年××月×日

图 15-2　招标工程量清单扉页

3. 总说明（图 15-3）

编制工程量清单的总说明应包括以下内容。

（1）工程概况：如建设地址、建设规模、工程特征、交通状况、环保要求等。

（2）工程招标范围。

（3）工程量清单编制依据：如采用的标准、施工图纸、标准图集等。

（4）使用材料设备、施工的特殊要求等。

（5）其他需要说明的问题。

工程名称：××中学教学楼工程　　　　　　　　　　　　　　　　　　第 1 页　共 1 页

---

1. 工程概况：本工程为砖混结构，采用混凝土灌注桩，建筑层数为六层，建筑面积 $10940m^3$，计划工期为 200 日历天。施工现场距教学楼最近处为 20m，施工中应注意采取相应的防噪措施。

2. 工程招标范围：本次招标范围为施工图范围内的建筑工程和安装工程。

3. 工程量清单编制依据：

（1）教学楼施工图；

（2）《建筑工程工程量清单计价规范》GB 50500—2013；

（3）《房屋建筑与装饰工程工程量计算规范》GB 50854—2013；

（4）拟定的招标文件；

（5）相关的规范、标准图集和技术资料。

4. 其他需要说明的问题：

（1）招标人供应现浇构件的全部钢筋，单价暂定为 4000 元/t。

承包人应在施工现场对招标人供应的钢筋进行验收、保管和使用发放。

招标人供应钢筋的价款，由招标人按每次发生的金额支付给承包人，再由承包人支付给供应商。

（2）消防工程另进行专业发包。总承包人应配合专业工程承包人完成以下工作：

① 为消防工程承包人提供施工工作面并对施工现场进行统一管理，对竣工资料进行统一整理汇总。

② 为消防工程承包人提供垂直运输机械和焊接电源接入点，并承担垂直运动费和电费。

图 15-3　招标工程量清单总说明

4. 分部分项工程和单价措施项目清单与计价表（表 15-1～表 15-4）

编制工程量清单时，分部分项工程和单价措施项目清单与计价表中，"工程名称"栏应填写具体的工程称谓；"项目编码"栏应按相关工程国家计量规范项目编码栏内规定的 9 位数字另加 3 位顺序码填写；"项目名称"栏应按相关工程国家计量规范根据拟建工程实际确定填写；"项目特征描述"栏应按相关工程国家计量规范根据拟建工程实际予以描述。

表 15-1　分部分项工程和单价措施项目清单与计价表（一）

工程名称：××中学教学楼工程　　　　　标段：　　　　　　第 1 页　共 4 页

序号	项目编码	项目名称	项目特征描述	计量单位	工程量	综合单价	合价	其中 暂估价
0101 土石方工程								
1	010101003001	挖沟槽土方	三类土，垫层底宽 2m，挖土深度小于 4m，弃土运距小于 10km	m³	1432			
（其他略）								
分部小计								
0103 桩基工程								
2	010302003001	泥浆护壁混凝土灌注桩	桩长 10m，护壁段长 9m，共 42 根，桩直径 1000mm，扩大头直径 1100mm，桩混凝土为 C25，护壁混凝土为 C20	m	420			
（其他略）								
分部小计								
0104 砌筑工程								
3	010401001001	条形砖基础	M10 水泥砂浆，MU15 页岩砖 240×115×53（mm）	m³	239			
4	010401003001	实心砖墙	M7.5 混合砂浆，MU15 页岩砖 240×115×53（mm），墙厚度 240mm	m³	2037			
（其他略）								
分部小计								
0105 混凝土及钢筋混凝土工程								
5	010503001001	基础梁	C30 预拌混凝土，梁底标高 -1.550m	m³	208			
6	010515001001	现浇构件钢筋	螺纹钢 Q235，φ14	t	200			
（其他略）								
分部小计								
本页小计								
合计								

注：为计取规费等的使用，可在表中增设"其中：定额人工费"。

表 15-2　分部分项工程和单价措施项目清单与计价表（二）

工程名称：××中学教学楼工程　　　　　标段：　　　　　　第 2 页　共 4 页

序号	项目编码	项目名称	项目特征描述	计量单位	工程量	综合单价	合价	其中 暂估价
0106 金属结构工程								
7	010606008001	钢爬梯	U 形，型钢品种、规格详见施工图	t	0.258			
分部小计								

（续）

序号	项目编码	项目名称	项目特征描述	计量单位	工程量	金额（元）		
						综合单价	合价	其中 暂估价
	0108 门窗工程
8	010807001001	塑钢窗	80 系列 LC0915 塑钢平开窗带纱 5mm 白玻	m²	900			
	（其他略）
	分部小计
	0109 屋面及防水工程
9	010902003001	屋面刚性防水	C20 细石混凝土,厚 40mm,建筑油膏嵌缝	m²	1853			
	（其他略）
	分部小计
	0110 保温、隔热、防腐工程
10	011001001001	保温隔热屋面	沥青珍珠岩块 500×500×150（mm）,1∶3 水泥砂浆护面,厚 25mm	m²	1853			
	（其他略）
	分部小计
	0111 楼地面装饰工程
11	011101001001	水泥砂浆楼地面	1∶3 水泥砂浆找平层,厚 20mm,1∶2 水泥砂浆面层,厚 25mm	m²	6500			
	（其他略）
	分部小计
	本页小计
	合计

注：为计取规费等的使用，可在表中增设"其中：定额人工费"。

表 15-3　分部分项工程和单价措施项目清单与计价表（三）

工程名称：××中学教学楼工程　　　　　标段：　　　　　　第 3 页　共 4 页

序号	项目编码	项目名称	项目特征描述	计量单位	工程量	金额/元		
						综合单价	合价	其中 暂估价
	0112 墙、柱面装饰与隔断、幕墙工程
12	011201001001	外墙面抹灰	页岩砖墙面,1∶3 水泥砂浆底层,厚 15mm,1∶2.5 水泥砂浆面层,厚 6mm	m²	4050			
13	011202001001	柱面抹灰	混凝土柱面,1∶3 水泥砂浆底层,厚 15mm,1∶2.5 水泥砂浆面层,厚 6mm	m²	850			
	（其他略）
	分部小计

（续）

序号	项目编码	项目名称	项目特征描述	计量单位	工程量	金额/元		
						综合单价	合价	其中
								暂估价
0113 天棚工程								
14	011301001001	混凝土天棚抹灰	基层刷水泥浆一道加界面剂,1:0.5:2.5 水泥石灰砂浆底层,厚 12mm,1:0.3:3 水泥石砂砂浆面层厚 4mm	m²	7000			
（其他略）								
分部小计								
0114 油漆、涂料、裱糊工程								
15	011407001001	外墙乳胶漆	基层抹灰面满刮成品耐水腻子三遍磨平,乳胶漆一底二面	m²	4050			
（其他略）								
分部小计								
0117 措施项目								
16	011701001001	综合脚手架	砖混、檐高 22m	m²	10940			
（其他略）								
分部小计								
本页小计								
合计								

注：为计取规费等的使用，可在表中增设"其中：定额人工费"。

表 15-4　分部分项工程和单价措施项目清单与计价表（四）

工程名称：××中学教学楼工程　　　　　标段：　　　　　　　　　第 4 页　共 4 页

序号	项目编码	项目名称	项目特征描述	计量单位	工程量	金额/元		
						综合单价	合价	其中
								暂估价
0304 电气设备安装工程								
17	030404035001	插座安装	单相三孔插座,250V/10A	个	1224			
18	030411001001	电气配管	砖墙暗配 PC20 阻燃 PVC 管	m	9858			
（其他略）								
分部小计								
0310 给水排水安装工程								
19	031001006001	塑料给水管安装	室内 DN20/PP-R 给水管,热熔连接	m	1569			
20	031001006002	塑料排水管安装	室内 φ110UPVC 排水管,承插胶粘结	m	849			
（其他略）								
分部小计								
本页小计								
合计								

注：为计取规费等的使用，可在表中增设"其中：定额人工费"。

5. 总价措施项目清单与计价表（表15-5）

编制工程量清单时，总价措施项目清单与计价表中的项目可根据工程实际情况进行增减。

表 15-5　总价措施项目清单与计价表

工程名称：××中学教学楼工程　　　　　　　　标段：　　　　　　　　　　　　第 1 页　共 1 页

序号	项目编码	项目名称	计算基础	费率 （%）	金额 /元	调整费 率(%)	调整后 金属/元	备注
		安全文明施工费						
		夜间施工增加费						
		二次搬运费						
		冬雨季施工增加费						
		已完工程及设备保护费						
		合计						

编制人（造价人员）：　　　　　　　　复核人：（造价工程师）：

注：1. "计算基础"中安全文明施工费可为"定额基价""定额人工费"或"定额人工费+定额机械费"，其他项目可为"定额人工费"或"定额人工费+定额机械费"。
　　2. 按施工方案计算的措施费，若无"计算基础"和"费率"的数值，也可只填"金额"数值，但应在备注栏说明施工方案出处或计算方法。

6. 其他项目清单与计价汇总表（表15-6）

编制招标工程量清单时，其他项目清单与计价汇总表应汇总"暂列金额"和"专业工程暂估价"，以提供给投标报价。

表 15-6　其他项目清单与计价汇总表

工程名称：××中学教学楼工程　　　　　　　　标段：　　　　　　　　　　　　第 1 页　共 1 页

序号	项目名称	金额/元	结算金额/元	备注
1	暂列金额	350000		明细详见（1）
2	暂估价	200000		
2.1	材料暂估价	—		明细详见（2）
2.2	专业工程暂估价	200000		明细详见（3）
3	计日工			明细详见（4）
4	总承包服务费			明细详见（5）
5				
	合计	550000		—

注：材料（工程设备）暂估价进入清单项目综合单价，此处不汇总。

（1）暂列金额明细表（表15-7）。

投标人只需要直接将招标工程量清单中所列的暂列金额纳入投标总价，并且不需要在所列的暂列金额以外再考虑任何其他费用。

表 15-7　暂列金额明细表

工程名称：××中学教学楼工程　　　　　标段：　　　　　　　　第 1 页　共 1 页

序号	项目名称	计量单位	暂定金额/元	备注
1	自行车棚工程	项	100000	
2	工程量偏差和设计变更	项	100000	
3	政策性调整和材料价格波动	项	100000	
4	其他	项	50000	
5				
	合计		350000	—

注：此表由招标人填写，如不能详列，也可只列暂定金额总额，投标人应将上述暂列金额计入投标总价中。

（2）材料（工程设备）暂估单价及调整表（表 15-8）。

一般而言，招标工程量清单中列明的材料、工程设备的暂估价仅指此类材料、工程设备本身运至施工现场内工地地面价，不包括这些材料、工程设备的安装以及安装所必需的辅助材料以及发生在现场内的验收、存储、保管、开箱、二次搬运、从存放地点运至安装地点以及其他任何必要的辅助工作（以下简称"暂估价项目的安装及辅助工作"）所发生的费用。暂估价项目的安装及辅助工作所发生的费用应该包括在投标报价中的相应清单项目的综合单价中并且固定包死。

表 15-8　材料（工程设备）暂估单价及调整表

工程名称：××中学教学楼工程　　　　　标段：　　　　　　　　第 1 页　共 1 页

序号	材料(工程设备)名称、规格、型号	计量单位	数量		暂估单价/元		确认单价/元		差额/元		备注
			暂估	确认	单价	合价	单价	合价	单价	合价	
1	钢筋（规格见施工图）	t	200		4000		800000				用于现浇钢筋混凝土项目
2	低压开关柜（CGD190380/220V）	个	1		45000		45000				用于低压开关柜安装项目
	合计						845000				

注：此表由招标人填写"暂估单价"，并在备注栏说明暂估价的材料、工程设备拟用在那些清单项目上，投标人应将上述材料、工程设备暂估单价计入工程量清单综合单价报价中。

（3）专业工程暂估价及结算价表（表 15-9）。

专业工程暂估价应在表内填写工程名称、工程内容、暂估金额，投标人应将上述金额计入投标总价中。

专业工程暂估价项目及其表中列明的专业工程暂估价，是指分包人实施专业工程的含税金后的完整价（即包含了该专业工程中所有供应、安装、完工、调试、修复缺陷等全部工作），除了合同约定的发包人应承担的总承包管理、协调、配合和服务责任所对应的总承包服务费用以外，承包人为履行其总承包管理、配合、协调和服务等所需发生的费用应该包括在投标报价中。

表 15-9　专业工程暂估价及结算价表

工程名称：××中学教学楼工程　　　　　　标段：　　　　　　　　第 1 页　共 1 页

序号	工程名称	工程内容	暂估金额/元	结算金额/元	差额/元	备注
1	消防工程	合同图纸中标明的以及消防工程规范和技术说明中规定的各系统中的设备、管道、阀门、线缆等的供应,安装和调试工作	200000			
		合计	200000			

注：此表"暂估金额"由招标人填写，投标人应将"暂估金额"计入投标总价中，结算时按合同约定结算金额填写。

（4）计日工表（表 15-10）。

编制工程量清单时，计日工表中的"项目名称""计量单位""暂估数量"由招标人填写。

表 15-10　计日工表

工程名称：××中学教学楼工程　　　　　　标段：　　　　　　　　第 1 页　共 1 页

编号	项目名称	计量单位	暂估数量	实际数量	综合单价/元	合价/元	
						暂定	实际
一	人工						
1	普工	工日	100				
2	机工	工日	60				
	人工小计						
二	材料						
1	钢筋(规格见施工图)	t	1				
2	水泥 42.5	t	2				
3	中砂	m³	10				
4	砾石(5~40mm)	m³	5				
5	页岩砖(240mm×115mm×53mm)	千匹	1				
	材料小计						
三	施工机械						
1	自升式塔式起重机	台班	5				
2	灰浆搅拌机(400L)	台班	2				
	施工机械小计						
四	企业管理费和利润						
	总计						

注：此表项目名称、暂定数量由招标人填写，编制招标控制价时，单价由招标人按有关计价规定确定；投标时，单价由投标人自主报价，按暂定数量计算合价计入投标总价中。结算时，按发承包双方确认的实际数量计算合价。

（5）总承包服务费计价表（表 15-11）。

编制招标工程量清单时，招标人应将拟定进行专业发包的专业工程、自行采购的材料设备等决定清楚，填写项目名称、服务内容，以便投标人决定报价。

表 15-11 总承包服务费计价表

工程名称：××中学教学楼工程　　　　　　标段：　　　　　　　第 1 页　共 1 页

序号	项目名称	项目价值/元	服务内容	计算基础	计算费率（%）	金额/元
1	发包人发包专业工程	200000	1. 按专业工程承包人的要求提供施工工作面并对施工现场进行统一整理汇总 2. 为专业工程承包人提供垂直运输机械和焊接电源接入点，并承担垂直运输费和电费			
2	发包人供应材料	845000				
	合计	—	—	—	—	

注：此表项目名称、服务内容由招标人填写，编制招标控制价时，费率及金额由招标人按有关计价规定确定；投标时，费率及金额由投标人自主报价，计入投标总价中。

7. 规费、税金项目计价表（表 15-12）

在施工实践中，有的规费项目，如工程排污费，并非每个工程所在地都要征收，实践中可作为按实计算的费用处理。

表 15-12 规费、税金项目计价表

工程名称：　　　　　××中学教学楼工程　　　　　　　　标段：第 1 页　共 1 页

序号	项目名称	计算基础	计算基数	计算费率（%）	金额/元
1	规费	定额人工费			
1.1	社会保险费	定额人工费			
（1）	养老保险费	定额人工费			
（2）	失业保险费	定额人工费			
（3）	医疗保险费	定额人工费			
（4）	工伤保险费	定额人工费			
（5）	生育保险费	定额人工费			
1.2	住房公积金	定额人工费			
1.3	工程排污费	按工程所在地环境保护部门收取标准，按实计入			
2	税金	分部分项工程费+措施项目费+其他项目费+规费－按规定不计税的工程设备金额			
	合计				

编制人（造价人员）：　　　　　　　　复核人（造价工程师）：

8. 主要材料、工程设备一览表

《建设工程工程量清单计价规范》（GB 50500—2013）中新增加"主要材料、工程设备一览表"，由于价料等价格占据合同价款的大部分，对材料价款的管理历来是发承包双方十分重视的，因此，规范针对发包人供应材料设置了"发包人提供材料和工程设备一览表"（表15-13），针对承包人供应材料按当前最主要的调整方法设置了两种表式，见表15-14和表15-15。表15-14中的"风险系数"应由发包人在招标文件中按照《建设工程工程量清单计价规范》（GB 50500—2013）的要求合理确定。表中将风险系数、基准单价、投标单价、发承包人确认单价在一个表内全部表示，可以大大减少发承包双方不必要的争议。

表15-13 发包人提供材料和工程设备一览表

工程名称：××中学教学楼工程　　　标段：　　　　　　　　第 1 页 共 1 页

序号	材料（工程设备）名称、规格、型号	单位	数量	单价/元	交货方式	送达地点	备注
1	钢筋（规格见施工图现浇构件）	t	200	4000		工地仓库	

注：此表由招标人填写，供投标人在投标报价、确定总承包服务费时参考。

表15-14 承包人提供主要材料和工程设备一览表

（适用于造价信息差额调整法）

工程名称：　　　　　　标段：　　　　　　　　　　第 1 页 共 1 页

序号	名称、规格、型号	单位	数量	风险系数（%）	基准单价/元	投标单价/元	发承包人确认单价/元	备注
1	预拌混凝土 C20	m³	25	<5	310			
2	预拌混凝土 C25	m³	560	<5	323			
3	预拌混凝土 C30	m³	3120	<5	340			

注：1. 此表由招标人填写除"投标单价"栏的内容，投标人在投标时自主确定投标单价。

2. 投标人应优先采用工程造价管理机构发布的单价作为基准单价，未发布的，通过市场调整确定其基准单价。

表15-15 承包人提供主要材料和工程设备一览表

（适用于价格指数差额调整法）

工程名称：××中学教学楼工程　　　标段：　　　　　　　第 1 页 共 1 页

序号	名称、规格、型号	变值权重 B	基本价格指数 F_0	现行价格指数 F_t	备注
1	人工		110%		
2	钢材		4000 元/t		
3	预拌混凝土 C30		340 元/m³		
4	页岩砖		300 元/千匹		

（续）

序号	名称、规格、型号	变值权重 B	基本价格指数 F_0	现行价格指数 F_t	备注
5	机械费		100%		
	定值权重 A		—	—	
	合计	1	—	—	

注：1. "名称、规格、型号""基本价格指数"栏由招标人填写，基本价格指数应首先采用工程造价管理机构发布的价格指数，没有时，可采用发布的价格代替。如人工、机械费也采用本法调整由招标人在"名称"栏填写。

2. "变值权重"栏由投标人根据该项人工、机械费和材料、工程设备值在投标总报价中所占的比例填写，1 减去其比例为定值权重。

3. "现行价格指数"按约定的付款证书相关周期最后一天的前 42 天的各项价格指数填写，该指数应首先采用工程造价管理机构发布的价格指数，没有时，可采用发布的价格代替。

15.2 招标控制价编制实例

现以某中学教学楼工程为例介绍招标控制价编制（由委托工程造价咨询人编制）。

1. 封面（图 15-4）

招标控制价封面应填写招标工程项目的具体名称，招标人应盖单位公章，如委托工程造价咨询人编制，还应由其加盖相同单位公章。

_____ 工程

招标控制价

招　标　人：　　　××中学　　　
（单位盖章）

造价咨询人：　　××工程造价咨询企业　
（单位资质专用章）

××年×月×日

图 15-4　招标控制价封面

2. 扉页（图 15-5）

（1）招标人自行编制招标控制价时，招标控制价扉页由招标人单位注册的造价人员编制，招标人盖单位公章，法定代表人或其授权人签字或盖章。编制人是造价工程师的，由其签字盖执业专用章；编制人是造价员的，由其在编制人栏签字盖专用章，应由造价工程师复核，并在复核人栏签字盖执业专用章。

（2）招标人委托工程造价咨询人编制招标控制价时，招标控制价扉页由工程造价咨询人单位注册的造价人员编制，工程造价咨询人盖单位资质专用章，法定代表人或其授权人签字或盖章。编制人是造价工程师的，由其签字盖执业专用章；编制人是造价员的，在编制人栏签字盖专用章，应由造价工程师复核，并在复核人栏签字盖执业专用章。

　　　　　　　　　　　＿＿×× 中学教学楼＿＿ 工程

招标控制价

招标控制价（小写）：　　　　　　**8413949**
　　　　　（大写）：　　**捌佰肆拾壹万叁仟玖佰肆拾玖元**

招　标　人：　　＿＿×× 中学＿＿　　　　造价咨询人：　　＿＿×× 工程造价咨询企业＿＿
　　　　　　　　　（单位盖章）　　　　　　　　　　　　　　　（单位资质专用章）

法定代表人　　　　×× 中学　　　　　　　法定代表人　　　　×× 工程造价咨询企业
或其授权人：　　　　×××　　　　　　　或其授权人：　　　　　×××
　　　　　　　　　（签字或盖章）　　　　　　　　　　　　　　（签字或盖章）

编　制　人：　　＿＿×××＿＿　　　　　复　核　人：　　＿＿×××＿＿
　　　　　　（造价人员签字盖专用章）　　　　　　　　（造价工程师签字盖专用章）

编制时间：××年×月×日　　　　　　　　复核时间：××年××月×日

图 15-5　招标控制价扉页

3. 总说明（图 15-6）

编制招标控制价的总说明内容应包括：采用的计价依据；采用的施工组织设计；采用的材料价格来源；综合单价中风险因素、风险范围（幅度）；其他。

工程名称：××中学教学楼工程　　　　　　　　　　　　　　　　第 1 页　共 1 页

1. 工程概况：本工程为砖混结构，采用混凝土灌柱桩，建筑层数为六层，建筑面积 10940m²，计划工期为 200 日历天。

2. 招标报价包括范围：本次招标的施工图范围内的建筑工程和安装工程。

3. 招标报价编制依据：

（1）招标工程量清单；

（2）招标文件中有关计价的要求；

（3）施工图；

（4）省建设主管部门颁发的计价定额和计价办法及相关计价文件；

（5）材料价格采用工程所在地工程造价管理机构××年×月工程造价信息发布的价格，对于工程造价信息没有发布价格信息的材料，其价格参照市场价。单价中已包括小于或等于 5% 的价格波动风险。

4. 其他（略）。

图 15-6　招标控制价总说明

4. 招标控制价汇总表（表 15-16～表 15-18）

由于编制招标控制价和投标控制价包含的内容相同，只是对价格的处理不同，因此，对招标控制价和投标报价汇总表的设计使用同一表格。实践中，招标控制价或投标报价可分别印制该表格。

表 15-16　建设项目招标控制价汇总表

工程名称：××中学教学楼工程　　　　　　　　　　　　　　　　第 1 页　共 1 页

序号	单项工程名称	金额/元	其中/元		
			暂估价	安全文明施工费	规费
1	教学楼工程	8413949	845000	212225	241936
	合计	8413949	845000	212225	241936

注：本表适用于建设项目招标控制价或投标报价的汇总。

说明：本工程仅为一栋教学楼，故意单项工程即为建设项目。

234

表 15-17 单项工程招标控制价汇总表

工程名称：××中学教学楼工程　　　　　　　　　　　　　　　　　　第1页 共1页

序号	单项工程名称	金额/元	其中/元		
			暂估价	安全文明施工费	规费
1	教学楼工程	8413949	845000	212225	241936
	合计	8413949	845000	212225	241936

注：本表适用于单项工程招标控制价或投标报价的汇总。暂估价包括分部分项工程中的暂估价和专业工程暂估价。

表 15-18 单位工程招标控制价汇总表

工程名称：××中学教学楼工程　　　　　　　　　　　　　　　　　　第1页 共1页

序号	汇 总 内 容	金额/元	其中:暂估价/元
1	分部分项工程	9471819	845000
0101	土石方工程	108431	
0103	桩基工程	428292	
0104	砌筑工程	762650	
0105	混凝土及钢筋混凝土工程	2496270	800000
0106	金属结构工程	1846	
0108	门窗工程	411757	
0109	屋面及防水工程	264536	
0110	保温、隔热、防腐工程	138444	
0111	楼地面装饰工程	312306	
0112	墙柱面装饰与隔断、幕墙工程	452155	
0113	天棚工程	241228	
0114	油漆、涂料、裱糊工程	261942	
0304	电气设备安装工程	386177	45000
0310	给水排水安装工程	206785	
2	措施项目	829480	—
0117	其中:安全文明施工费	212225	—
3	其他项目	593260	
3.1	其中:暂列金额	350000	—
3.2	其中:专业工程暂估价	200000	—
3.3	其中:计日工	24810	—
3.4	其中:总承包服务费	18450	—
4	规费	241936	
5	税金	27745	
	招标控制价合计 = 1+2+3+4+5	8413949	845000

注：本表适用于单位工程招标控制价或投标报价的汇总，单项工程也使用本表汇总。

5. 分部分项工程和单价措施项目清单与计价表（表 15-19～表 15-22）

编制招标控制价时，分部分项工程和单价措施项目清单与计价表的"项目编码""项目名称""项目特征描述""计量单位""工程量"栏不变，对"综合单价""合价"以及"其中：暂估价"按相关规定填写。

表 15-19　分部分项工程和单价措施项目清单与计价表（一）

工程名称：××中学教学楼工程　　　　　标段：　　　　　　　　　第 1 页　共 4 页

序号	项目编码	项目名称	项目特征描述	计量单位	工程量	金额/元		
						综合单价	合价	其中暂估价
0101 土石方工程								
1	010101003001	挖沟槽土方	三类土，垫层底宽 2m，挖土深度小于 4m，弃土运距小于 10km	m³	1432	23.91	34239	
（其他略）								
分部小计							108431	
0103 桩基工程								
2	010302003001	泥浆护壁混凝土灌柱桩	桩长 10m，护壁段长 9m，共 42 根，桩直径 1000mm，扩大头直径 1100mm，桩混凝土为 C25，护壁混凝土为 C20	m	420	336.27	141233	
（其他略）								
分部小计							428292	
0104 砌筑工程								
3	010401001001	条形砖基础	M10 水泥砂浆，MU15 页岩砖 240mm×115mm×53mm	m³	239	308.18	73655	
4	010401003001	实心砖墙	M7.5 混合砂浆，MU15 页岩砖 240mm×115mm×52mm，墙厚度 240mm	m³	2037	323.64	659255	
（其他略）								
分部小计							762650	
0105 混凝土及钢筋混凝土工程								
5	010503001001	基础梁	C30 预拌混凝土，梁底标高 -1.550m	m³	208	367.05	76346	
6	010515001001	现浇构件钢筋	螺纹钢 Q235，φ14	t	200	4821.35	964270	800000
（其他略）								
分部小计							2496270	
本页小计							3795643	800000
合　　计							3795643	800000

注：为计取规费等的使用，可在表中增设"其中：定额人工费"。

表 15-20　分部分项工程和单价措施项目清单与计价表（二）

工程名称：××中学教学楼工程　　　　标段：　　　　　　　第 2 页　共 4 页

序号	项目编码	项目名称	项目特征描述	计量单位	工程量	综合单价	合价	其中 暂估价
			0106 金属结构工程					
7	010606008001	钢爬梯	U 形，型钢品种、规格详见施工图	t	0.258	7155.00	1846	
			分部小计				1846	
			0108 门窗工程					
8	010807001001	塑钢窗	80 系列 LC0915 塑钢平开窗带纱 5mm 白玻	m²	900	327.00	294300	
			（其他略）					
			分部小计				411757	
			0109 屋面及防水工程					
9	010902003001	屋面刚性防水	C20 细石混凝土，厚 40mm，建筑油膏嵌缝	m²	1853	22.41	41526	
			（其他略）					
			分部小计				264536	
			0110 保温、隔热、防腐工程					
10	011001001001	保温隔热屋面	沥青珍珠岩块 500mm×500mm×150mm，1∶3 水泥砂浆护面，厚 25mm	m²	1853	57.14	105880	
			（其他略）					
			分部小计				138444	
			0111 楼地面装饰工程					
11	011101001001	水泥砂浆楼地面	1∶3 水泥砂浆找平层，厚 20mm，1∶2 水泥砂浆面层，厚 25mm	m²	6500	35.60	231400	
			（其他略）					
			分部小计				312306	
			本页小计				1128889	—
			合　计				4924532	800000

注：为计取规费等的使用，可在表中增设"其中：定额人工费"。

表 15-21　分部分项工程和单价措施项目清单与计价表（三）

工程名称：××中学教学楼工程　　　　标段：　　　　　　　第 3 页　共 4 页

序号	项目编码	项目名称	项目特征描述	计量单位	工程量	综合单价	合价	其中 暂估价
			0112 墙、柱面装饰与隔断、幕墙工程					
12	011201001001	外墙面抹灰	页岩砖墙面，1∶3 水泥砂浆底层，厚 15mm，1∶2.5 水泥砂浆面层，厚 6mm	m²	4050	18.84	76302	

（续）

序号	项目编码	项目名称	项目特征描述	计量单位	工程量	金额/元		
						综合单价	合价	其中暂估价
13	011202001001	柱面抹灰	混凝土柱面,1:3 水泥砂浆底层,厚 15mm,1:2.5 水泥砂浆面层,厚 6mm	m²	850	21.71	18454	
			（其他略）					
	分部小计						452155	
			0113 天棚工程					
14	011301001001	混凝土天棚抹灰	基层刷水泥浆一道加界面剂,1:0.5:2.5 水泥石灰砂浆底层,厚 12mm,1:0.3:3 水泥石灰砂浆面层厚 4mm	m²	7000	17.51	122570	
			（其他略）					
	分部小计						241228	
			0114 油漆、涂料、裱糊工程					
15	011407001001	外墙乳胶漆	基层抹灰面满刮成品耐水腻子三遍磨平,乳胶漆一底二面	m²	4050	49.72	201366	
			（其他略）					
	分部小计						261942	
			0117 措施项目					
16	011701001001	综合脚手架	砖混、檐高 22m	m²	10940	20.85	228099	
			（其他略）					
	分部小计						829480	
	本页小计						1784805	—
	合　计						6709337	800000

注：为计取规费等的使用，可在表中增设"其中：定额人工费"。

表 15-22　分部分项工程和单价措施项目清单与计价表（四）

工程名称：××中学教学楼工程　　　　标段：　　　　　　第 4 页　共 4 页

序号	项目编码	项目名称	项目特征描述	计量单位	工程量	金额/元		
						综合单价	合价	其中暂估价
			0304 电气设备安装工程					
17	030404035001	插座安装	单相三孔插座,250V/10A	个	1224	11.37	13917	
18	030411001001	电气配管	砖墙暗配 PC20 阻燃 PVC 管	m	9858	9.97	88426	
			（其他略）					
	分部小计							

（续）

序号	项目编码	项目名称	项目特征描述	计量单位	工程量	综合单价	合价	其中暂估价
			0310 给水排水安装工程					
19	031001006001	塑料给水管安装	室内 DN20/PP-R 给水管,热熔连接	m	1569	19.22	30156	
20	031001006002	塑料排水管安装	室内 φ110UPVC 排水管,承插胶粘结	m	849	50.82	43146	
			（其他略）					
		分部小计					206785	
		本页小计					591920	—
		合　计					7301239	800000

注：为计取规费等的使用，可在表中增设"其中：定额人工费"。

6. 综合单价分析表（表 15-23、表 15-24）

编制招标控制价，综合单价分析表应填写使用的省级或行业建设主管部门发布的计价定额名称。

综合单价分析表一般随投标文件一同提交，作为已标价工程量清单的组成部分，以便中标后，作为合同文件的附属文件。投标人须知中需要就该分析表提交的方式作出规定，该规定需要考虑是否有必要对该分析表的合同地位给予定义。一般而言，该分析表所载明的价格数据对投标人是有约束力的，但是投标人能否以此作为投标报价中的错报和漏报等的依据而寻求招标人的补偿是实践中值得注意的问题。比较恰当的做法似乎应当是，通过评标过程中的清标、质疑、澄清、说明和补正机制，不但解决工程量清单综合单价的合理性问题，而且将合理化的综合单价反馈到综合单价分析表中，形成相互衔接、相互呼应的最终成果，在这种情况下，即便是将综合单价分析表定义为有合同约束力的文件，上述顾虑也就没有必要了。

表 15-23　综合单价分析表（一）

工程名称：××中学教学楼工程　　　　　标段：　　　　　第 1 页　共 2 页

项目编码	010515001001			项目名称		现浇构件钢筋		计量单位	t	工程量	200

清单综合单价组成明细

定额编号	定额项目名称	定额单位	数量	单价/元				合价/元			
				人工费	材料费	机械费	管理费和利润	人工费	材料费	机械费	管理费和利润
AD0809	现浇构件钢筋制、安	t	1.07	317.57	4327.70	62.42	113.66	317.57	4327.70	62.42	113.66
人工单价		小计						317.57	4327.70	62.42	113.66
80 元/工日		未计价材料费									
清单项目综合单价/元								4821.35			

（续）

材料费明细	主要材料名称、规格、型号		单位	数量	单价/元	合价/元	暂估单价/元	暂估合价/元
	螺纹钢筋 Q235，φ14		t	1.07			4000.00	4280.00
	焊条		kg	8.64	4.00	34.56		
	其他材料费				—	13.14	—	
	材料费小计				—	47.70	—	4280.00

项目编码	011407001001	项目名称	外墙乳胶漆	计量单位	m²	工程量	4050

清单综合单价组成明细

定额编号	定额项目名称	定额单位	数量	单价/元				合价/元			
				人工费	材料费	机械费	管理费和利润	人工费	材料费	机械费	管理费和利润
BE0267	抹灰面满刮耐水腻子	100m²	0.01	363.73	3000	—	141.96	3.65	30.00	—	1.42
BE0276	外墙乳胶漆底漆一遍，面漆二遍	100m²	0.01	342.58	989.24	—	133.34	3.43	9.89	—	1.33
人工单价		小计						7.08	39.89	—	2.75
80元/工日		未计价材料费									
清单项目综合单价/元								49.72			

材料费明细	主要材料名称、规格、型号		单位	数量	单价/元	合价/元	暂估单价/元	暂估合价/元
	耐水成品腻子		kg	2.50	12.00	30.00		
	××牌乳胶漆面漆		kg	0.353	21.00	7.41		
	××牌乳胶漆底漆		kg	0.136	18.00	2.45		
	其他材料费				—	0.03	—	
	材料费小计				—	39.89	—	

注：1. 如不使用省级或行业建设主管部门发布的计价依据，可不填定额编号、名称等。

2. 招标文件提供了暂估单价的材料，按暂估的单价填入表内"暂估单价"栏及"暂估合价"栏。

表 15-24　综合单价分析表（二）

工程名称：××中学教学楼工程　　　　　　标段：　　　　　　　第2页　共2页

项目编码	030411001001	项目名称	电气配管	计量单位	m	工程量	9858

清单综合单价组成明细

定额编号	定额项目名称	定额单位	数量	单价/元				合价/元			
				人工费	材料费	机械费	管理费和利润	人工费	材料费	机械费	管理费和利润
CB1528	砖墙暗配管	100m	0.01	344.85	64.22	—	136.34	3.44	0.64	—	1.36

（续）

定额编号	定额项目名称	定额单位	数量	单价/元				合价/元			
				人工费	材料费	机械费	管理费和利润	人工费	材料费	机械费	管理费和利润
CB1792	暗装接线盒	10个	0.001	18.56	9.76	—	7.31	0.02	0.01	—	0.01
CB1793	暗装开关盒	10个	0.023	19.80	4.52	—	7.80	0.46	0.10	—	0.18
人工单价		小计						3.92	0.75		1.55
85元/工日		未计价材料费						2.75			
清单项目综合单价/元								8.97			

材料费明细	主要材料名称、规格、型号	单位	数量	单价/元	合价/元	暂估单价/元	暂估合价/元
	刚性阻燃管DN20	m	1.10	2.20	2.42		
	××牌接线盒	个	0.012	2.00	0.02		
	××牌开关盒	个	0.236	1.30	0.30		
	其他材料费			—	0.75	—	
	材料费小计			—	3.50	—	

注：1. 如不使用省级或行业建设主管部门发布的计价依据，可不填定额编号、名称等。

　　2. 招标文件提供了暂估单价的材料，按暂估的单价填入表内"暂估单价"栏及"暂估合价"栏。

7. 总价措施项目清单与计价表（表15-25）

编制招标控制价时，总价措施项目清单与计价表的计费基础、费率应按省级或行业建设主管部门的规定记取。

表15-25　总价措施项目清单与计价表

工程名称：××中学教学楼工程　　　　　　　　标段：　　　　　　　　　　　第1页　共1页

序号	项目编码	项目名称	计算基础	费率(%)	金额/元	调整费率(%)	调整后金额/元	备注
1	011707001001	安全文明施工费	定额人工费	25	212225			
2	011707001002	夜间施工增加费	定额人工费	3	25466			
3	011707001004	二次搬运费	定额人工费	2	16977			
4	011707001005	冬雨季施工增加费	定额人工费	1	8489			
5	011707001007	已完工程及设备保护费			8000			
		合计			271157			

编制人（造价人员）：　　　　　　　　　　　　复核人（造价工程师）：

注：1. "计算基础"中安全文明施工费可为"定额基价""定额人工费"或"定额人工费+定额机械费"，其他项目可为"定额人工费"或"定额人工费+定额机械费"。

　　2. 按施工方案计算的措施费，若无"计算基础"和"费率"的数值，也可只填"金额"数值，但应在备注栏说明施工方案出处或计算方法。

8. 其他项目清单与计价汇总表（表 15-26）

编制招标控制价时，其他项目清单与计价汇总表应按有关计价规定估算"计日工"和"总承包服务费"。如招标工程量清单中未列"暂列金额"，应按有关规定编列。

表 15-26　其他项目清单与计价汇总表

工程名称：××中学教学楼工程　　　　　　　标段：　　　　　　　第 1 页　共 1 页

序号	项目名称	金额/元	结算金额/元	备注
1	暂列金额	350000		明细详见（1）
2	暂估价	200000		
2.1	材料暂估价	—		明细详见（2）
2.2	专业工程暂估价	200000		明细详见（3）
3	计日工	24810		明细详见（4）
4	总承包服务费	18450		明细详见（5）
	合计	585210		—

注：材料（工程设备）暂估价进入清单项目综合单价，此处不汇总。

（1）暂列金额明细表（表 15-27）。

表 15-27　暂列金额明细表

工程名称：××中学教学楼工程　　　　　　　标段：　　　　　　　第 1 页　共 1 页

序号	项目名称	计量单位	暂定金额/元	备注
1	自行车棚工程	项	100000	
2	工程量偏差和设计变更	项	100000	
3	政策性调整和材料价格波动	项	100000	
4	其他	项	50000	
5				
6				
7				
8				
	合计		350000	—

注：此表由招标人填写，如不能详列，也可只列暂定金额总额，投标人应将上述暂列金额计入投标总价中。

（2）材料（工程设备）暂估单价及调整表（表 15-28）。

表15-28　材料（工程设备）暂估单价及调整表

工程名称：××中学教学楼工程　　　　　　　　标段：　　　　　　　　第1页　共1页

序号	材料（工程设备）名称、规格、型号	计量单位	数量		暂估单价/元		确认单价/元		差额/元		备注
			暂估	确认	单价	合价	单价	合价	单价	合价	
1	钢筋（规格见施工图）	t	200		4000	800000					用于现浇钢筋混凝土项目
2	低压开关柜（CGD190380/220V）	个	1		45000	45000					用于低压开关柜安装项目
	合计					845000					

注：此表由招标人填写"暂估单价"，并在备注栏说明暂估价的材料、工程设备拟用在哪些清单项目上，投标人应将上述材料、工程设备暂估单价计入工程量清单综合单价报价中。

（3）专业工程暂估价及结算价表（表15-29）。

表15-29　专业工程暂估价及结算价表

工程名称：××中学教学楼工程　　　　　　　　标段：　　　　　　　　第1页　共1页

序号	工程名称	工程内容	暂估金额/元	结算金额/元	差额/元	备注
1	消防工程	合同图纸中标明的以及消防工程规范和技术说明中规定的各系统中的设备、管道、阀门、线缆等的供应、安装和调试工作	200000			
	合计		200000			

注：此表"暂估金额"由招标人填写，投标人应将"暂估金额"计入投标总价中，结算时按合同约定结算金额填写。

（4）计日工表（表15-30）。

编制招标控制价的"计日工表"时，人工、材料、机械台班单价由招标人按有关计价规定填写并计算合价。

表15-30　计日工表

工程名称：××中学教学楼工程　　　　　　　　标段：　　　　　　　　第1页　共1页

编号	项目名称	计量单位	暂估数量	实际数量	综合单价/元	合价/元	
						暂定	实际
一	人工						
1	普工	工日	100		70	7000	
2	机工	工日	60		100	6000	
	人工小计					13000	
二	材料						
1	钢筋（规格见施工图）	t	1		4000	4000	
2	水泥42.5	t	2		571	1142	
3	中砂	m³	10		83	830	

（续）

编号	项目名称	计量单位	暂估数量	实际数量	综合单价/元	合价/元 暂定	合价/元 实际
4	砾石（5~40mm）	m³	5		46	230	
5	页岩砖（240mm×115mm×53mm）	千匹	1		340	340	
	材料小计					6542	
三	施工机械						
1	自升式塔式起重机	台班	5		526.20	2631	
2	灰浆搅拌机（400L）	台班	2		18.38	37	
	施工机械小计					2668	
四	企业管理费和利润:按人工费20%计					2600	
	总计					24810	

注：此表项目名称、暂定数量由招标人填写，编制招标控制价时，单价由招标人按有关计价规定确定；投标时，单价由投标人自主报价，按暂定数量计算合价计入投标总价中。结算时，按发承包双方确认的实际数量计算合价。

（5）总承包服务费计价表（表15-31）。

编制招标控制价的"总承包服务费计价表"时，招标人应按有关计价规定计价。

表15-31 总承包服务费计价表

工程名称：××中学教学楼工程　　　　标段：　　　　　　第1页　共1页

序号	项目名称	项目价值/元	服务内容	计算基础	计算费率（%）	金额/元
1	发包人发包专业工程	200000	1. 为消防工程承包人提供施工工作面并对施工现场进行统一管理,对竣工资料进行统一整理汇总 2. 为消防工程承包人提供垂直运输机械和焊接电源接入点,并承担垂直运输费和电费	项目价值	5	10000
2	发包人供应材料	845000	对发包人供应的材料进行验收及保管和使用发放	项目价值	1	8450
	合计	—	—	—	—	18450

注：此表项目名称、服务内容由招标人填写，编制招标控制价时，费率及金额由招标人按有关计价规定确定；投标时，费率及金额由投标人自主报价，计入投标总价中。

9. 规费、税金项目计价表（表15-32）

表15-32　规费、税金项目计价表

工程名称：××中学教学楼工程　　　　　　标段：　　　　　　　第1页　共1页

序号	项目名称	计算基础	计算基数	计算费率（%）	金额/元
1	规费	定额人工费			241936
1.1	社会保险费	定额人工费	(1)+…+(5)		191002
(1)	养老保险费	定额人工费		14	118846
(2)	失业保险费	定额人工费		2	16978
(3)	医疗保险费	定额人工费		6	50934
(4)	工伤保险费	定额人工费		0.25	2122
(5)	生育保险费	定额人工费		0.25	2122
1.2	住房公积金	定额人工费		6	50934
1.3	工程排污费	按工程所在地环境保护部门收取标准,按实计入			
2	税金	分部分项工程费+措施项目费+其他项目费+规费－按规定不计税的工程设备金额		3.41	277454
	合计				519390

编制人（造价人员）：　　　　　　　　　　复核人（造价工程师）：

10. 主要材料、工程设备一览表（表15-33~表15-35）

表15-33　发包人提供材料和工程设备一览表

工程名称：××中学教学楼工程　　　　　　标段：　　　　　　　第1页　共1页

序号	材料(工程设备)名称、规格、型号	单位	数量	单价/元	交货方式	送达地点	备注
1	钢筋(规格见施工图现浇构件)	t	200	4000		工地仓库	

注：此表由招标人填写，供投标人在投标报价、确定总承包服务费时参考。

表15-34　承包人提供主要材料和工程设备一览表

（适用于造价信息差额调整法）

工程名称：　　　　　　　　　　标段：　　　　　　　第1页　共1页

序号	名称、规格、型号	单位	数量	风险系数（%）	基准单价/元	投标单价/元	发承包人确认单价/元	备注
1	预拌混凝土 C20	m³	25	≤5	310			
2	预拌混凝土 C25	m³	560	≤5	323			
3	预拌混凝土 C30	m³	3120	≤5	340			

注：1. 此表由招标人填写除"投标单价"栏的内容，投标人在投标时自主确定投标单价。
　　2. 投标人应优先采用工程造价管理机构发布的单价作为基准单价，未发布的，通过市场调查确定其基准单价。

表 15-35　承包人提供主要材料和工程设备一览表

（适用于价格指数差额调整法）

工程名称：××中学教学楼工程　　　　　　标段：　　　　　第 1 页　共 1 页

序号	名称、规格、型号	变值权重 B	基本价格指数 F_0	现行价格指数 F_t	备注
1	人工		110%		
2	钢材		4000 元/t		
3	预拌混凝土 C30		340 元/m³		
4	页岩砖		300 元/千匹		
5	机械费		100%		
	定值权重 A		—	—	
	合计	1	—	—	

注：1. "名称、规格、型号""基本价格指数"栏由招标人填写，基本价格指数应首先采用工程造价管理机构发布的价格指数，没有时，可采用发布的价格代替。如人工、机械费也采用本法调整由招标人在"名称"栏填写。

2. "变值权重"栏由投标人根据该项人工、机械费和材料、工程设备值在投标总报价中所占的比例填写，1 减去其比例为定值权重。

3. "现行价格指数"按约定的付款证书相关周期最后一天的前 42 天的各项价格指数填写，该指数应首先采用工程造价管理机构发布的价格指数，没有时，可采用发布的价格代替。

15.3　投标报价编制实例

现以某中学教学楼工程为例介绍投标报价编制（由委托工程造价咨询人编制）。

1. 封面（图 15-7）

投标总价封面应填写投标工程的具体名称，投标人应盖单位公章。

　　　　××中学教学楼　工程

投　标　总　价

投　标　人：　　××建筑公司　　

（单位盖章）

××年×月×日

图 15-7　投标总价封面

2. 扉页（图 15-8）

投标人编制投标报价时，投标总价扉页由投标人单位注册的造价人员编制，投标人盖单位公章，法定代表人或其授权人签字或盖章，编制的造价人员（造价工程师或造价员）签字盖执业专用章。

投 标 总 价

招标人：　　　　　××中学

工程名称：　　　　××中学教学楼工程

投标总价(小写)：　　　**7972282**

（大写）：　　柒佰玖拾柒万贰仟贰佰捌拾贰元

投标人：　　　　　××建筑公司
（单位盖章）

法定代表人
或其授权人：　　　　×××
（签字或盖章）

编制人：　　　　　×××
（造价人员签字盖专用章）

编制时间：××年×月×日

图 15-8　投标总价扉页

3. 总说明（图 15-9）

编制投标报价的总说明内容应包括：采用的计价依据；采用的施工组织设计；综合单价中风险因素、风险范围（幅度）；措施项目的依据；其他有关内容的说明等。

工程名称：××中学教学楼工程　　　　　　　　　　　　　　　　　　　第 1 页　共 1 页

---

1. 工程概况：本工程为砖混结构，混凝土灌注桩基，建筑层数为六层，建筑面积 10940m²，招标计划工期为 200 日历天，投标工期为 180 日历天。

2. 投标报价范围：本次招标的施工图范围内的建筑工程和安装工程。

3. 投标报价编制依据：

(1) 招标文件、招标工程量清单和有关报价要求，招标文件的补充通知和答疑纪要；

(2) 施工图及投标施工组织设计；

(3)《建设工程工程量清单计价规范》(GB 50500—2013) 以及有关的技术标准、规范和安全管理规定等；

(4) 省建设主管部门颁发的计价定额和计价办法及相关计价文件；

(5) 材料价格根据本公司掌握的价格情况并参照工程所在地工程造价管理机构××年×月工程造价信息发布的价格。单价中已包括招标文件要求的小于或等于 5% 的价格波动风险。

4. 其他(略)。

图 15-9　投标总价总说明

4. 投标控制价汇总表（表 15-36~表 15-38）

与招标控制价的表样一致，此处需要说明的是，投标报价汇总表与投标函中投标报价金额应当一致。就投标文件的各个组成部分而言，投标函是最重要的文件，其他组成部分都是投标函的支持性文件，投标函是必须经过投标人签字盖章，并且在开标会上必须当众宣读的文件。如果投标报价汇总表的投标总价与投标函填报的投标总价不一致，应当以投标函中填写的大写金额为准。实践中，对该原则一直缺少一个明确的依据，为了避免出现争议，可以在"投标人须知"中给予明确，用在招标文件中预先给予明示约定的方式来弥补法律法规依据的不足。

表 15-36　建设项目投标控制价汇总表

工程名称：××中学教学楼工程　　　　　　　　　　　　　　　　　　　　第 1 页　共 1 页

序号	单项工程名称	金额/元	其中/元		
			暂估价	安全文明施工费	规费
1	教学楼工程	7972282	845000	209650	239001
	合计	7972282	845000	209650	239001

注：本表适用于建设项目招标控制价或投标报价的汇总。

说明：本工程仅为一栋教学楼，故单项工程即为建设项目。

表 15-37　单项工程投标控制价汇总表

工程名称：××中学教学楼工程　　　　　　　　　　　　　　　　　　　　第 1 页　共 1 页

序号	单项工程名称	金额/元	其中/元		
			暂估价	安全文明施工费	规费
1	教学楼工程	7972282	845000	209650	239001
	合计	7972282	845000	209650	239001

注：本表适用于单项工程招标控制价或投标报价的汇总。暂估价包括分部分项工程中的暂估价和专业工程暂估价。

表 15-38　单位工程投标控制价汇总表

工程名称：××中学教学楼工程　　　　　　　　　　　　　　　　　　　　第 1 页　共 1 页

序号	汇总内容	金额/元	其中:暂估价/元
1	分部分项工程	6134749	845000
0101	土石方工程	99757	
0103	桩基工程	397283	
0104	砌筑工程	725456	
0105	混凝土及钢筋混凝土工程	2432419	800000

（续）

序号	汇总内容	金额/元	其中:暂估价/元
0106	金属结构工程	1794	
0108	门窗工程	366464	
0109	屋面及防水工程	251838	
0110	保温、隔热、防腐工程	133226	
0111	楼地面装饰工程	291030	
0112	墙柱面装饰与隔断、幕墙工程	418643	
0113	天棚工程	230431	
0114	油漆、涂料、裱糊工程	233606	
0304	电气设备安装工程	360140	45000
0310	给水排水安装工程	192662	
2	措施项目	738257	—
0117	其中:安全文明施工费	209650	—
3	其他项目	597288	—
3.1	其中:暂列金额	350000	—
3.2	其中:专业工程暂估价	200000	—
3.3	其中:计日工	26528	—
3.4	其中:总承包服务费	20760	—
4	规费	239001	—
5	税金	262887	—
	投标报价总计 = 1+2+3+4+5	7972282	845000

5. 分部分项工程和单价措施项目清单与计价表（表 15-39～表 15-42）

编制投标控制价时，招标人对分部分项工程和单价措施项目清单与计价表中的"项目编码""项目名称""项目特征描述""计量单位""工程量"均不应做改动。"综合单价""合价"自主决定填写，对其中的"暂估价"栏，投标人应将招标文件中提供了暂估材料单价的暂估价计入综合单价，并应计算出暂估单价的材料栏"综合单价"其中的"暂估价"。

表 15-39 分部分项工程和单价措施项目清单与计价表（一）

工程名称：××中学教学楼工程　　　　标段：　　　　　　　　第 1 页 共 4 页

序号	项目编码	项目名称	项目特征描述	计量单位	工程量	综合单价	合价	其中暂估价
			0101 土石方工程					
1	010101003001	挖沟槽土方	三类土,垫层底宽 2m,挖土深度小于 4m,弃土运距小于 7km	m³	1432	21.92	31389	
			（其他略）					
		分部小计					99757	
			0103 桩基工程					

（续）

序号	项目编码	项目名称	项目特征描述	计量单位	工程量	金额/元		
						综合单价	合价	其中暂估价
2	010302003001	泥浆护壁混凝土灌注桩	桩长 10m，护壁段长 9m，共 42根，桩直径 1000mm，扩大头直径1100mm，桩混凝土为 C25，护壁混凝土为 C20	m	420	322.06	135265	
			（其他略）					
		分部小计					397283	
0104 砌筑工程								
3	010401001001	条形砖基础	M10 水泥砂浆，MU15 页岩砖 240×115×53（mm）	m³	239	290.46	69420	
4	010401003001	实心砖墙	M7.5 混合砂浆，MU15 页岩砖240×115×53（mm），墙厚度 240mm	m³	2037	304.43	620124	
			（其他略）					
		分部小计					725456	
0105 混凝土及钢筋混凝土工程								
5	010503001001	基础梁	C30 预拌混凝土，梁底标高−1.550m	m³	208	356.14	74077	
6	010515001001	现浇构件钢筋	螺纹钢 Q235，φ14	t	200	4787.16	957432	800000
			（其他略）					
		分部小计					2432419	
		本页小计					3654915	800000
		合　计					3654915	800000

注：为计取规费等的使用，可在表中增设"其中：定额人工费"。

表 15-40　分部分项工程和单价措施项目清单与计价表（二）

工程名称：××中学教学楼工程　　　　标段：　　　　　　第 2 页　共 4 页

序号	项目编码	项目名称	项目特征描述	计量单位	工程量	金额/元		
						综合单价	合价	其中暂估价
0106 金属结构工程								
7	010606008001	钢爬梯	U 形，型钢品种、规格详见施工图	t	0.258	6951.71	1794	
		分部小计					1794	
0108 门窗工程								
8	010807001001	塑钢窗	80 系列 LC0915 塑钢平开窗带纱 5mm 白玻	m²	900	273.40	246060	
			（其他略）					
		分部小计					366464	

（续）

序号	项目编码	项目名称	项目特征描述	计量单位	工程量	金额/元		
						综合单价	合价	其中暂估价
0109 屋面及防水工程								
9	010902003001	屋面刚性防水	C20 细石混凝土,厚 40mm,建筑油膏嵌缝	m²	1853	21.43	39710	
			（其他略）					
	分部小计						251838	
0110 保温、隔热、防腐工程								
10	011001001001	保温隔热屋面	沥青珍珠岩块 500mm×500mm×150mm,1:3 水泥砂浆护面,厚 25mm	m²	1853	53.81	99710	
			（其他略）					
	分部小计						133226	
0111 楼地面装饰工程								
11	011101001001	水泥砂浆楼地面	1:3 水泥砂浆找平层,厚 20mm,1:2 水泥砂浆面层,厚 25mm	m²	6500	33.77	219505	
			（其他略）					
	分部小计						291030	
	本页小计						1044352	—
	合　计						4699267	800000

注：为计取规费等的使用，可在表中增设"其中：定额人工费"。

表 15-41　分部分项工程和单价措施项目清单与计价表（三）

工程名称：××中学教学楼工程　　　　　标段：　　　　　

序号	项目编码	项目名称	项目特征描述	计量单位	工程量	金额/元		
						综合单价	合价	其中暂估价
0112 墙、柱面装饰与隔断、幕墙工程								
12	011201001001	外墙面抹灰	页岩砖墙面,1:3 水泥砂浆底层,厚 15mm,1:2.5 水泥砂浆面层,厚 6mm	m²	4050	17.44	70632	
13	011202001001	柱面抹灰	混凝土柱面,1:3 水泥砂浆底层,厚 15mm,1:2.5 水泥砂浆面层,厚 6mm	m²	850	20.42	17357	
			（其他略）					
	分部小计						418643	

（续）

序号	项目编码	项目名称	项目特征描述	计量单位	工程量	金额/元		
						综合单价	合价	其中暂估价
			0113 天棚工程					
14	011301001001	混凝土天棚抹灰	基层刷水泥浆一道加界面剂，1：0.5：2.5水泥石灰砂浆底层，厚12mm，1：0.3：3水泥石灰砂浆面层厚4mm	m²	7000	16.53	115710	
			（其他略）					
		分部小计					230431	
			0114 油漆、涂料、裱糊工程					
15	011407001001	外墙乳胶漆	基层抹灰面满刮成品耐水腻子三遍磨平，乳胶漆一底一面	m²	4050	44.70	181035	
			（其他略）					
		分部小计					233606	
			0117 措施项目					
16	011701001001	综合脚手架	砖混、檐高22m	m²	10940	19.80	216612	
			（其他略）					
		分部小计					738257	
		本页小计					1620937	—
		合计					6320204	800000

注：为计取规费等的使用，可在表中增设"其中：定额人工费"。

表15-42 分部分项工程和单价措施项目清单与计价表（四）

工程名称：××中学教学楼工程　　　　标段：　　　　　第4页 共4页

序号	项目编码	项目名称	项目特征描述	计量单位	工程量	金额/元		
						综合单价	合价	其中暂估价
			0304 电气设备安装工程					
17	030404035001	插座安装	单相三孔插座，250V/10A	个	1224	10.46	12803	
18	030411001001	电气配管	砖墙暗配PC20阻燃PVC管	m	9858	8.23	81131	45000
			（其他略）					
		分部小计					360140	45000
			0310 给水排水安装工程					
19	031001006001	塑料给水管安装	室内DN20/PP-R给水管，热熔连接	m	1569	17.54	27520	

（续）

序号	项目编码	项目名称	项目特征描述	计量单位	工程量	综合单价	合价	其中 暂估价
20	031001006002	塑料排水管安装	室内φ110UPVC排水管,承插胶粘结	m	849	46.96	39869	
			（其他略）					
		分部小计					192662	
		本页小计					552802	—
		合计					6873006	845000

注：为计取规费等的使用，可在表中增设"其中：定额人工费"。

6. 综合单价分析表（表15-43、表15-44）

编制投标报价时，综合单价分析表应填写使用的企业定额名称，也可填写使用的省级或行业建设主管部门发布的计价定额，如不使用则不填写。

表15-43　综合单价分析表（一）

工程名称：××中学教学楼工程　　　　　　　　标段：　　　　　　　第1页　共2页

项目编码	010515001001	项目名称	现浇构件钢筋	计量单位	t	工程量	200

清单综合单价组成明细

定额编号	定额项目名称	定额单位	数量	单价/元				合价/元			
				人工费	材料费	机械费	管理费和利润	人工费	材料费	机械费	管理费和利润
AD0809	现浇构件钢筋制、安	t	1.07	275.47	4044.58	58.33	95.59	294.75	4327.70	62.42	102.29
人工单价		小计						294.75	4327.70	62.42	102.29
80元/工日		未计价材料费									
清单项目综合单价/元								4787.16			

材料费明细	主要材料名称、规格、型号	单位	数量	单元/元	合价/元	暂估单价/元	暂估合价/元
	螺纹钢筋 Q235,φ14	t	1.07			4000.00	4280.00
	焊条	kg	8.64	4.00	34.56		
	其他材料费			—	13.14	—	
	材料费小计			—	47.70	—	4280.00

（续）

| 项目编码 | 011407001001 | 项目名称 | 外墙乳胶漆 | 计量单位 | m² | 工程量 | 4050 |

清单综合单价组成明细

定额编号	定额项目名称	定额单位	数量	单价/元				合价/元			
				人工费	材料费	机械费	管理费和利润	人工费	材料费	机械费	管理费和利润
BE0267	抹灰面满刮耐水腻子	100m²	0.01	338.52	2625	—	127.76	3.39	26.25	—	1.28
BE0276	外墙乳胶漆底漆一遍，面漆两遍	100m²	0.01	317.97	940.37	—	120.01	3.18	9.40	—	1.20
人工单价		小计						6.57	35.65	—	2.48
80元/工日		未计价材料费									
清单项目综合单价/元								44.70			

材料费明细	主要材料名称、规格、型号	单位	数量	单价/元	合价/元	暂估单价/元	暂估合价/元
	耐水成品腻子	kg	2.50	10.50	26.25		
	××牌乳胶漆面漆	kg	0.353	20.00	7.06		
	××牌乳胶漆底漆	kg	0.136	17.00	2.31		
	其他材料费			—	0.03		
	材料费小计			—	36.65		

注：1. 如不使用省级或行业建设主管部门发布的计价依据，可不填定额编号、名称等。

　　2. 招标文件提供了暂估单价的材料，按暂估的单价填入表内"暂估单价"栏及"暂估合价"栏。

表15-44　综合单价分析表（二）

工程名称：××中学教学楼工程　　　　　　　标段：　　　　　　第2页　共2页

| 项目编码 | 030411001001 | 项目名称 | 电气配管 | 计量单位 | m | 工程量 | 9858 |

清单综合单价组成明细

定额编号	定额项目名称	定额单位	数量	单价/元				合价/元			
				人工费	材料费	机械费	管理费和利润	人工费	材料费	机械费	管理费和利润
CB1528	砖墙暗配管	100m	0.01	312.89	64.22	—	136.34	3.13	0.64	—	1.34
CB1792	暗装接线盒	10个	0.001	16.80	9.76		7.31	0.02	0.01	—	0.01
CB1793	暗装开关盒	10个	0.023	17.92	4.52		7.80	0.41	0.10	—	0.18
人工单价		小计						3.56	0.75	—	1.55
85元/工日		未计价材料费						2.37			
清单项目综合单价/元								8.23			

（续）

主要材料名称、规格、型号	单位	数量	单价/元	合价/元	暂估单价/元	暂估合价/元
刚性阻燃管 DN20	m	1.10	1.90	2.09		
××牌接线盒	个	0.012	1.80	0.02		
××牌开关盒	个	9.236	1.10	0.26		
其他材料费			—	0.75	—	
材料费小计			—	3.12	—	

（左侧合并单元格：材料费明细）

注：1. 如不使用省级或行业建设主管部门发布的计价依据，可不填定额编号、名称等。

2. 招标文件提供了暂估单价的材料，按暂估的单价填入表内"暂估单价"栏及"暂估合价"栏。

7. 总价措施项目清单与计价表（表 15-45）

编制投标报价时，总价措施项目清单与计价表中除"安全文明施工费"必须按《建设工程工程量清单计价规范》（GB 50500—2013）的强制性规定，按省级或行业建设主管部门的规定计取外，其他措施项目均可根据投标施工组织设计自主报价。

表 15-45　总价措施项目清单与计价表

工程名称：××中学教学楼工程　　　　　　标段：　　　　　　　　第 1 页　共 1 页

序号	项目编码	项目名称	计算基础	费率（%）	金额/元	调整费率(%)	调整后金额/元	备注
1	011707001001	安全文明施工费	定额人工费	25	209650			
2	011707001002	夜间施工增加费	定额人工费	1.5	12479			
3	011707001004	二次搬运费	定额人工费	1	8386			
4	011707001005	冬雨季施工增加费	定额人工费	0.6	5032			
5	011707001007	已完工程及设备保护费			6000			
		合计			241547			

编制人（造价人员）：　　　　　　复核人（造价工程师）：

注：1. "计算基础"中安全文明施工费可为"定额基价""定额人工费"或"定额人工费+定额机械费"，其他项目可为"定额人工费"或"定额人工费+定额机械费"。

2. 按施工方案计算的措施费，若无"计算基础"和"费率"的数值，也可只填"金额"数值，但应在备注栏说明施工方案出处或计算方法。

8. 其他项目清单与计价汇总表（表 15-46）

编制投标报价时，其他项目清单与计价汇总表应按招标工程量清单提供的"暂列金额"和"专业工程暂估价"填写金额，不得变动。"计日工""总承包服务费"自主确定报价。

表 15-46　其他项目清单与计价汇总表

工程名称：××中学教学楼工程　　　　　　　　标段：　　　　　　　　　第 1 页　共 1 页

序号	项目名称	金额/元	结算金额/元	备　注
1	暂列金额	350000		明细详见（1）
2	暂估价	200000		
2.1	材料暂估价	—		明细详见（2）
2.2	专业工程暂估价	200000		明细详见（3）
3	计日工	26528		明细详见（4）
4	总承包服务费	20760		明细详见（5）
5				
	合计	583600		—

注：材料（工程设备）暂估价计入清单项目综合单价，此处不汇总。

（1）暂列金额明细（表 15-47）。

表 15-47　暂列金额明细表

工程名称：××中学教学楼工程　　　　　　　　标段：　　　　　　　　　第 1 页　共 1 页

序号	项目名称	计量单位	暂定金额/元	备注
1	自行车棚工程	项	100000	
2	工程量偏差和设计变更	项	100000	
3	政策性调整和材料价格波动	项	100000	
4	其他	项	50000	
5				
6				
	合计		350000	—

注：此表由招标人填写，如不能详列，也可只列暂定金额总额，投标人应将上述暂列金额计入投标总价中。

（2）材料（工程设备）暂估单价及调整表（表 15-48）。

表 15-48　材料（工程设备）暂估单价及调整表

工程名称：××中学教学楼工程　　　　　　　　标段：　　　　　　　　　第 1 页　共 1 页

序号	材料（工程设备）名称、规格、型号	计量单位	数量		暂估单价/元		确认单价/元		差额/元		备注
			暂估	确认	单价	合价	单价	合价	单价	合价	
1	钢筋（规格见施工图）	t	200		4000		800000				用于现浇钢筋混凝土项目
2	低压开关柜（CGD190380/220V）	个	1		45000		45000				用于低压开关柜安装项目
	合计						845000				

注：此表由招标人填写"暂估单价"，并在备注栏说明暂估价的材料、工程设备拟用在哪些清单项目上，投标人应将上述材料、工程设备暂估单价计入工程量清单综合单价报价中。

（3）专业工程暂估价及结算价表（表 15-49）。

表 15-49 专业工程暂估价及结算价表

工程名称：××中学教学楼工程　　　　　　　　标段：　　　　　　　第 1 页　共 1 页

序号	工程名称	工程内容	暂估金额/元	结算金额/元	差额/元	备注
1	消防工程	合同图纸中标明的以及消防工程规范和技术说明中规定的各系统中的设备、管道、阀门、线缆等的供应、安装和调试工作	200000			
	合计		200000			

注：此表"暂估金额"由招标人填写，投标人应将"暂估金额"计入投标总价中，结算时按合同约定结算金额填写。

（4）计日工表（表 15-50）。

编制投标报价的"计日工表"时，人工、材料、机械台班单价由招标人自主确定，按已给暂估数量计算合价计入投标总价中。

表 15-50 计日工表

工程名称：××中学教学楼工程　　　　　　　　标段：　　　　　　　第 1 页　共 1 页

编号	项目名称	计量单位	暂估数量	实际数量	综合单价/元	合价/元 暂定	合价/元 实际
一	人工						
1	普工	工日	100		80	8000	
2	机工	工日	60		110	6600	
	人工小计					14600	
二	材料						
1	钢筋（规格见施工图）	t	1		4000	4000	
2	水尼 42.5	t	2		600	1200	
3	中砂	m³	10		80	800	
4	砾石（5~40mm）	m³	5		42	210	

（续）

编号	项目名称	单位	暂定数量	实际数量	综合单价/元	合价/元 暂定	合价/元 实际
5	页岩砖（240mm×115mm×53mm）	千匹	1		300	300	
	材料小计					6510	
三	施工机械						
1	自升式搭式起重机	台班	5		550	2750	
2	灰浆搅拌机(400L)	台班	2		20	40	
	施工机械小计					2790	
四	企业管理费和利润:按人工费18%计					2628	
	总计					26528	

注：此表项目名称、暂定数量由招标人填写，编制招标控制价时，单价由招标人按有关计价规定确定；投标时，单价由投标人自主报价，按暂定数量计算合价计入投标总价中。结算时，按发承包双方确认的实际数量计算合价。

（5）总承包服务费计价表（表15-51）。

编制投标报价的"总承包服务费计价表"时，由投标人根据工程量清单中的总承包服务内容，自主决定报价。

表15-51 总承包服务费计价表

工程名称：××中学教学楼工程　　　　标段：　　　　　　第1页　共1页

序号	项目名称	项目价值/元	服务内容	计算基础	计算费率（%）	金额/元
1	发包人发包专业工程	200000	1. 按专业工程承包人的要求提供施工工作面并对施工现场进行统一管理，对竣工资料进行统一整理汇总 2. 为专业工程承包人提供垂直运输机械和焊接电源接入点，并承担垂直运输费和电费	项目价值	7	14000
2	发包人供应材料	845000	对发包人供应的材料进行验收及保管和使用发放	项目价值	0.8	6760
	合计	—			—	20760

注：此表项目名称、服务内容由招标人填写，编制招标控制价时，费率及金额由招标人按有关计价规定确定；投标时，费率及金额由投标人自主报价，计入投标总价中。

9. 规费、税金项目计价表（表 15-52）

表 15-52 规费、税金项目计价表

工程名称：××中学教学楼工程　　　　　　　　标段：　　　　　　　　　第 1 页　共 1 页

序号	项目名称	计算基础	计算基数	计算费率（%）	金额/元
1	规费	定额人工费			239001
1.1	社会保险费	定额人工费	（1）+…+（5）		188685
（1）	养老保险费	定额人工费		14	117404
（2）	失业保险费	定额人工费		2	126772
（3）	医疗保险费	定额人工费		6	50316
（4）	工伤保险费	定额人工费		0.25	2096.5
（5）	生育保险费	定额人工费		0.25	2096.5
1.2	住房公积金	定额人工费		6	50316
1.3	工程排污费	按工程所在地环境保护部门收取标准，按实计入			
2	税金	分部分项工程费+措施项目费+其他项目费+规费-按规定不计税的工程设备金额		3.41	262887
		合计			501888

编制人（造价人员）：　　　　　　　　复核人（造价工程师）：

10. 总价项目进度款支付分解表（表 15-53）

表 15-53 总价项目进度款支付分解表

工程名称：××中学教学楼工程　　　　　　　　标段：　　　　　　　　　第 1 页　共 1 页

序号	项目名称	总价金额	首次支付	二次支付	三次支付	四次支付	五次支付
1	安全文明施工费	209650	62895	62895	41930	41930	
2	夜间施工增加费	12479	2496	2496	2496	2496	2495
3	二次搬运费	8386	1677	1677	1677	1677	1678
	略						
	社会保险费	188685	37737	37737	37737	37737	37737
	住房公积金	50316	10063	10063	10063	10063	10064
	合计						

编制人（造价人员）：　　　　　　　　复核人（造价工程师）：

注：1. 本表应由承包人在投标报价时根据发包人在招标文件明确的进度款支付周期与报价填写，签订合同时，发承包双方可就会付分解协商调整后作为合同附件。

2. 单价合同使用本表，"支付"栏时间应与单价项目进度款支付周期相同。

3. 总价合同使用本表，"支付"栏时间应与约定的工程计量周期相同。

11. 主要材料、工程设备一览表

（1）发包人提供材料和工程设备一览表（表 15-54）。

表 15-54　发包人提供材料和工程设备一览表

工程名称：××中学教学楼工程　　　　　　标段：　　　　　　　第 1 页　共 1 页

序号	材料（工程设备）名称、规格、型号	单位	数量	单价/元	交货方式	送达地点	备注
1	钢筋（规格见施工图现浇构件）	t	200	4000		工地仓库	

注：此表由招标人填写，供投标人在投标报价、确定总承包服务费时参考。

（2）承包人提供主要材料和工程设备一览表（适用于价格指数差额调整法）（表 15-55）。

表 15-55　承包人提供主要材料和工程设备一览表
（适用于价格指数差额调整法）

工程名称：××中学教学楼工程　　　　　　标段：　　　　　　　第 1 页　共 1 页

序号	名称、规格、型号	变值权重 B	基本价格指数 F_0	现行价格指数 F_t	备注
1	人工	0.18	110%		
2	钢材	0.11	4000 元/t		
3	预拌混凝土 C30	0.16	340 元/m³		
4	页岩砖	0.15	300 元/千匹		
5	机械费	0.08	100%		
	定值权重 A	0.42	—	—	
	合计	1	—	—	

注：1. "名称、规格、型号""基本价格指数"栏由招标人填写，基本价格指数应首先采用工程造价管理机构发布的价格指数，没有时，可采用发布的价格代替。如人工、机械费也采用本法调整由招标人在"名称"栏填写。

2. "变值权重"栏由投标人根据该项人工、机械费和材料、工程设备值在投标总报价中所占的比例填写，1 减去其比例为定值权重。

3. "现行价格指数"按约定的付款证书相关周期最后一天的前 42 天的各项价格指数填写，该指数应首先采用工程造价管理机构发布的价格指数，没有时，可采用发布的价格代替。

15.4　工程竣工结算编制实例

现以某中学教学楼工程为例介绍工程竣工结算编制（发包人报送）。

1. 封面（图 15-10）

竣工结算书封面应填写竣工工程的具体名称，发承包双方应盖其单位公章，如委托工程造价咨询人办理的，还应加盖其单位公章。

××中学教学楼　工程

竣工结算书

发　包　人：　　　　　××中学　　　　　　

（单位盖章）

承　包　人：　　　　　××建筑公司　　　　

（单位盖章）

造价咨询人：　　　　××工程造价咨询企业　　

（单位资质专用章）

××年×月×日

图 15-10　竣工结算书封面

2. 扉页（图 15-11）

（1）承包人自行编制竣工结算总价，竣工结算总价扉页由承包人单位注册的造价人员编制，承包人盖单位公章，法定代表人或其授权人签字或盖章，编制的造价人员（造价工程师或造价员）在编制人栏签字盖执业专用章。

发包人自行核对竣工结算时，由发包人单位注册的造价工程师核对，发包人盖单位公章，法定代表人或其授权人签字或盖章，造价工程师在核对人栏签字盖执业专用章。

（2）发包人委托工程造价咨询人核对竣工结算时，竣工结算总价扉页由工程造价咨询人单位注册的造价工程师核对，发包人盖单位公章，法定代表人或其授权人签字或盖章；工程造价咨询人盖单位资质专用章，法定代表人或其授权人签字或盖章，造价工程师在核对人栏签字盖执业专用章。

除非出现发包人拒绝或不答复承包人竣工结算书的特殊情况，竣工结算办理完毕后，竣工结算总价封面发承包双方的签字、盖章应当齐全。

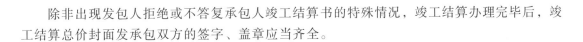
　　　　　　　　　　　　　　　　××中学教学楼　　工程

竣工结算总价

签约合同价（小写）：　　**7972282** 元　　（大写）：　　染佰玖拾柒万贰仟贰佰捌拾贰元
竣工结算价（小写）：　　**7937251** 元　　（大写）：　　染佰玖拾叁万柒仟贰佰伍拾壹元

发包人：××中学　　承包人：××建筑公司　　造价咨询人：××工程造价咨询企业
　　　（单位盖章）　　　　　（单位盖章）　　　　　　（单位资质专用章）

法定代表人××中学　　法定代表人××建筑公司　　法定代表人××工程造价咨询企业
或其授权人：×××　　或其授权人：　×××　　或其授权人：　　　　×××
　　（签字或盖章）　　　　（签字或盖章）　　　　　（签字或盖章）

编制人：　　　×××　　　　核对人：　　　　×××
　　（造价人员签字盖专用章）　　　（造价工程师签字盖专用章）

　　　　　　编制时间：××年×月×日　　　　　　核对时间：××年×月×日

图 15-11　竣工结算书扉页

3. 总说明（图 15-12）

竣工结算的总说明内容应包括：工程概况；编制依据；工程变更；工程价款调整；索赔；其他。

工程名称：××中学教学楼工程　　　　　　　　　　　　　　　　　　　　　第 1 页　共 1 页

　　1. 工程概况：本工程为砖混结构，混凝土灌注桩基，建筑层数为六层，建筑面积 10940m^2，招标计划工期为 200 日历天，投标工期为 180 日历天，实际工期 175 日历天。

　　2. 竣工结构算核对依据：

　　（1）承包人报送的竣工结算；

　　（2）施工合同；

　　（3）竣工图、发包人确认的实际完成工程量和索赔及现场签证资料；

　　（4）省工程造价管理机构发布的人工费调整文件。

　　3. 核对情况说明：

　　原报送结算金额为 7975986 元，核对后确认金额为 7937251 元，金额变化的主要原因为：

　　（1）原报送结算中，发包人供应的现浇混凝土用钢筋，结算单价为 4306 元/t，根据进货凭证和付款记录，发包人供应钢筋的加权平均价格核对确认为 4295 元/t，并调整了相应项目综合单价和总承包服务费。

　　（2）计日工 26528 元，实际支付 10690 元，节支 15838 元；总承包服务费 20760 元，实际支付 21000 元，超支 240 元；规费 239001 元，实际支付 240426 元，超支 1425 元；税金 262887 元，实际支付 261735 元，节支 1152 元。增减相抵节支 15325 元。

　　（3）暂列金额 35000 元，主要用于钢结构自行车棚 62000 元，工程量偏差及设计变更 162130 元，用于索赔及现场签证 28541 元，用于人工费调整 36243 元，发包人供应钢筋和低压开关柜暂估价变更 41380 元，暂列金额节余 19706 元。加上（2）项节支 15325 元，比签约合同价节余 35031 元。

　　4. 其他（略）。

图 15-12　竣工结算书总说明

4. 竣工结算汇总表（表 15-56~表 15-58）

表 15-56　建设项目竣工结算汇总表

工程名称：××中学教学楼工程　　　　　　　　　　　　　　　　　　　　　第 1 页　共 1 页

序号	单项工程名称	金额/元	其中/元	
			安全文明施工费	规费
1	教学楼工程	7937251	210990	240426
	合计	7937251	210990	240426

表 15-57　单项工程竣工结算汇总表

工程名称：××中学教学楼工程　　　　　　　　　　　　　　　　　　　　　第 1 页　共 1 页

序号	单项工程名称	金额/元	其中/元	
			安全文明施工费	规费
1	教学楼工程	7937251	210990	240426
	合计	7937251	210990	240426

表 15-58　单位工程投标报价汇总表

工程名称：××中学教学楼工程　　　　　　　　　　　　　　　　第 1 页　共 1 页

序号	汇 总 内 容	金额/元
1	分部分项工程	6426805
0101	土石方工程	120831
0103	桩基工程	423926
0104	砌筑工程	708926
0105	混凝土及钢筋混凝土工程	2493200
0106	金属结构工程	65812
0108	门窗工程	380026
0109	屋面及防水工程	269547
0110	保温、隔热、防腐工程	132985
0111	楼地面装饰工程	318459
0112	墙柱面装饰与隔断、幕墙工程	440237
0113	天棚工程	241039
0114	油漆、涂料、裱糊工程	256793
0304	电气设备安装工程	375626
0310	给水排水安装工程	201640
2	措施项目	747112
0117	其中:安全文明施工费	210990
3	其他项目	258931
3.1	其中:暂列金额	198700
3.2	其中:专业工程暂估价	10690
3.3	其中:计日工	21000
3.4	其中:总承包服务费	28541
4	规费	240426
5	税金	261735
竣工结算总价合计 = 1+2+3+4+5		7937251

注：如无单位工程划分，单项工程也使用本表汇总。

5. 分部分项工程和单价措施项目清单与计价表（表 15-59～表 15-62）

编制竣工结算时，分部分项工程和单价措施项目清单与计价表中可取消"暂估价"。

表 15-59　分部分项工程和单价措施项目清单与计价表（一）

工程名称：××中学教学楼工程　　　　　　　　标段：　　　　　　　　第 1 页　共 4 页

序号	项目编码	项目名称	项目特征描述	计量单位	工程量	金额/元		
						综合单价	合价	其中暂估价
			0101 土石方工程					
1	010101003001	挖沟槽土方	三类土,垫层底宽 2m,挖土深度小于 4m,弃土运距小于 7km	m³	1503	21.92	32946	
			（其他略）					
		分部小计					120831	
			0103 桩基工程					
2	010302003001	泥浆护壁混凝土灌注桩	桩长 10m,护壁段长 9m,共 42 根,桩直径 1000mm,扩大头直径 1100mm,桩混凝土为 C25,护壁混凝土为 C20	m	432	322.06	139130	
			（其他略）					
		分部小计					423926	
			0104 砌筑工程					
3	010401001001	条形砖基础	M10 水泥砂浆,MU15 页岩砖 240mm×115mm×53mm	m³	239	290.46	69420	
4	010401003001	实心砖墙	M7.5 混合砂浆,MU15 页岩砖 240mm×115mm×53mm,墙厚度 240mm	m³	1986	304.3	604598	
			（其他略）					
		分部小计					708926	
			0105 混凝土及钢筋混凝土工程					
5	010503001001	基础梁	C30 预拌混凝土,梁底标高−1.550m	m³	208	356.14	74077	
6	010515001001	现浇构件钢筋	螺纹钢 Q235,φ14	t	196	5132.29	1005929	
			（其他略）					
		分部小计					2493200	
		本页小计					3746883	
		合　计					3746883	

注：为计取规费等的使用，可在表中增设"其中：定额人工费"。

表 15-60 分部分项工程和单价措施项目清单与计价表（二）

工程名称：××中学教学楼工程　　　　　　　标段：　　　　　　第 2 页　共 4 页

序号	项目编码	项目名称	项目特征描述	计量单位	工程量	金额/元		
						综合单价	合价	其中 暂估价
			0106 金属结构工程					
7	010606008001	钢爬梯	U 形，型钢品种、规格详见施工图	t	0.258	7023.71	1812	
		分部小计					65812	
			0108 门窗工程					
8	010807001001	塑钢窗	80 系列 LC0915 塑钢平开窗带纱 5mm 白玻	m²	900	276.66	248994	
			（其他略）					
		分部小计					380026	
			0109 屋面及防水工程					
9	010902003001	屋面刚性防水	C20 细石混凝土，厚 40mm，建筑油膏嵌缝	m²	1757	21.92	38513	
			（其他略）					
		分部小计					269547	
			0110 保温、隔热、防腐工程					
10	011001001001	保温隔热层面	沥青珍珠岩块 500mm × 500mm × 150mm，1：3 水泥砂浆扩面，厚 25mm	m²	1757	54.58	95897	
			（其他略）					
		分部小计					132985	
			0111 楼地面装饰工程					
11	011101001001	水泥砂浆楼地面	1：3 水泥砂浆找平层，厚 20mm，1：2 水泥砂浆面层，厚 25mm	m²	6539	33.90	221672	
			（其他略）					
		分部小计					318459	
		本页小计					1166829	
		合　计					4913712	

注：为计取规费等的使用，可在表中增设"其中：定额人工费"。

表 15-61 分部分项工程和单价措施项目清单与计价表（三）

工程名称：××中学教学楼工程　　　　　　　标段：　　　　　　第 3 页　共 4 页

序号	项目编码	项目名称	项目特征描述	计量单位	工程量	金额/元		
						综合单价	合价	其中 暂估价
			0112 墙、柱面装饰与隔断、幕墙工程					
12	011201001001	外墙面抹灰	页岩砖墙面，1：3 水泥砂浆底层，厚 15mm，1：2.5 水泥砂浆面层，厚 6mm	m²	4123	18.26	75286	
13	011202001001	柱面抹灰	混凝土柱面，1：3 水泥砂浆底层，厚 15mm，1：2.5 水泥砂浆面层，厚 6mm	m²	832	21.52	17905	

（续）

序号	项目编码	项目名称	项目特征描述	计量单位	工程量	金额/元		
						综合单价	合价	其中暂估价
			（其他略）					
			分部小计				440237	
			0113 天棚工程					
14	011301001001	混凝土天棚抹灰	基层刷水泥浆一道加界面剂，1:0.5:2.5 水泥石灰砂浆底层，厚12mm，1:10.3:3 水泥石灰砂浆面层厚4mm	m²	7109	17.36	123412	
			（其他略）					
			分部小计				241039	
			0114 油漆、涂料、裱糊工程					
15	011407001001	外墙乳胶漆	基层抹灰面满刮成品耐水腻子三遍磨平，乳胶漆一底二面	m³	4123	45.36	187019	
			（其他略）					
			分部小计				256793	
			0117 措施项目					
16	011701001001	综合脚手架	砖混、檐高 22m	m²	10940	20.79	227443	
			（其他略）					
			分部小计				747112	
			本页小计				1685181	
			合 计				6598893	

注：为计取规费等的使用，可在表中增设"其中：定额人工费"。

表 15-62　分部分项工程和单价措施项目清单与计价表（四）

工程名称：××中学教学楼工程　　　　　　标段：　　　　　　　　第4页　共4页

序号	项目编码	项目名称	项目特征描述	计量单位	工程量	金额/元		
						综合单价	合价	其中暂估价
			0304 电气设备安装工程					
17	030404035001	插座安装	单相三孔插座，250V/10A	个	1224	10.96	13415	
18	030411001001	电气配管	砖墙暗配 PC20 阻燃 PVC 管	m	9937	8.58	85259	
			（其他略）					
			分部小计				375626	
			0310 给水排水安装工程					
19	031001006001	塑料给水管安装	室内 DN20/PR-R 给水管，热熔连接	m	1569	18.62	29215	
20	031001006002	塑料排水管安装	室内 φ10UPVC 排水管，承插胶粘结	m	849	47.89	40659	

（续）

序号	项目编码	项目名称	项目特征描述	计量单位	工程量	金额/元		
						综合单价	合价	其中
								暂估价
			（其他略）					
			分部小计				201640	
			本页小计				577266	
			合　计				7176159	

注：为计取规费等的使用，可在表中增设"其中：定额人工费"。

6. 综合单价分析表（表15-63、表15-64）

编制工程结算时，应在已标价工程量清单中的综合单价分析表中将确定的调整过的人工单价、材料单价等进行置换，形成调整后的综合单价。

表15-63　综合单价分析表（一）

工程名称：××中学教学楼工程　　　　　标段：　　　　　　　第1页　共2页

项目编码	010515001001			项目名称		现浇构件钢筋	计量单位	t	工程量	196

清单综合单价组成明细

定额编号	定额项目名称	定额单位	数量	单价/元				合价/元			
				人工费	材料费	机械费	管理费和利润	人工费	材料费	机械费	管理费和利润
AD0809	现浇构件钢筋制、安	t	1.07	303.02	4339.58	58.33	95.59	324.23	4643.35	62.42	102.29
人工单价		小计						324.23	4643.35	62.42	102.29
88元/工日		未计价材料费									
清单项目综合单价/元								5132.29			

材料费明细	主要材料名称、规格、型号	单位	数量	单价/元	合价/元	暂估单价/元	暂估合价/元
	螺纹钢筋 Q235,φ14	t	1.07	4295.00	4595.65		
	焊条	kg	8.64	4.00	34.56		
	其他材料费			—	13.14	—	
	材料费小计			—	4643.35	—	

（续）

项目编号	011407001001		项目名称	外墙乳胶漆	计量单位	m²	工程量	4050

清单综合单价组成明细

定额编号	定额项目名称	定额单位	数量	单价/元				合价/元			
				人工费	材料费	机械费	管理费和利润	人工费	材料费	机械费	管理费和利润
BE0267	抹灰面满刮耐水腻子	100m²	0.01	372.37	2625	—	127.76	3.72	26.25	—	1.28
BE0276	外墙乳胶漆，底漆一遍，面漆二遍	100m²	0.01	349.77	940.37	—	120.01	3.50	9.40	—	1.20
人工单价		小计						7.22	35.65	—	2.48
88元/工日		未计价材料费									
清单项目综合单价/元								45.35			

	主要材料名称、规格、型号		单位	数量	单价/元	合价/元	暂估单价/元	暂估合价/元
材料费明细	耐水成品腻子		kg	2.50	10.50	26.25		
	××牌乳胶漆面漆		kg	0.353	20.00	7.06		
	××牌乳胶漆底漆		kg	0.136	17.00	2.31		
	其他材料费				—	0.03	—	
	材料费小计				—	35.65		

注：1. 如不使用省级或行业建设主管部门发布的计价依据，可不填定额编号、名称等。

2. 招标文件提供了暂估单价的材料，按暂估的单价填入表内"暂估单价"栏及"暂估合价"栏。

表15-64　综合单价分析表（二）

工程名称：××中学教学楼工程　　　　　标段：　　　　　　　第2页　共2页

项目编号	030411001001		项目名称	电气配管	计量单位	m	工程量	9858

清单综合单价组成明细

定额编号	定额项目名称	定额单位	数量	单价/元				合价/元			
				人工费	材料费	机械费	管理费和利润	人工费	材料费	机械费	管理费和利润
CB1528	砖墙暗配管	100m	0.01	344.18	64.22	—	136.34	3.44	0.64	—	1.36
CB1792	暗装接线盒	10个	0.001	18.48	9.76	—	7.31	0.02	0.01	—	0.01
CB1793	暗装开关盒	10个	0.023	19.72	4.52	—	7.80	0.45	0.10	—	0.18
人工单价		小计						3.91	0.75	—	1.55
93.5元/工日		未计价材料费						2.37			
清单项目综合单价/元								8.58			

（续）

	主要材料名称、规格、型号	单位	数量	单价/元	合价/元	暂估单价/元	暂估合价/元
材料费明细	刚性阻燃管 DN20	m	1.10	1.90	2.09		
	××牌接线盒	个	0.012	1.80	0.02		
	××牌开关盒	个	0.236	1.10	0.26		
	其他材料费			—	0.75	—	
	材料费小计			—	3.12	—	

注：1. 如不使用省级或行业建设主管部门发布的计价依据，可不填定额编号、名称等。

2. 招标文件提供了暂估单价的材料，按暂估的单价填入表内"暂估单价"栏及"暂估合价"栏。

7. 综合单价调整表（表 15-65）

综合单价调整表用于各种合同约定调整因素出现时调整综合单价，此表实际上是一个汇总性质的表，各种调整依据应附表后，并且注意，项目编码、项目名称必须与已标价工程量清单保持一致，不得发生错漏，以免发生争议。

表 15-65 综合单价调整表

工程名称： 标段： 第 1 页 共 1 页

序号	项目编号	项目名称	已标价清单综合单价/元					调整后综合单价/元				
			综合单价	人工费	材料费	机械费	管理费和利润	综合单价	人工费	材料费	机械费	管理费和利润
0	010515001001	现浇构件钢	4787.16	294.75	4327.70	62.42	102.29	5132.29	324.23	4643.35	62.42	102.29
2	011407001001	外墙乳胶漆	44.70	6.57	35.65	—	2.48	45.35	7.22	35.65	—	2.48
3	030411001001	电气配管	8.23	3.56	3.12	—	1.55	8.58	3.91	3.12	—	1.55

造价工程师(签章)： 发包人代表(签章)： 造价人员(签章)： 发包人代表(签章)：

日期： 日期：

注：综合单价调整应附调整依据。

8. 总价措施项目清单与计价表（表 15-66）

编制工程结算时，如省级或行业建设主管部门调整了安全文明施工费，应按调整后的标准计算此费用，其他总价措施项目经发承包双方协商进行了调整的，按调整后的标准计算。

表 15-66　总价措施项目清单与计价表

工程名称：××中学教学楼工程　　　　　　标段：　　　　　　　　　　第 1 页　共 1 页

序号	项目编码	项目名称	计算基础	费率（%）	金额/元	调整费率（%）	调整后金额/元	备注
	011707001001	安全文明施工费	定额人工费	25	209650	25	210990	
	011707001002	夜间施工增加费	定额人工费	1.5	12479	1.5	12654	
	011707001004	二次搬运费	定额人工费	1	8386	1	8436	
	011707001005	冬雨季施工增加费	定额人工费	0.6	5032	0.6	5062	
	011707001007	已完工程及设备保护费			6000		6000	
		合计			241547		243142	

编制人（造价人员）：　　　　　　　　　复核人（造价工程师）：

注：1. "计算基础"中安全文明施工费可为"定额基价""定额人工费"或"定额人工费+定额机械费"，其他项目可为"定额人工费"或"定额人工费+定额机械费"。

　　2. 按施工方案计算的措施费，若无"计算基础"和"费率"的数值，也可只填"金额"数值，但应在备注栏说明施工方案出处或计算方法。

9. 其他项目清单与计价汇总表（表 15-67）

编制或核对工程结算，"专业工程暂估价"按实际分包结算价填写，"计日工""总承包服务费"按双方认可的费用填写，如发生"索赔"或"现场签证"费用，按双方认可的金额计入该表。

表 15-67　其他项目清单与计价汇总表

工程名称：××中学教学楼工程　　　　　　标段：　　　　　　　　　　第 1 页　共 1 页

序号	项目名称	金额/元	结算金额/元	备注
1	暂列金额		—	
2	暂估价	200000	198700	
2.1	材料暂估价	—	—	明细详见（2）
2.2	专业工程暂估价	200000	198700	明细详见（3）
3	计日工	26528	10690	明细详见（4）
4	总承包服务费	20760	21000	明细详见（5）
5	索赔与现场签证		28541	明细详见（6）
	合计		—	

注：材料（工程设备）暂估价计入清单项目综合单价，此处不汇总。

（1）暂列金额明细表（表 15-68）。

表 15-68　暂列金额明细表

工程名称：××中学教学楼工程　　　　　　标段：　　　　　　　　　　第 1 页　共 1 页

序号	项目名称	计量单位	暂定金额/元	备注
1	自行车棚工程	项	100000	
2	工程量偏差和设计变更	项	100000	

（续）

序号	项目名称	计量单位	暂定金额/元	备注
3	政策性调整和材料价格波动	项	100000	
4	其他	项	50000	
5				
	合计		350000	—

注：此表由招标人填写，如不能详列，也可只列暂定金额总额，投标人应将上述暂列金额计入投标总价中。

（2）材料（工程设备）暂估单价及调整表（表15-69）。

表15-69　材料（工程设备）暂估单价及调整表

工程名称：××中学教学楼工程　　　　　　标段：　　　　　　　　第1页　共1页

序号	材料（工程设备）名称、规格、型号	计量单位	数量		暂估/元		确认/元		差额/元		备注
			暂估	确认	单价	合价	单价	合价	单价	合价	
1	钢筋（规格见施工图）	t	200	196	4000	4295	800000	841820	290	41820	用于现浇钢筋混凝土项目
2	低压开关柜（CGD190380/220V）	个	1	1	45000	44560	45000	44560	−440	−440	用于低压开关柜安装项目
	合计						845000	886380		41380	

注：此表由招标人填写"暂估单价"，并在备注栏说明暂估价的材料、工程设备拟用在哪些清单项目上，投标人应将上述材料、工程设备暂估单价计入工程量清单综合单价报价中。

（3）专业工程暂估价及结算价表（表15-70）。

表15-70　专业工程暂估价及结算价表

工程名称：××中学教学楼工程　　　　　　标段：　　　　　　　　第1页　共1页

序号	工程名称	工程内容	暂估金额/元	结算金额/元	差额/元	备注
1	消防工程	合同图纸中标明的以及消防工程规范和技术说明中规定的各系统中的设备、管道、阀门、线缆等的供应、安装和调试工作	200000	198700	−1300	
	合计		200000	198700	−1300	

注：此表"暂估金额"由招标人填写，招标人应将"暂估金额"计入投标总价中，结算时按合同约定结算金额填写。

（4）计日工表（表15-71）。

编制工程竣工结算的"计日工表"时，实际数量按发承包双方确认的填写。

表 15-71 计日工表

工程名称：××中学教学楼工程　　　　标段：　　　　　　　第 1 页　共 1 页

编号	项目名称	计量单位	暂估数量	实际数量	综合单价/元	合价/元 暂定	合价/元 实际
一	人工						
1	普工	工日	100	40	80	8000	3200
2	机工	工日	60	30	110	6600	3300
	人工小计						6500
二	材料						
1	水泥 42.5	t	2	1.5	600	1200	900
2	中砂	m³	10	6	80	800	480
	材料小计						1380
三	施工机械						
1	自升式塔式起重机	台班	5		550	2750	1650
2	灰浆搅拌机(400L)	台班	2		20	40	20
	施工机械小计						1670
四	企业管理费和利润:按人工费 18%计						1170
	总计						10690

注：此表项目名称、暂定数量由招标人填写，编制招标控制价时，单价由招标人按有关计价规定确定；投标时，单价由投标人自主报价，按暂定数量计算合价计入投标总价中。结算时，按发承包双方确认的实际数量计算合价。

（5）总承包服务费计价表（表 15-72）。

编制工程竣工结算的"总承包服务费计价表"时，发承包双方应按承包人已标价工程量清单中的报价计算，若发承包双方确定调整的，按调整后的金额计算。

表 15-72 总承包服务费计价表

工程名称：××中学教学楼工程　　　　标段：　　　　　　　第 1 页　共 1 页

序号	项目名称	项目价值/元	服务内容	计算基础	计算费率(%)	金额/元
1	发包人发包专业工程	198700	1. 按专业工程承包人的要求提供施工工作面并对施工现场进行统一管理,对竣工资料进行统一整理汇总 2. 为专业工程承包人提供垂直运输机构和焊接电源接入点,并承担垂直运输费和电费		7	13909
2	发包人供应材料	886380	对发包人供应的材料进行验收及保管和使用发放		0.8	7091
	合计	—	—	—	—	21000

注：此表项目名称、服务内容由招标人填写，编制招标控制价时，费率及金额由招标人按有关计价规定确定；投标时，费率及金额由投标人自主报价，计入投标总价中。

（6）索赔与现场签证计价汇总表（表 15-73）。

索赔与现场签证计价汇总表是对发承包双方签证认可的"费用索赔申请（核准）表"和"现场签证表"的汇总。

表 15-73　索赔与现场签证计价汇总表

工程名称：××中学教学楼工程　　　　　　标段：　　　　　　　　第 1 页　共 1 页

序号	签证及索赔项目名称	计量单位	数量	单价/元	合价/元	索赔及签证依据
1	暂停施工				317837	001
2	砌筑花池	座	5	500	2500	002
…	（其他略）					
一	本页小计	—	—	—		—
	合计	—	—	—		—

注：签证及索赔依据是指经双方认可的签证单和索赔依据的编号。

（7）费用索赔申请（核准）表（表 15-74）。

费用索赔申请（核准）表将费用索赔申请与核准设置于一个表，非常直观。使用本表时，承包人代表应按合同条款的约定阐述原因，附上索赔证据、费用计算报发包人，经监理工程师复核（按照发包人的授权不论是监理工程师或发包人现场代表均可），经造价工程师（此处造价工程师可以是承包人现场管理人员，也可以是发包人委托的工程造价咨询企业的人员）复核具体费用，经发包人审核后生效，该表以在选择栏中"□"内做标志"√"表示。

表 15-74　费用索赔申请（核准）表

工程名称：××中学教学楼工程　　　　　　标段：　　　　　　　　第 1 页　共 1 页

致：××中学住宅建设办公室

　　根据施工合同条款第 <u>12</u> 条的约定，由于<u>你方工作需要的原因</u>，我方要求索赔金额（大写）<u>叁仟壹佰柒拾捌元叁角柒分</u>（小写 <u>3178.37</u>），请予核准。

　　附：1. 费用索赔的详细理由和依据：发包人"关于暂停施工的通知"（详见附件 1）。

　　　　2. 索赔金额的计算：详见附件 2。

　　　　3. 证明材料：

承包人（章）

承包人代表：　×××

日　　期：××年×月×日

（续）

复核意见： 根据施工合同条款第 <u>12</u> 条的约定,你方提出的费用索赔申请经复核： □ 不同意此项索赔,具体意见见附件。 ☑ 同意此项索赔,索赔金额的计算,由造价工程师复核。 监理工程师： <u>×××</u> 日　期:×× 年 × 月 × 日	复核意见： 根据施工合同条款第 <u>12</u> 条的约定,你方提出的费用索赔申请经复核,索赔金额为(大写) <u>叁仟壹佰柒拾捌元叁角柒分</u>(小写 <u>3178.37</u>)。 造价工程师： <u>×××</u> 日　期:×× 年 × 月 × 日

审核意见：

□ 不同意此项索赔。

☑ 同意此项索赔,与本期进度款同期支付。

承包人(章)
发包人代表： <u>×××</u>
日　　期:×× 年 × 月 × 日

注：1. 在选择栏中的"□"内作标志"√"。

2. 本表一式四份,由承包人填报,发包人、监理人、造价咨询人、承包人各存一份。

附件 1

关于暂停施工的通知

××建筑公司××项目部：

因我校教学工作安排,经校办公会研究,决定于××年×月×日下午,你项目部承建的我校教学工程暂停施工半天。

特此通知：

×× 中学
办公室（章）
×× 年 × 月 × 日

附件2

索赔费用计算表

一、人工费

1. 普工 15 人：15 人×70/工日×0.5＝525 元

2. 技工 35 人：35 人×100/工日×0.5＝1750 元

小计：2275 元

二、机械费

1. 自升式塔式起重机 1 台：1×526.20/台班×0.5×0.6＝157.86 元

2. 灰浆搅拌机 1 台：1×18.38/台班×0.5×0.6＝5.51 元

3. 其他各种机械（台套数量及具体费用计算略）：50 元

小计：213.37 元

三、周转材料

1. 脚手架钢管：25000m×0.012/天×0.5＝150 元

2. 脚手架扣件：17000 个×0.01/天×0.5＝85 元

小计：235 元

四、管理费

2275×20%＝455.00 元

索赔费用合计：3187.37 元

××建筑公司××中学项目部

××年×月×日

（8）现场签证表（表 15-75）。

现场签证种类繁多，发承包双方在工程实施过程中来往信函就责任事件的证明均可称为现场签证，但并不是所有的签证均可马上算出价款，有的需要经过索赔程序，这时的签证仅是索赔的依据，有的签证可能根本不涉及价款。本表仅是针对现场签证需要价款结算支付的一种，其他内容的签证也可适用。考虑到招标时招标人对计日工项目的预估难免会有遗漏，造成实际施工发生后无相应的计日工单价，现场签证只能包括单价一并处理。因此，在汇总时，有计日工单价的，可归并于计日工；如无计日工单价的，归并于现场签证，以示区别。当然，现场签证全部汇总于计日工也是一种可行的处理方式。

表 15-75　现场签证表

工程名称：××中学教学楼工程　　　　　标段：　　　　　　第 1 页　共 1 页

施工单位	学校指定位置	日期	××年×月×日

致：××中学住宅建设办公室

根据×××2013 年 8 月 25 日的口头指令,我方要求完成此项工作应支付价款金额为(大写)贰仟伍佰元(小写 2500.00),请予核准。

附:1. 签证事由及原因:为迎接新学期的到来,改变校容、校貌,学校新增加 5 座花池。

2. 附图及计算式:(略)

承包人(章)

承包人代表：　×××

日　　期:××年×月×日

（续）

复核意见： 　　你方提出的此项签证申请经复核： 　　□不同意此项签证，具体意见见附件。 　　☑同意此项签证，签证金额的计算，由造价工程师复核。	复核意见： 　　☑此项签证按承包人中标的计日工单价计算，金额为（大写）**贰仟伍佰元**（小写 2500.00）。 　　□此项签证因无计日工单价，金额为（大写）_____元，（小写）_____。
监理工程师：　×××　 日　　期：××年×月×日	造价工程师：　×××　 日　　期：××年×月×日

审核意见：
　　□不同意此项签证。
　　☑同意此项签证，价款与本期进度款同期支付。

承包人（章）
承包人代表：　×××　
日　　期：××年×月×日

注：1. 在选择栏中的"□"内作标志"√"。

　　2. 本表一式四份，由承包人在收到发包人（监理人）的口头或书面通知后填写，发包人、监理人、造价咨询人、承包人各存一份。

10. 规费、税金项目计价表（表 15-76）

表 15-76　规费、税金项目计价表

工程名称：××中学教学楼工程　　　　　标段：　　　　　　　　　　第 1 页　共 1 页

序号	项目名称	计算基础	计算基数	计算费率（%）	金额/元
1	规费	定额人工费			240426
1.1	社会保险费	定额人工费	（1）+…+（5）		189810
（1）	养老保险费	定额人工费		14	118104
（2）	失业保险费	定额人工费		2	16872
（3）	医疗保险费	定额人工费		6	50616
（4）	工伤保险费	定额人工费		0.25	2109
（5）	生育保险费	定额人工费		0.25	2109
1.2	住房公积金	定额人工费		6	50616
1.3	工程排污费	按工程所在地环境保护部门收取标准，按实计入			
2	税金	分部分项工程费+措施项目费+其他项目费+规费-按规定不计税的工程设备金额		3.41	261735
	合计				502161

编制人（造价人员）：　　　　　　　　　　　　　复核人（造价工程师）：

11. 工程计量申请（核准）表（表 15-77）

工程计量申请（核准）表填写的"项目编码""项目名称""计量单位"应与已标价工程量清单表中的一致，承包人应在合同约定的计量周期结束时，将申报数量填写在申报数量栏，发包人核对后如与承包人不一致，填在核实数量栏，经发承包双方共同核对确认的计量填在确认数量栏。

表 15-77 工程计量申请（核准）表

工程名称：××中学教学楼工程　　　　标段：　　　　　　　　第 1 页　共 1 页

序号	项目编码	项目名称	计量单位	承包人申报数量	发包人核实数量	发承包人确认数量	备注
1	010101003001	挖沟槽土方	m³	1593	1578	1587	
2	010302003001	泥浆护壁混凝土灌注桩	m	456	456	456	
3	010503001001	基础梁	m³	210	210	210	
4	010515001001	现浇构件钢筋	t	25	25	25	
5	010401001001	条形砖基础	m³	245	245	245	
		（略）					

承包人代表：　　　　　监理工程师：　　　　　造价工程师：　　　　　发包人代表：
　　　　×××　　　　　　　　×××　　　　　　　　×××　　　　　　　　×××
日期：××年×月×日　　　日期：××年×月×日　　　日期：××年×月×日　　　日期：××年×月×日

12. 预付款支付申请（核准）表（表 15-78）

表 15-78 预付款支付申请（核准）表

工程名称：××中学教学楼工程　　　　标段：　　　　　　　　第 1 页　共 1 页

致：××中学

我方根据施工合同的约定，先申请支付工程预付款额为（大写）玖拾贰万叁仟壹拾捌元（小写 923018.00），请予核准。

序号	名称	申请金额/元	复核金额/元	备注
1	已签约合同价款金额	7972282	7972282	
2	其中：安全文明施工费	209650	209650	
3	应支付的预付款	797228	776263	
4	应支付的安全文明施工费	125790	125790	
5	合同应支付的预付款	923018	902053	

计算依据见附件

承包人（章）

造价人员：　×××　　　　　承包人代表：　×××　　　　　日　　期：××年×月×日

（续）

复核意见： □与合同约定不相符,修改意见见附件。 ☑与合同约定相符,具体金额由造价工程师复核。 　　　　　监理工程师：___×××___ 　　　　　日　　期：××年×月×日	复核意见： 　　你方提出的支付申请经复核,应支付预付款金额为(大写)玖拾万贰仟零伍拾叁元(小写 902053)。 　　　　　造价工程师：___×××___ 　　　　　日　　期：××年×月×日

审核意见：

□不同意。

☑同意,支付时间为本表签发后的15d内。

　　　　　　　　　　　　　　　　　　　　　　　发包人(章)

　　　　　　　　　　　　　　　　　　　　　　　发包人代表：___×××___

　　　　　　　　　　　　　　　　　　　　　　　日　　期：××年×月×日

注：1. 在选择栏中的"□"内作标志"√"。

　　2. 本表一式四份,由承包人填报,发包人、监理人、造价咨询人,承包人各存一份。

13. 总价项目进度款支付分解表 (表 15-79)

表 15-79　总价项目进度款支付分解表

工程名称：××中学教学楼工程　　　　　标段：　　　　　　　　　第 1 页　共 1 页

序号	项目名称	总价金额 /元	首次支付 /元	二次支付 /元	三次支付 /元	四次支付 /元	五次支付 /元
1	安全文明施工费	209650	62895	62895	41930	41930	
2	夜间施工增加费	12479	2496	2496	2496	2496	2495
3	二次搬运费	8386	1677	1677	1677	1677	1678
…	(其他略)						
	社会保险费	188685	37737	37737	37737	37737	37737
	住房公积金	50316	10063	10063	10063	10063	10064
	合计						

编制人（造价人员）：　　　　　　　　　　　　复核人（造价工程师）：

注：1. 本表应由承包人在投标报价时根据发包人在招标文件明确的进度款支付周期与报价填写,签订合同时,发承包双方可就支付分解协商调整后作为合同附件。

　　2. 单价合同使用本表,"支付"栏时间应与单价项目进度款支付周期相同。

　　3. 总价合同使用本表,"支付"栏时间应与约定的工程计量周期相同。

14. 进度款支付申请（核准）表（表 15-80）

表 15-80　进度款支付申请（核准）表

工程名称：××中学教学楼工程　　　　　标段：　　　　　　　　　编号：

致：××中学

　　我方于××至××期间已完成了±0～二层楼工作,根据施工合同的约定,现申请支付本期的工程款额为(大写)壹佰壹拾壹万柒仟玖佰壹拾玖元壹角肆分(小写 1117919.14),请予核准。

序号	名称	申请金额/元	复核金额/元	备注
1	累计已完成的合同价款	1233189.37	—	1233189.37
2	累计已实际支付的合同价款	1109870.43	—	1109870.43
3	本周期合计完成的合同价款	1576893.50	1419204.14	1576893.50
3.1	本周期已完成单价项目的金额	1484047.80		
3.2	本周期应支付的总价项目的金额	14230.00		
3.3	本周期已完成的计日工价款	4631.70		
3.4	本周期应支付的安全文明施工费	62895.00		
3.5	本周期应增加的合同价款	11089.00		
4	本周期合计应扣减的金款	301285.00	301285.00	301897.14
4.1	本周期应抵扣的预付款	301285.00		301285.00
4.2	本周期应扣减的金额	0		612.14
5	本周期应支付的合同价款	1475608.50	1117919.14	1117307.00

附：上述 3、4 详见附件清单。

承包人（章）

造价人员：　××× 　　　承包人代表：　××× 　　　　日　　期：××年×月×日

复核意见：	复核意见：
□与实际施工情况不相符,修改意见见附件。 ☑与实际施工情况相符,具体金额由造价工程师复核。	你方提供的支付申请经复核,本期间已完成工程款额为（大写）壹佰伍拾柒万陆仟捌佰玖拾叁元伍角（小写 1576893.50）,本期间应支付金额为（大写）壹佰壹拾壹万柒仟叁佰零柒元（小写 1117307.00）。
监理工程师：　××× 　　　　日　　期：××年×月×日	造价工程师：　××× 　　　　日　　期：××年×月×日

审核意见：

　　□不同意。

　　☑同意,支付时间为本表签发后的 15d 内。

发包人（章）

发包人代表：　×××

日　　期：××年×月×日

注：1. 在选择栏中的"□"内作标志"√"。

　　2. 本表一式四份,由承包人填报,发包人、监理人、造价咨询人、承包人各存一份。

15. 竣工结算款支付申请（核准）表（表 15-81）

表 15-81　竣工结算款支付申请（核准）表

工程名称：××中学教学楼工程　　　　　标段：　　　　　　　　　编号：

致：××中学

多方于××至××期间已完成合同约定的工作，工程已经完工，根据施工合同的约定，现申请支付竣工结算合同款额为（大写）柒拾捌万叁仟贰佰陆拾伍元零捌分（小写 783265.08），请予核准。

序号	名称	申请金额/元	复核金额/元	备注
1	竣工结算合同价款总额	7937251.00	7937251.00	
2	累计已实际支付的合同价款	6757123.37	6757123.37	
3	应预留的质量保证金	396862.55	396862.55	
4	应支付的竣工结算款金额	783265.08	783265.08	

承包人（章）

造价人员：　×××　　　　　承包人代表：　×××　　　　　　日　　期：××年×月×日

复核意见：

□与实际施工情况不相符，修改意见见附件。

☑与实际施工情况相符，具体金额由造价工程师复核。

监理工程师：　×××
日　　期：××年×月×日

复核意见：

你方提出的竣工结算款支付申请经复核，竣工结算款总额为（大写）柒佰玖拾叁万柒仟贰佰伍拾壹元（小写 7937251.00），扣除前期支付以及质量保证金后应支付金额为（大写）柒拾捌万叁仟贰佰陆拾伍元零捌分（小写 783265.08）。

造价工程师：　×××
日　　期：××年×月×日

审核意见：

□不同意。

☑同意，支付时间为本表签发后的 15d 内。

发包人（章）
发包人代表：　×××
日　　期：××年×月×日

注：1. 在选择栏中的"□"内作标志"√"。

2. 本表一式四份，由承包人填报，发包人、监理人、造价咨询人、承包人各存一份。

16. 最终结清支付申请（核准）表（表 15-82）

表 15-82　最终结清支付申请（核准）表

工程名称：××中学教学楼工程　　　　标段：　　　　　　　　编号：

致：××中学

我方于××至××期间已完成了缺陷修复工作，根据施工合同的约定，现申请支付最终结清合同款额为（大写）<u>叁拾玖万陆仟陆佰贰拾捌元伍角伍分</u>（小写 <u>396628.55</u>，请予核准。

序号	名称	申请金额/元	复核金额/元	备注
1	已预留的质量保证金	396862.55	396862.55	
2	应增加因发包人原因造成缺陷的修复金额	0	0	
3	应扣减承包人不修复缺陷、发包人组织修复的金额	0	0	
4	最终应支付的合同价款	396862.55	396862.55	

承包人（章）

造价人员：<u>×××</u>　　　承包人代表：<u>×××</u>　　　日　　期：<u>××年×月×日</u>

复核意见： □与实际施工情况不相符，修改意见见附件。 ☑与实际施工情况相符，具体金额由造价工程师复核。 监理工程师：<u>×××</u> 日　　期：<u>××年×月×日</u>	复核意见： 　你方提出的支付申请经复核，最终应支付金额为（大写）<u>叁拾玖万陆仟陆佰贰拾捌元伍角伍分</u>（小写 <u>396628.55</u>）。 造价工程师：<u>×××</u> 日　　期：<u>××年×月×日</u>

审核意见：
□不同意。
☑同意，支付时间为本表签发后的 15d 内。

发包人（章）

发包人代表：<u>×××</u>
日　　期：<u>××年×月×日</u>

注：1. 在选择栏中的"□"内作标志"√"。
　　2. 本表一式四份，由承包人填报，发包人、监理人、造价咨询人、承包人各存一份。

17. 承包人提供主要材料和工程设备一览表（表 15-83）

表 15-83　承包人提供主要材料和工程设备一览表

工程名称：××中学教学楼工程　　　　　　标段：　　　　　　　　　第 1 页　共 1 页

序号	名称、规格、型号	变值权重 B	基本价格指数 F_0	现行价格指数 F_t	备注
1	人工费	0.18	110%	121%	
2	钢材	0.11	400 元/t	4320 元/t	
3	预拌混凝土 C30	0.16	340 元/m³	357 元/m³	
4	页岩砖	0.15	300 元/千匹	318 元/千匹	
5	机械费	0.08	100%	100%	
	定值权重 A	0.42	—	—	
	合计	1	—	—	

注：1. "名称、规格、型号""基本价格指数"栏由招标人填写，基本价格指数应首先采用工程造价管理机构发布的价格指数，没有时，可采用发布的价格代替。如人工、机械费也采用本法调整由招标人在"名称"栏填写。

2. "变值权重"栏由投标人根据该项人工、机械费和材料、工程设备值在投标总报价中所占的比例填写，1 减去其比例为定值权重。

3. "现行价格指数"按约定的付款证书相关周期最后一天的前 42 天的各项价格指数填写，该指数应首先采用工程造价管理机构发布的价格指数，没有时，可采用发布的价格代替。

参 考 文 献

［1］　中华人民共和国住房和城乡建设部，中华人民共和国国家质量监督检验检疫总局. 建筑工程建筑面积计算规范：GB 50353—2013 ［S］. 北京：中国计划出版社，2014.

［2］　中华人民共和国住房和城乡建设部，中华人民共和国国家质量监督检验检疫总局. 建设工程工程量清单计价规范：GB 50500—2013 ［S］. 北京：中国计划出版社，2013.

［3］　中华人民共和国住房和城乡建设部，中华人民共和国国家质量监督检验检疫总局. 房屋建筑与装饰工程工程量计算规范：GB 50854—2013 ［S］. 北京：中国计划出版社，2013.

［4］　住房和城乡建设部标准定额研究所. 房屋建筑与装饰工程消耗量：TY 01—31—2021 ［S］. 北京：中国计划出版社，2022.

［5］　徐琳. 新版建筑工程工程量清单计价及实例 ［M］. 北京：化学工业出版社，2013.

［6］　杜贵成. 建筑工程工程量速查快算 ［M］. 北京：化学工业出版社，2013.

［7］　周耀. 建筑工程工程量清单计价与案例分析 ［M］. 北京：化学工业出版社，2012.

［8］　孟健，阮娟，王景文. 建筑工程工程量清单编制实例详解 ［M］. 北京：中国建筑工业出版社，2016.

［9］　李传让. 建筑工程量速算方法与清单编制实例详解 ［M］. 北京：清华大学出版社，2013.

［10］　张建新，徐琳. 土建工程造价员速学手册 ［M］. 3 版. 北京：知识产权出版社，2012.

［11］　李玉芬. 建筑工程概预算 ［M］. 北京：机械工业出版社，2010.

［12］　李蕙. 例解建筑工程工程量清单计价 ［M］. 武汉：华中科技大学出版社，2010.